FARMING-READING NOTES

耕读笔记（下卷）

一位农民数学爱好者的初数探索

● 邓寿才 著

哈爾濱工業大學出版社
HARBIN INSTITUTE OF TECHNOLOGY PRESS

内容简介

本书共分五个部分,每个部分相对独立.本书主要介绍并欣赏了几类优美的三角不等式,同时补充了一些妙题,并给出了详细解答,有些题目给出了多种证明及解答方法,得到了新的结论,并进行了推广.

本书适合初等数学爱好者阅读研究.

图书在版编目(CIP)数据

耕读笔记:一位农民数学爱好者的初数探索.下卷/邓寿才著.—哈尔滨:哈尔滨工业大学出版社,2015.5

ISBN 978-7-5603-5390-6

Ⅰ.①耕… Ⅱ.①邓… Ⅲ.①初等数学-普及读物 Ⅳ.①O12-49

中国版本图书馆 CIP 数据核字(2015)第 112471 号

策划编辑 刘培杰 张永芹
责任编辑 张永芹 刘春雷
封面设计 孙茵艾
出版发行 哈尔滨工业大学出版社
社 址 哈尔滨市南岗区复华四道街 10 号 邮编 150006
传 真 0451-86414749
网 址 http://hitpress.hit.edu.cn
印 刷 哈尔滨市工大节能印刷厂
开 本 787mm×1092mm 1/16 印张 14 字数 262 千字
版 次 2015 年 5 月第 1 版 2015 年 5 月第 1 次印刷
书 号 ISBN 978-7-5603-5390-6
定 价 28.00 元

◎

作者简介

邓寿才老师于1962年7月13日生于四川省泸州市纳溪区上马镇八角仓村(原文昌乡银坪村). 1980年上马高中毕业后回家务农(现为百度百科收录人物). 在家乡代授过中小学课程,担任过农村基层干部,在北京餐饮业做过会计,砖厂做过苦工,在山洞拉过煤,在建筑社做过苦工.

在广东中山市东升求实学校任教两年,从2010年秋至今在成都优优数学学校和成都聚名师学校(共28个校区)担任数学教学总监. 在2011年和2012年邓老师两次参加四川省高中数学冬令营赛前培训,主讲不等式专题内容.

邓寿才老师的人生道路艰辛曲折,饱经风霜,但他一直坚强,从不向困难屈服. 他不抽烟,不打牌,却喜欢利用业余时间从事文化活动,如看书学习,听歌唱歌,写旧体诗(至今创作诗篇一百余首,1995年以来在北京荣获首届诗歌大赛二等奖,在专辑《闪光的青春》上登载"敬纪邓盛钢的诗三首"),但邓老师最喜欢的文化活动是学习数学,思考数学,研究数学,写作数学(欣赏和研究数学的美,妙,趣等特点). 年轻时在《数学通讯》《数学通报》《中等数学》等期刊上发表论文. 从2008年至今,在年刊《数学奥林匹克与数学文化》第2-6期(刘培杰主编,第6期将于2015年底出版,每期500余页)上发表六十余中长篇数学论文. 目前已在哈尔滨工业大学出版社出版专著《新编平面解析几何解题方法》《数学奥林匹克不等式散论》《数学奥林匹克不等式欣赏》《初等方程妙题集锦》《趣味初等数论选美与欣赏》《初等函数研究与欣赏》《初等数学解题方法全书》. 本集《耕读笔记》是邓老师的最新力作,倾注了他的全部心血与激情，具有结构完美、内容丰富、风格精彩等特点. 此外，2015 年底将出版他的代表作《三角不等式研究与欣赏》《几何不等式研究与欣赏》《初等数学解题方法全书》. 届时读者可品味到书中的经典趣味，奇异与美妙. 感受到作品让人陶醉，令人神往！

◎ 目录

十三　一类奇异三角不等式的探讨

众所周知，代数、几何、三角是数学的三大基石，它们关系密切，错综复杂，千丝万缕，五彩缤纷，各具特色，但无严格的界线与区别.

在过去几年，笔者利用业余时间，探究了一部分初等数学中的名题与妙题，写成文章分别登载在《数学奥林匹克与数学文化》第2-5辑与专著《数学奥林匹克不等式散论》《数学奥林匹克不等式欣赏》《新编平面解析几何解题方法全书》中. 我们知道，数学是广阔无边的大海，自然我们对他探索无限，直到永远. 所以，在本章中，我们再接再厉继续前行，希望数学之花开满人间，数学之香弥漫天地.

（一）三角不等式

经过认真考虑，笔者决定首先补充和公布有关三角不等式的最新研究成果，希望与大家互动同乐，但由于笔者是业余数学发烧友，谈不上数学水平和功底，错误之处在所难免，热切希望大家批评指正，我深表谢意.

欣赏

题 1　（Garfunkel—Bankoff 不等式）证明：对于任意 $\triangle ABC$，有不等式

$$\tan^2\frac{A}{2}+\tan^2\frac{B}{2}+\tan^2\frac{C}{2}\geqslant 2-8\sin\frac{A}{2}\sin\frac{B}{2}\sin\frac{C}{2} \quad (A)$$

(1)

1983 年，Garfunkel 曾在《Grux—Mathematicorum》上问："能否将两个熟知的反向三角不等式

$$\begin{cases}\tan^2\dfrac{A}{2}+\tan^2\dfrac{B}{2}+\tan^2\dfrac{C}{2}\geqslant 1 & (1)\\ 8\sin\dfrac{A}{2}\sin\dfrac{B}{2}\sin\dfrac{C}{2}\leqslant 1 & (2)\end{cases}$$

统一成一个更强的不等式(A)呢?"

理解和观察不等式(A)知，从外形与结构上讲，式(A)关于角变量 A,B,C 完全对称，因此它具有对称美；从已知条件上讲，仅仅只有"对于任意 $\triangle ABC$"，所以式(A)具有简洁美；而式(A)又将方向相反的一对不等式(1)、(2)和谐地统一在一起，使人倍感它神秘、奇妙，因此不等式(A)又具有简洁美、和谐美、神秘美、奇异美. 总之，式(A)是美神的化身，让人偏爱.

在《数学奥林匹克与数学文化》第二辑第 216—264 页中的《一道联赛题与 Garfunkel—Bankoff 不等式》文里，我们先用三种方法证明了不等式(A)，接着又建立了它的配对形式与一系列推广结论和加强与完善. 其中式(A)的第四个指数推广

$$\sum\left(\tan\frac{A}{2}\right)^{2k}\geqslant 3^{1-k}+8^{1-k}-8\left(\prod\sin\frac{A}{2}\right)^{k}\ (k\geqslant 1)\qquad(\mathrm{B})$$

自然美妙，令人偏爱.

接着，笔者又继续研究不等式(A)，将新发现写成《探索无限》登在《数学奥林匹克不等式散论》的第一篇. 但是，在前两篇文章中不等式(A)的较满意的加权推广(系数推广)却"踏破铁鞋无觅处"成为笔者"朝思暮想，梦寐以求"的心病. 但只要我们持之以恒，锲而不舍，定会金石可镂，铁树开花；定会走出"山重水复之地"，见到"柳暗花明之村".

(2)

为了建立不等式(A)的更好的加权推广，需要更新的思路，从而需要：

引理 1 对任意实数 a,b,c，有

$$(a^2+2)(b^2+2)(c^2+2)\geqslant 9(ab+bc+ca) \tag{a}$$

分析　记式(a)的左边为P,观察P的外形结构,使我们联想到过去建立的小结论:

设$a_1,a_2,\cdots,a_n(n\geqslant 2,n\in\mathbf{N}^+)$均为正数,那么

$$\prod_{i=1}^{n}(a_i^n+n-1)\geqslant(\sum_{i=1}^{n}a_i)^n \tag{b}$$

这是因为应用赫尔德不等式有

$$\prod_{i=1}^{n}(a_i^n+n-1)=(a_1^n+1+1+\cdots+1)\cdot(1+a_2^n+1+\cdots+1)\cdot\cdots\cdot$$
$$(1+\cdots+1+a_{n-1}^n+1)\cdot(1+\cdots+1+a_n^n)$$
$$\geqslant(a_1+a_2+\cdots+a_n)^n(\sum_{i=1}^{n}a_i)^n$$

即式(b)成立,等号成立仅当

$$a_1=a_2=\cdots=a_n=1$$

在式(b)中取$n=3$,并作代换

$$(a_1,a_2,a_3)=(a,b,c)$$
$$\Rightarrow(a^3+2)(b^3+2)(c^3+2)\geqslant(a+b+c)^3 \tag{c}$$

观察式(a)与式(c)可见,它们的右边相异,左边结构相似,且均含有2,这是它们的相同之处.所以,式(c)非式(a).真是“曾经沧海难为水,除却巫山不是云”,但是,可以说式(a)与式(c)互相配对,交相辉映.

从式(b)的证明我们受到启发:如果能将式(a)加强为

$$P=(a^2+2)(b^2+2)(c^2+2)\geqslant 3(a+b+c)^2 \tag{d}$$

那么再应用3元对称不等式

$$(a+b+c)^2\geqslant 3(ab+bc+ca)$$

就大功告成了.

为此,我们设$a,b,c>0,S=\frac{a+b+c}{3}$关于$x>0$的函数为

$$f(x)=\ln(x^2+2)$$

于是

$$f'(x)=\frac{2x}{x^2+2}>0,f''(x)=\frac{2(2-x^2)}{(x^2+2)^2}$$

只有当$x\in(0,\sqrt{2})$时,$f''(x)>0$,$f(x)$是凸函数,才有

$$f(a)+f(b)+f(c)\geqslant 3f(S)$$
$$\Rightarrow\ln(a^2+2)+\ln(b^2+2)+\ln(c^2+2)$$
$$\geqslant 3\ln(S^2+2)$$
$$\Rightarrow P\geqslant(S^2+2)^3=(S^2+1+1)^3$$

$$\geqslant (3\sqrt[3]{S^2\times 1\times 1})^3=3(a+b+c)^2$$

但是,原题并无已知条件

$$a,b,c\in(0,\sqrt{2})$$

所以不能用上述方法证明式(a).

另外,如果直接应用赫尔德不等式,那么

$$\begin{aligned}P&=(a^2+1+1)(1+b^2+1)(1+1+c^2)\\&\geqslant(\sqrt[3]{a^2}+\sqrt[3]{b^2}+\sqrt[3]{c^2})^3\end{aligned}\tag{e}$$

于是需要证明

$$(\sqrt[3]{a^2}+\sqrt[3]{b^2}+\sqrt[3]{c^2})^3\geqslant 9(ab+bc+ca)$$

才行.但是,上式是否成立就不得而知了.

其实,式(d)是成立的.

证明(陈计) 因为

$$\begin{aligned}&(b-c)^2+2(bc-1)^2\geqslant 0\\&\Rightarrow(b^2+2)(c^2+2)\geqslant 3\left[1+\frac{1}{2}(b+c)^2\right]\\&\Rightarrow P=(a^2+2)(b^2+2)(c^2+2)\\&\quad\geqslant 3(a^2+2)\left[1+\frac{(b+c)^2}{2}\right](\text{应用柯西不等式})\\&\quad\geqslant 3(a+b+c)^2\\&\Rightarrow P\geqslant 3(a+b+c)^2\end{aligned}$$

即式(d)成立,等号成立仅当 $a=b=c=1$.

其实,式(d)并非最强,它还可以再加强为

$$P=\prod(a^2+2)\geqslant 3(\sum a)^2+Q\tag{f}$$

其中

$$Q=\frac{1}{2}\sum(b-c)^2$$

证明 式(f)等价于

$$\begin{aligned}&\prod(a^2+2)\geqslant 4\sum a^2+5\sum bc\\&\Leftrightarrow 0\leqslant 8-5\sum bc+2\sum b^2c^2+a^2b^2c^2\\&\qquad\equiv\frac{8}{9}(3-\sum bc)^2+M\end{aligned}$$

其中

$$\begin{aligned}M&=a^2b^2c^2+\frac{2}{9}(5\sum b^2c^2-8abc\sum a)+13\sum bc\\&=\left(abc+\frac{5}{9}\sum\frac{bc}{a}-\frac{8}{9}\sum a\right)^2+\end{aligned}$$

$$\frac{5}{81}\left(\sum \frac{bc}{a}-\sum a\right)\left(8\sum a-5\sum \frac{bc}{a}\right)+$$
$$\frac{1}{27}\left[5\sum a^2\left(\frac{b}{c}+\frac{c}{a}\right)-8\sum a^2-2\sum bc\right]$$
$$\geqslant 0$$

即式(f)成立，等号成立仅当 $a=b=c=1$.

现在，让我们再回过头来证明式(a).

证明(陈计)　作代换

$$(a,b,c)=(\sqrt{2}\tan A,\sqrt{2}\tan B,\sqrt{2}\tan C)$$

其中 $A,B,C\in\left(0,\frac{\pi}{2}\right)$.

令 $\theta=\frac{1}{3}(A+B+C)$，注意到

$$\cos 3\theta=4\cos^3\theta-3\cos\theta$$

及

$$1+\tan^2\theta=\sec^2\theta$$

$\cos(A+B+C)=\cos A\cos B\cos C-\cos A\sin B\sin C-\sin A\cos B\sin C-\sin A\sin B\cos C$

这样，式(a)转化为三角不等式

$$f=\cos A\cos B\cos C(\cos A\sin B\sin C+\sin A\cos B\sin C+\sin A\sin B\cos C)\leqslant\frac{4}{9} \tag{1}$$

又因为

$$\begin{aligned} f&=\cos A\cos B\cos C[\cos A\cos B\cos C-\cos(A+B+C)]\\ &=\cos A\cos B\cos C(\cos A\cos B\cos C-\cos 3\theta) \end{aligned} \tag{2}$$

而且

$$\begin{aligned} \cos A\cos B\cos C&\leqslant\left(\frac{\cos A+\cos B+\cos C}{2}\right)^3\\ &\leqslant\cos^3\theta\\ \Rightarrow f&\leqslant\cos^3\theta(\cos^3\theta-\cos 3\theta)\\ &=3\cos^4\theta(1-\cos^2\theta)\\ &=12\left(\frac{\cos^2\theta}{2}\right)\left(\frac{\cos^2\theta}{2}\right)(1-\cos^2\theta)\\ &\leqslant 12\left[\frac{\frac{\cos^2\theta}{2}+\frac{\cos^2\theta}{2}+(1-\cos^2\theta)}{3}\right]^3\\ \Rightarrow f&\leqslant\frac{4}{9} \end{aligned}$$

即式(1)成立，从而式(a)成立，其中等号成立仅当

$$\begin{cases}A=B=C=\theta\\ \frac{1}{2}\cos^2\theta=1-\cos^2\theta\end{cases}$$

$$\Rightarrow\cos^2\theta=\frac{2}{3}\Rightarrow\tan\theta=\frac{\sqrt{2}}{2}$$

$$\Rightarrow a=b=c=\sqrt{2}\tan\theta=1$$

现在,我们不仅证明了引理中的式(a),而且还得到了一条不等式链

$$\prod(a^2+2)\geqslant3(\sum a)^2+\frac{1}{2}\sum(b-c)^2$$
$$\geqslant3(\sum a)^2\geqslant9(bc+ca+ab) \tag{g}$$

这简直是数学花园中一道亮丽的风景.

(3)

在上一小节,我们建立了不等式

$$\prod(a^2+2)\geqslant3(\sum a)^2 \tag{d}$$
$$\geqslant9\sum bc \tag{a}$$

再联想到我们过去建立的引理:

设 $x_i>0,y_i>0(i=1,2,\cdots,n;n\geqslant3,n\in\mathbf{N})$,记 $S=\sum\limits_{i=1}^{n}y_i$,则有

$$\left[\sum_{i=1}^{n}(S-y_i)x_i\right]^2\geqslant4(\sum_{1\leqslant i<j\leqslant n}x_iy_i)(\sum_{1\leqslant i<j\leqslant n}y_iy_j) \tag{※}$$

特别地,当取 $n=3$ 时有

$$[(y_2+y_3)x_1+(y_3+y_1)x_2+(y_1+y_2)x_3]^2$$
$$\geqslant4(x_1x_2+x_2x_3+x_3x_1)(y_1y_2+y_2y_3+y_3y_1) \tag{1}$$

等号成立仅当

$$\frac{x_1}{y_1}=\frac{x_2}{y_2}=\frac{x_3}{y_3}$$

若再作代换

$$\begin{cases}(x_1,x_2,x_3)=(a,b,c)\\(y_1,y_2,y_3)=(p,q,r)\end{cases}$$
$$\Rightarrow[(q+r)a+(r+p)b+(p+q)c]^2$$
$$\geqslant4(qr+rp+pq)(ab+bc+ca) \tag{2}$$

等号成立仅当

$$\frac{a}{p}=\frac{b}{q}=\frac{c}{r}$$

如果再令

$$(\lambda,\mu,\nu)=(q+r,r+p,p+q)$$
$$\Rightarrow 4(qr+rp+pq)=2(\mu\nu+\nu\lambda+\lambda\mu)-(\lambda^2+\mu^2+\nu^2)$$
$$\Rightarrow(\lambda a+ub+\nu c)^2\geqslant S(ab+bc+ca) \tag{3}$$

其中
$$S=2\sum\mu\nu-\sum\lambda^2$$

等号成立仅当

$$\frac{a}{\mu+\nu-\lambda}=\frac{b}{\nu+\lambda-\mu}=\frac{c}{\lambda+\mu-\nu}$$

无独有偶，陈计老师为我们建立了式(2)漂亮的配对式

$$[(q+r)a+(r+p)b+(p+q)c]^2$$
$$\geqslant 4(p+q+r)(pbc+qca+rab)$$

证明(陈计)　不妨设 $a=\max\{a,b,c\}$

则
$$[(q+r)a+(r+p)b+(p+q)c]^2-4(p+q+r)(pbc+qca+rab)$$
$$=[(q-r)a+(r+p)b-(p+q)c]^2+4qr(a-b)(a-c)\geqslant 0$$

(4)

为了将前面著名的不等式(A)进行更好的推广，我们必须做好充分的准备，现在，我们万事俱备，只欠东风，先将不等式

$$(a^2+2)(b^2+2)(c^2+2)\geqslant 3(a+b+c)^2 \tag{d}$$

进行研究，在式(d)中作代换，令 $\lambda,\mu,\nu>0$，则

$$(a,b,c)\to\left(\sqrt{\frac{2}{\lambda}}a,\sqrt{\frac{2}{\mu}}b,\sqrt{\frac{2}{\nu}}c\right)$$
$$\Rightarrow(a^2+\lambda)(b^2+\mu)(c^2+\nu)$$
$$\geqslant\frac{3}{4}(\sqrt{\mu\nu}a+\sqrt{\nu\lambda}b+\sqrt{\lambda\mu}c)^2 \tag{h}$$

等号成立仅当

$$(a,b,c)=\left(\sqrt{\frac{\lambda}{2}},\sqrt{\frac{\mu}{2}},\sqrt{\frac{\nu}{2}}\right)$$

再应用三元对称不等式有

$$(a^2+\lambda)(b^2+\mu)(c^2+\nu)\geqslant\frac{3}{4}(\sqrt{\mu\nu}a+\sqrt{\nu\lambda}b+\sqrt{\lambda\mu}c)^2$$

$$\geqslant \frac{9}{4}\sqrt{\lambda\mu\nu}(\sqrt{\lambda}bc+\sqrt{\mu}ca+\sqrt{\nu}ab) \tag{i}$$

等号成立仅当

$$\begin{cases}(a,b,c)=\left(\sqrt{\dfrac{\lambda}{2}},\sqrt{\dfrac{\mu}{2}},\sqrt{\dfrac{\nu}{2}}\right)\\ \sqrt{\mu\nu}a=\sqrt{\nu\lambda}b=\sqrt{\lambda\mu}c\end{cases}$$

$$\Rightarrow (a,b,c)=\left(\sqrt{\frac{\lambda}{2}},\sqrt{\frac{\mu}{2}},\sqrt{\frac{\nu}{2}}\right)$$

如果应用上一小节的不等式(3),又得到不等式

$$(a^2+\lambda)(b^2+\mu)(c^2+\nu)\geqslant S(bc+ca+ab) \tag{j}$$

其中

$$S=\frac{3}{4}[2\sqrt{\lambda\mu\nu}(\sqrt{\lambda}+\sqrt{\mu}+\sqrt{\nu})-(\lambda\mu+\mu\nu+\nu\lambda)]>0$$

等号成立仅当

$$\begin{cases}(a,b,c)=\left(\sqrt{\dfrac{\lambda}{2}},\sqrt{\dfrac{\mu}{2}},\sqrt{\dfrac{\nu}{2}}\right)\\ \dfrac{\mu+\nu-\lambda}{a}=\dfrac{\nu+\lambda-\mu}{b}=\dfrac{\lambda+\mu-\nu}{c}\end{cases}$$

特别地,当取 $\lambda=\mu=\nu$ 时,式(i)与式(j)均简化为

$$(a^2+\lambda)(b^2+\lambda)(c^2+\lambda)\geqslant\left(\frac{3\lambda}{2}\right)^2(bc+ca+ab) \tag{k}$$

等号成立仅当 $a=b=c=\sqrt{\dfrac{\lambda}{2}}$.

现在,我们再从指数方面推广不等式(k).

推广1 设 $a,b,c,\lambda>0$,指数 $\alpha,\beta,\gamma\in\left(\dfrac{1}{2},2\right)$,且 $\alpha+\beta+\gamma=3$,则有

$$\begin{aligned}P_\lambda&=(a^2+\lambda)^\alpha\cdot(b^2+\lambda)^\beta\cdot(c^2+\lambda)^\gamma\\&\geqslant K(bc+ca+ab)\end{aligned} \tag{l}$$

其中

$$K=\left(\frac{3}{2}\lambda\right)^2m^{-1}$$

$$m=(2\alpha-1)^{2\alpha-1}(2\beta-1)^{2\beta-1}(2\gamma-1)^{2\gamma-1}$$

特别地,当取 $\alpha=\beta=\gamma=1$ 时,$m=1$,式(l)简化成式(k).

证明 设 $A,B,C\in\left(0,\dfrac{\pi}{2}\right)$,有

$$\theta=\frac{1}{3}(A+B+C)\in\left(0,\frac{\pi}{2}\right)$$

$$\begin{aligned}M&=\cos A\cos B\cos C-\cos(A+B+C)\\&\leqslant\cos^3\theta-\cos 3\theta\\&=3(1-\cos^2\theta)\cos\theta\end{aligned}$$

从前面式(a)的证明过程知

$$\begin{aligned}M&=\cos A\sin B\sin C+\sin A\cos B\sin C+\sin A\sin B\cos C\\&\leqslant3(1-\cos^2\theta)\cos\theta\end{aligned}\tag{1}$$

作代换

$$(a,b,c)=(\sqrt{\lambda}\tan A,\sqrt{\lambda}\tan B,\sqrt{\lambda}\tan C)$$

式(1)化为

$$\begin{aligned}&\lambda^{\alpha+\beta+\gamma}(1+\tan^2A)^{\alpha}(1+\tan^2B)^{\beta}(1+\tan^2C)^{\gamma}\\&\geqslant k\lambda(\tan B\tan C+\tan C\tan A+\tan A\tan B)\\&\Leftrightarrow\frac{\lambda^2}{K}\geqslant Mf\end{aligned}\tag{2}$$

其中 $$f=(\cos A)^{2\alpha-1}(\cos B)^{2\beta-1}(\cos C)^{2\gamma-1}$$

注意到 $$\frac{2\alpha-1}{3}+\frac{2\beta-1}{3}+\frac{2\gamma-1}{3}=1$$

且

$$\alpha,\beta,\gamma\in\left(\frac{1}{2},2\right)\Rightarrow2\alpha-1,2\beta-1,2\gamma-1\in(0,3)$$

于是应用加权不等式有

$$\begin{aligned}\frac{f}{m}&=\left[\left(\frac{\cos A}{2\alpha-1}\right)^{\frac{2\alpha-1}{3}}\left(\frac{\cos B}{2\beta-1}\right)^{\frac{2\beta-1}{3}}\left(\frac{\cos C}{2\gamma-1}\right)^{\frac{2\gamma-1}{3}}\right]^3\\&\leqslant\left[\sum\frac{2\alpha-1}{3}\left(\frac{\cos A}{2\alpha-1}\right)\right]^3\\&=\left(\frac{\cos A+\cos B+\cos C}{3}\right)^3\leqslant\cos^3\theta\end{aligned}$$

$$\begin{aligned}\Rightarrow Mf&=m\left(M\frac{f}{m}\right)\leqslant\frac{3}{m}(1-\cos^2\theta)\cos^4\theta\\&=\frac{3m}{2}(2-2\cos^2\theta)\cos^2\theta\cdot\cos^2\theta\\&\leqslant\frac{3m}{2}\left[\frac{(2-2\cos^2\theta)+\cos^2\theta+\cos^2\theta}{3}\right]^3\end{aligned}$$

$$\Rightarrow Mf\leqslant\frac{4}{9}m=\frac{\lambda^2}{K}$$

即式(2)成立，所以式(1)成立，且易推得式(1)等号成立仅当 $\alpha=\beta=\gamma=1$ 及 $a=b=c=\sqrt{\frac{\lambda}{2}}$.

(5)

名言道:“他山之石,可以攻玉”,应用推广 1 中的不等式(1),就可以建立前面不等式(A)的系数推广.

推广 2 设 $\alpha,\beta,\gamma\in\left(\frac{1}{2},2\right)$满足 $\alpha+\beta+\gamma=3$ 及 $t=8\prod\sin\frac{A}{2}$

$$m=(2\alpha-1)^{2\alpha-1}(2\beta-1)^{2\beta-1}(2\gamma-1)^{2\gamma-1}>\frac{8}{t^2}$$

那么对于$\triangle ABC$ 有

$$\alpha\tan^2\frac{A}{2}+\beta\tan^2\frac{B}{2}+\gamma\tan^2\frac{C}{2}+8\sin\frac{A}{2}\sin\frac{B}{2}\sin\frac{C}{2}\geqslant\frac{3}{\sqrt[3]{m}}-1\qquad(\mathrm{C})$$

证明 令 $\lambda=2t,t=8\sin\frac{A}{2}\sin\frac{B}{2}\sin\frac{C}{2}\leqslant1$,在不等式(1)中令

$$(a,b,c)=\left(\sqrt{3}\tan\frac{A}{2},\sqrt{3}\tan\frac{B}{2},\sqrt{3}\tan\frac{C}{2}\right)$$

$$\Rightarrow bc+ca+ab=3\left(\tan\frac{B}{2}\tan\frac{C}{2}+\tan\frac{C}{2}\tan\frac{A}{2}+\tan\frac{A}{2}\tan\frac{B}{2}\right)=3$$

代入式(1)得

$$\prod\left(3\tan^2\frac{A}{2}+2t\right)^{\alpha}\geqslant3(3t)^2m^{-1}$$

$$\Leftrightarrow\prod\left(3\tan^2\frac{A}{2}+2t\right)^{\frac{\alpha}{3}}\geqslant3\sqrt[3]{m^{-1}}t^{\frac{2}{3}}$$

注意到$\frac{\alpha}{3}+\frac{\beta}{3}+\frac{\gamma}{3}=1$,应用加权不等式

$$\sum\frac{\alpha}{3}\left(3\tan^2\frac{A}{2}+2t\right)\geqslant\prod\left(3\tan^2\frac{A}{2}+2t\right)^{\frac{\alpha}{3}}$$

$$\geqslant\frac{3}{\sqrt[3]{m}}t^{\frac{2}{3}}$$

$$\Rightarrow\sum\alpha\tan^2\frac{A}{2}+\frac{2}{3}t\sum\alpha\geqslant\frac{3}{\sqrt[3]{m}}t^{\frac{2}{3}}$$

$$\Rightarrow\sum\alpha\tan^2\frac{A}{2}+2t\geqslant\frac{3}{\sqrt[3]{m}}t^{\frac{2}{3}}$$

$$\Rightarrow\sum\alpha\tan^2\frac{A}{2}+t\geqslant f(t)\qquad(1)$$

其中$f(t)=\frac{3}{\sqrt[3]{m}}t^{\frac{2}{3}}-t$，求导得

$$f'(t)=\frac{2}{\sqrt[3]{mt^2}}-1<\frac{2}{\sqrt[3]{8}}-1=0$$

因此$f(t)$在$\left(\sqrt{\frac{8}{m}},1\right]$内是减函数，从而

$$\sum \alpha\tan^2\frac{A}{2}+t\geqslant f(t)\geqslant f(1)=\frac{3}{\sqrt[3]{m}}-1$$

即不等式(c)成立.

相应地，推广式(c)还可以再从指数方面推广为：

推广3　设$\alpha,\beta,\gamma\in\left(\frac{1}{2},2\right)$满足

$$\alpha+\beta+\gamma=3,t=8\sin\frac{A}{2}\sin\frac{B}{2}\sin\frac{C}{2}$$

$$m=(2\alpha-1)^{2\alpha-1}(2\beta-1)^{2\beta-1}(2\gamma-1)^{2\gamma-1}>\frac{24}{(3t)^k}\quad(k\geqslant1)\tag{2}$$

则有

$$\alpha\left(\tan\frac{A}{2}\right)^{2k}+\beta\left(\tan\frac{B}{2}\right)^{2k}+\gamma\left(\tan\frac{C}{2}\right)^{2k}+t^k\geqslant\sqrt[3]{\frac{3^{4-k}}{m}}-1\tag{D}$$

证明　在不等式(1)中令$\lambda=2t^k$，则

$$(a,b,c)=\left(\sqrt{3}\tan^k\frac{A}{2},\sqrt{3}\tan^k\frac{B}{2},\sqrt{3}\tan^k\frac{A}{2}\right)$$

$$\Rightarrow\sum bc=9\cdot\frac{\sum\left(\tan\frac{B}{2}\tan\frac{C}{2}\right)^k}{3}\text{（应用幂平均不等式）}$$

$$\geqslant9\left(\frac{\sum\tan\frac{B}{2}\tan\frac{C}{2}}{3}\right)^k=3^{2-k}$$

这样从不等式

$$(a^2+\lambda)^{\alpha}(b^2+\lambda)^{\beta}(c^2+\lambda)^{\gamma}\geqslant k(bc+ca+ab)\tag{1}$$

得到

$$\prod\left[3\left(\tan\frac{A}{2}\right)^{2k}+2t^k\right]^{\alpha}\geqslant\frac{(3t^k)^2}{m}\cdot3^{2-k}$$

$$\Rightarrow\prod\left[3\left(\tan\frac{A}{2}\right)^{2k}+2t^k\right]^{\frac{\alpha}{3}}\geqslant p\cdot t^{\frac{2k}{3}}\tag{3}$$

其中$p=\sqrt[3]{\frac{3^{4-k}}{m}}$.

应用加权不等式,有

$$pt^{\frac{2k}{3}} \leqslant \prod \left[3\left(\tan\frac{A}{2}\right)^{2k}+2t^k\right]^{\frac{\alpha}{3}}$$
$$\leqslant \sum \frac{\alpha}{3}\left[3\left(\tan\frac{A}{2}\right)^{2k}+2t^k\right]$$
$$= \sum \alpha\left(\tan\frac{A}{2}\right)^{2k}+2t^k\sum\frac{\alpha}{3}$$
$$= \sum \alpha\left(\tan\frac{A}{2}\right)^{2k}+2t^k$$
$$\Rightarrow \sum \alpha\left(\tan\frac{A}{2}\right)^{2k}+t^k \geqslant f(x) \tag{4}$$

其中 $x=t^{\frac{k}{3}}\leqslant 1$

$$f(x)=px^2-x^3$$
$$\Rightarrow f'(x)=(2p-3x)x \tag{5}$$

而从已知条件

$$m>\frac{24}{(3t)^k}\Rightarrow 2p-3x<0$$
$$\Rightarrow f'(x)<0$$

所以 $f(x)$ 在 $\left(\frac{2}{3}p,1\right]$ 内是减函数,于是有

$$\sum \alpha\left(\tan\frac{A}{2}\right)^{2k}+t^k \geqslant f(x)\geqslant f(1)=p-1$$

特别地,当取 $k=1$ 时,式(D)化为式(C).

(6)

我们知道,在 $\triangle ABC$ 中,利用三角恒等式

$$\tan\frac{B}{2}\tan\frac{C}{2}+\tan\frac{C}{2}\tan\frac{A}{2}+\tan\frac{A}{2}\tan\frac{B}{2}=1$$

与三元对称不等式,立刻得到

$$\tan\frac{A}{2}+\tan\frac{B}{2}+\tan\frac{C}{2}\geqslant\sqrt{3} \tag{1}$$

显然,不等式(1)是下列不等式

$$\tan^2\frac{A}{2}+\tan^2\frac{B}{2}+\tan^2\frac{C}{2}\geqslant 1 \tag{2}$$

的一个加强,而事实上,不等式(1)并非最强,它还可以再加强为

$$\sqrt{\tan\frac{A}{2}}+\sqrt{\tan\frac{B}{2}}+\sqrt{\tan\frac{C}{2}}\geqslant\sqrt[4]{27} \tag{3}$$

其中 $A,B,C\geqslant 2\arctan\left(\frac{1}{3\sqrt{3}}\right)$.

因此,我们得到了一个漂亮的不等式链

$$\sum\tan^2\frac{A}{2}\geqslant\frac{1}{\sqrt{3}}\sum\tan\frac{A}{2}\geqslant\frac{1}{\sqrt[4]{27}}\sum\sqrt{\tan\frac{A}{2}}\geqslant 1 \tag{4}$$

并且,若设指数 $k\geqslant\frac{1}{2}$,应用幂平均不等式,又可从指数方面将上述不等式(1)—(4)统推广为

$$\left(\tan\frac{A}{2}\right)^k+\left(\tan\frac{B}{2}\right)^k+\left(\tan\frac{C}{2}\right)^k\geqslant\frac{3}{\sqrt[4]{3^{2k}}}$$

即
$$\left(\tan\frac{A}{2}\right)^k+\left(\tan\frac{B}{2}\right)^k+\left(\tan\frac{C}{2}\right)^k\geqslant\sqrt{3^{2-k}} \tag{A}$$

证明　应用幂平均不等式有

$$\left[\frac{\sum\left(\tan\frac{A}{2}\right)^k}{3}\right]^{\frac{1}{k}}\geqslant\left(\frac{\sum\sqrt{\tan\frac{A}{2}}}{3}\right)^2\geqslant\frac{1}{\sqrt{3}}$$

$$\Rightarrow\sum\left(\tan\frac{A}{2}\right)^k\geqslant\sqrt{3^{2-k}}$$

即不等式(A)成立,等号成立仅当 $A=B=C=\frac{\pi}{3}$.

而不等式(A)在 $k\geqslant\frac{1}{2}$时成立的先决条件是不等式(3)成立,而要证明不等式(3),却有一定难度.

证法1　设 $a,b,c\geqslant 1$ 满足 $a+b+c=9$,我们先证明

$$\sqrt{a}+\sqrt{b}+\sqrt{c}\geqslant\sqrt{ab+bc+ca} \tag{※}$$

$$\Leftrightarrow ab+bc+ca\leqslant 9+2(\sqrt{ab}+\sqrt{bc}+\sqrt{ca})$$

$$\Leftrightarrow 2(a+b+c)-2(\sqrt{ab}+\sqrt{bc}+\sqrt{ca})\leqslant 27-(ab+bc+ca)$$

$$\Leftrightarrow\sum(\sqrt{a}-\sqrt{b})^2\leqslant\frac{(a+b+c)^2}{3}-(ab+bc+ca)$$

$$=\sum\frac{1}{6}(a-b)^2$$

$$\Leftrightarrow\sum\left[\frac{1}{6}(\sqrt{a}+\sqrt{b})^2-1\right](\sqrt{a}-\sqrt{b})^2\geqslant 0$$

根据对称性,不妨设

$$\begin{cases}a\geqslant b\geqslant c\geqslant 1\\a+b+c=9\end{cases}\Rightarrow\begin{cases}a\geqslant 3\\b\geqslant c\geqslant 1\end{cases}$$

$$\Rightarrow\begin{cases}\frac{1}{6}(\sqrt{a}+\sqrt{b})^2\geqslant 1\\\frac{1}{6}(\sqrt{a}+\sqrt{c})^2\geqslant 1\end{cases}$$

$$\Rightarrow\frac{1}{6}(\sqrt{c}+\sqrt{b})^2+\frac{1}{6}(\sqrt{a}+\sqrt{c})^2$$

$$=\frac{1}{6}(a+b+2c)+\frac{1}{3}(\sqrt{bc}+\sqrt{ac})$$

$$\geqslant\frac{10}{6}+\frac{1}{3}(1+\sqrt{3})>2$$

$$\Rightarrow\sum\left[\frac{1}{6}(\sqrt{a}+\sqrt{b})^2-1\right](\sqrt{a}-\sqrt{b})^2$$

$$\geqslant\left[\frac{1}{6}(\sqrt{c}+\sqrt{b})^2+\frac{1}{6}(\sqrt{a}+\sqrt{c})^2-2\right]\cdot$$

$$(\sqrt{b}-\sqrt{c})^2+\left[\frac{1}{6}(\sqrt{a}+\sqrt{b})^2-1\right](\sqrt{a}-\sqrt{b})^2$$

$$\geqslant 0$$

这表明不等式(※)成立,等号成立仅当 $a=b=c=3$.

在不等式(※)中令

$$(a,b,c)=\left(3\sqrt{3}\tan\frac{A}{2},3\sqrt{3}\tan\frac{B}{2},3\sqrt{3}\tan\frac{C}{2}\right)$$

$$\Rightarrow ab+bc+ca=27\left(\tan\frac{A}{2}\tan\frac{B}{2}+\tan\frac{B}{2}\tan\frac{C}{2}+\tan\frac{C}{2}\tan\frac{A}{2}\right)=27$$

$$\Rightarrow\sqrt{\tan\frac{A}{2}}+\sqrt{\tan\frac{B}{2}}+\sqrt{\tan\frac{C}{2}}\geqslant\sqrt[4]{27}$$

等号成立仅当 $A=B=C=\frac{\pi}{3}$.

证法 2 同样,先证明前面的不等式(※)成立.

令

$$(a,b,c)=(x^2,y^2,z^2)$$

$$\Rightarrow\begin{cases}x,y,z\geqslant 1\\x^2+y^2+z^2=9\end{cases}$$

$$\Rightarrow x^2+y^2+z^2\leqslant 9\min\{x^2,y^2,z^2\}$$

则不等式(※)等价于

$$x+y+z\geqslant\sqrt{x^2y^2+y^2z^2+z^2x}$$

$$\Leftrightarrow (x+y+z)^2(x^2+y^2+z^2)\geqslant 9(x^2y^2+y^2z^2+z^2x^2)$$

$$\Leftrightarrow 3(x^2+y^2+z^2)^2-9(x^2y^2+y^2z^2+z^2x^2)$$

$$\geqslant 3(x^2+y^2+z^2)^2-(x+y+z)^2(x^2+y^2+z^2)$$

$$\Leftrightarrow 3\sum(x^2-y^2)(x^2-z^2)$$

$$\geqslant 2(x^2+y^2+z^2)\sum(x-y)(x-z)$$

$$\Leftrightarrow \sum(x-y)(x-z)[3(x+y)(x+z)-2(x^2+y^2+z^2)]\geqslant 0$$

$$\Leftrightarrow \sum(x-y)(x-z)[x^2+3x(y+z)-2y^2-2z^2]\geqslant 0$$

$$\Leftrightarrow \sum(x-y)(x-z)[x^2+3x(y+z)-yz]-$$

$$2\sum(x-y)(x-z)(y-z)^2\geqslant 0$$

$$\Leftrightarrow p(x-y)(x-z)+q(y-z)(y-x)+r(z-x)(z-y)\geqslant 0 \qquad (5)$$

其中

$$\begin{cases} p=x^2+3x(y+z)-yz \\ q=y^2+3y(z+x)-zx \\ r=z^2+3z(x+y)-xy \end{cases}$$

因为

$$x^2+y^2+z^2=9\leqslant 9x^2$$

$$\Rightarrow x^2\geqslant\frac{y^2+z^2}{8}\geqslant\frac{(y+z)^2}{16}$$

$$\Rightarrow p\geqslant\frac{y^2+z^2}{8}+\frac{3}{4}(y+z)^2-yz$$

$$\geqslant\frac{1}{4}yz+3yz-yz=\frac{9}{4}yz>0$$

同理可证 $q>0$, $r>0$.

由于式(5)关于 x,y,z 轮换对称,故可设

$$x\geqslant y\geqslant z$$

$$\Rightarrow p-q=(x^2-y^2)+4z(x-y)$$

$$=(x-y)(x+y+4z)\geqslant 0$$

及

$$q-r=(y-z)(y+z+4x)\geqslant 0$$

又式(5)等价于

$$p(x-y)[(x-y)+(y-z)]-q(y-z)(x-y)+r(y-z)[(x-y)+(y-z)]\geqslant 0$$

$$\Leftrightarrow p(x-y)^2+(p-q+r)(x-y)(y-z)+r(y-z)^2\geqslant 0 \qquad (6)$$

当 $y=z$ 时,式(6)化为

$$p(x-y)^2\geqslant 0$$

成立.

当 $y>z>0$ 时，令 $x-y=(y-z)t(t>0)$，式(6)等价于

$$pt^2+(p-q+r)t+r\geqslant 0 \tag{7}$$

$$\Leftrightarrow \Delta_t=(p-q+r)^2-4pr\leqslant 0$$

$$\Leftrightarrow 2(pq+qr+rp)\geqslant p^2+q^2+r^2 \tag{8}$$

而式(8)是显然成立的，因此，式(7)成立，逆推之式(※)成立，以下过程同证法1.

现在，我们在式(A)的基础上，可建立：

结论1 设 $k>\frac{1}{2}$，正数 λ,μ,ν 满足 $\sqrt[2k-1]{\mu\nu}+\sqrt[2k-1]{\nu\lambda}+\sqrt[2k-1]{\lambda\mu}\leqslant 1$，$A,B,C\geqslant 3\arctan\left(\frac{1}{3\sqrt{3}}\right)$. 那么，在 $\triangle ABC$ 中有

$$\sqrt{\tan\frac{A}{2}}+\sqrt{\tan\frac{B}{2}}+\sqrt{\tan\frac{C}{2}}\geqslant\sqrt[4]{27} \tag{A$'$}$$

$$\lambda\left(\tan\frac{A}{2}\right)^k+\mu\left(\tan\frac{B}{2}\right)^k+\nu\left(\tan\frac{C}{2}\right)^k\geqslant(\sqrt[4]{27})^{2k}\lambda\mu\nu \tag{B$'$}$$

证明 由于

$$k>\frac{1}{2}\Rightarrow\begin{cases}\frac{1}{2k},\frac{2k-1}{2k}\in(0,1)\\ \frac{1}{2k}+\frac{2k-1}{2k}=1\end{cases}$$

应用赫尔德不等式有

$$\left[\sum\lambda\left(\tan\frac{A}{2}\right)^k\right]^{\frac{1}{2k}}\cdot\left(\sum\frac{1}{\sqrt[2k-1]{\lambda}}\right)^{\frac{2k-1}{2k}}\geqslant\sum\sqrt{\tan\frac{A}{2}}$$

$$\geqslant\sqrt[4]{27}$$

$$\Rightarrow\sum\lambda\left(\tan\frac{A}{2}\right)^k\geqslant\frac{\sqrt{27^k}}{\left(\sum\frac{1}{\sqrt[2k-1]{\lambda}}\right)^{2k-1}}$$

$$=\frac{\sqrt{27^k}\lambda\mu\nu}{\left(\sum\sqrt[2k-1]{\mu\nu}\right)^{2k-1}}\geqslant\sqrt{27^k}\lambda\mu\nu$$

前面不等式(A)中的约束条件是

$$A,B,C\geqslant 2\arctan\left(\frac{1}{3\sqrt{3}}\right)$$

我们能将这一约束条件改得更小，使不等式(A)显得更优吗？

其实，韩京俊老师在专著《初等不等式的证明方法》(哈尔滨工业大学出版社，2011)第247页建立了：

问题1　确定 k 的最小值，使得当非负实数 $a,b,c\geqslant k$，且 $a+b+c=9$ 时有

$$\sqrt{ab+bc+ca}\leqslant\sqrt{a}+\sqrt{b}+\sqrt{c} \qquad (※)$$

解（韩京俊）　令

$$\begin{cases}a=\dfrac{13-4\sqrt{10}}{3}\\ b=c=\dfrac{7+2\sqrt{10}}{3}\end{cases}$$

$$\Rightarrow\sqrt{ab+bc+ca}=\sqrt{a}+\sqrt{b}+\sqrt{c}$$

故 $k\geqslant\dfrac{13-4\sqrt{10}}{3}$，下证 $k=\dfrac{13-4\sqrt{10}}{3}$ 时不等式（※）成立.

我们控制 $a+b+c,ab+bc+ca$ 不变. 也即 $a^3+b^3+c^3$ 不变，此时 $m=2$，设 $f(x)=\sqrt{x},g(x)=f'(x)$，则 $g''(x)=\dfrac{3}{8}x^{-\frac{5}{2}}>0$，即 $g(x)$ 为下凸函数，于是知 $\sqrt{a}+\sqrt{b}+\sqrt{c}$ 的最小值在 $k\leqslant a\leqslant b=c$ 时取得.

原不等式变为当 $a+2b=9,b\geqslant a\geqslant k\geqslant 0$ 时，有

$$\sqrt{\left(\frac{9-a}{2}\right)^2+a(9-a)}\leqslant\sqrt{a}+2\sqrt{\frac{9-a}{2}}$$

$$\Leftrightarrow -3a^2+9+22a\leqslant 8\sqrt{a(18-2a)}$$

$$\Leftrightarrow (9a^2-78a+9)(a-3)^2\leqslant 0$$

$$\Rightarrow a\geqslant\frac{13-4\sqrt{10}}{3}=k$$

所以问题得证.

在上面的问题中作代换

$$(a,b,c)=\left(3\sqrt{3}\tan\frac{A}{2},3\sqrt{3}\tan\frac{B}{2},3\sqrt{3}\tan\frac{C}{2}\right)$$

$$\Rightarrow\tan\frac{A}{2},\tan\frac{B}{2},\tan\frac{C}{2}\geqslant\frac{13-4\sqrt{10}}{9\sqrt{3}}$$

$$\Rightarrow A,B,C\geqslant 2\arctan\left(\frac{13-4\sqrt{10}}{9\sqrt{3}}\right)$$

这样，我们就将不等式（A），（B）的约束范围扩大了，故它们比原来更佳更优.

(7)

在不等式(B)中取指数 $k=1$ 得到推论

$$\lambda \tan \frac{A}{2}+\mu \tan \frac{B}{2}+\nu \tan \frac{C}{2} \geqslant 3\sqrt{3}\lambda\mu\nu \tag{C}$$

其中 $\mu\nu+\nu\lambda+\lambda\mu \leqslant 1$ 及 $\lambda,\mu,\nu>0$.

过去,我们应用杨克昌不等式就已经建立了不等式(C)的配对结论

$$(\mu+\nu)\tan \frac{A}{2}+(\nu+\lambda)\tan \frac{B}{2}+(\lambda-\mu)\tan \frac{C}{2} \geqslant 2\sqrt{\mu\nu+\nu\lambda+\lambda\mu} \tag{D}$$

等号成立仅当

$$\lambda \cot \frac{A}{2}=\mu \cot \frac{B}{2}=\nu \cot \frac{C}{2}$$

及

$$\lambda \tan \frac{A}{2}+\mu \tan \frac{B}{2}+\nu \tan \frac{C}{2} \geqslant \sqrt{\delta C} \tag{E}$$

其中 $\delta=2(\mu\nu+\nu\lambda+\lambda\mu)-\lambda^2-\mu^2-\nu^2>0$,等号成立仅当

$$(\mu+\nu-\lambda)\cot \frac{A}{2}=(\nu+\lambda-\mu)\cot \frac{B}{2}=(\lambda+\mu-\nu)\cot \frac{C}{2}$$

进一步地,我们又在《数学奥林匹克与数学文化》第二辑(文化卷)中的"一道联赛题与 Garfunkel—Bankoff 不等式"(以下简称文[1])中,我们建立了不等式(D)的角参数 θ 推广:

设 λ,μ,ν 为正数,$\triangle ABC$ 为锐角三角形,$0 \leqslant \theta < \frac{\pi}{6}$,使 $\theta+\frac{A}{2},\theta+\frac{B}{2},\theta+\frac{C}{2}$ 均为锐角,并满足条件

$$S(\theta)=\sum \tan\left(\theta+\frac{B}{2}\right)\tan\left(\theta+\frac{C}{2}\right)<9$$

则

$$\begin{aligned} T_\lambda(\theta)=&(\mu+\nu)\tan\left(\theta+\frac{A}{2}\right)+(\nu+\lambda)\tan\left(\theta+\frac{B}{2}\right)+(\lambda+\mu)\tan\left(\theta+\frac{C}{2}\right) \\ &\geqslant 2\sqrt{(\mu\nu+\nu\lambda+\lambda\mu)(1+Q(\theta))} \end{aligned} \tag{F}$$

其中

$$Q(\theta)=\frac{8\tan 3\theta}{\tan 3\theta+3\cot\left(\theta+\frac{\pi}{6}\right)} \geqslant 0$$

而且,还成功地将式(D)推广为:

设 $k>1,x,y,z,\lambda,\mu,\nu$ 均为正整数,则有

$$x\left(\tan\frac{A}{2}\right)^k+y\left(\tan\frac{B}{2}\right)^k+z\left(\tan\frac{C}{2}\right)^k\geqslant\frac{m}{n}\tag{G}$$

其中
$$m=[4(m\nu+\nu\lambda+\lambda\mu)]^{\frac{k}{2}}$$
$$n=(x_1+y_1+z_1)^{k-1}$$
$$x_1=\sqrt[k-1]{\frac{(\mu+\nu)^k}{x}},y_1=\sqrt[k-1]{\frac{(\nu+\lambda)^k}{y}}$$
$$z_1=\sqrt[k-1]{\frac{(\lambda+\mu)^k}{z}}$$

等号成立仅当

$$\frac{x\left(\tan\frac{A}{2}\right)^{k-1}}{\mu+\nu}=\frac{y\left(\tan\frac{B}{2}\right)^{k-1}}{\nu+\lambda}=\frac{z\left(\tan\frac{C}{2}\right)^{k-1}}{\lambda+\mu}$$

相应地,我们又建立了:

设 $\alpha,\beta,\gamma\in\left(0,\frac{3}{2}\right)$,且 $\alpha+\beta+\gamma=3$,则对任意$\triangle ABC$有

$$\left(\tan\frac{B}{2}+\tan\frac{C}{2}\right)^\alpha\left(\tan\frac{C}{2}+\tan\frac{A}{2}\right)^\beta\left(\tan\frac{A}{2}+\tan\frac{B}{2}\right)^\gamma\geqslant\left(\frac{2}{\sqrt{3}}\right)^3m\tag{H}$$

其中
$$m=[(3-2\alpha)^{3-2\alpha}(3-2\beta)^{3-2\beta}(3-2\gamma)^{3-2\gamma}]^{-1}$$

(8)

从外形结构上讲,式(H)有一个漂亮的配对形式:

结论2　在$\triangle ABC$中有不等式

$$\left(\tan\frac{A}{2}+2\tan\frac{B}{2}\right)\left(\tan\frac{B}{2}+2\tan\frac{C}{2}\right)\left(\tan\frac{C}{2}+2\tan\frac{A}{2}\right)\geqslant(\sqrt{3})^3\tag{I}$$

分析　简记
$$t=\sqrt[3]{\tan\frac{A}{2}\tan\frac{B}{2}\tan\frac{C}{2}}$$
$$\Rightarrow 1=\tan\frac{A}{2}\tan\frac{B}{2}+\tan\frac{B}{2}\tan\frac{C}{2}+\tan\frac{C}{2}\tan\frac{A}{2}$$
$$\geqslant 3t^2\Rightarrow t\leqslant\frac{1}{\sqrt{3}}$$

应用赫尔德不等式得

$$\prod\left(\tan\frac{A}{2}+2\tan\frac{B}{2}\right)\geqslant(t+2t)^3=27t^3$$

但 $$27t^3\leqslant\sqrt{3}$$
因此应用上述思路不能证明式(I).

另外,在前面第(4)小节的不等式

$$(a^2+\lambda)(b^2+\mu)(c^2+\nu)\geqslant S(ab+bc+cd) \tag{j}$$

其中 λ,μ,ν 满足

$$S=\frac{3}{4}[2\sqrt{\lambda\mu\nu}(\sqrt{\lambda}+\sqrt{\mu}+\sqrt{\nu})-(\lambda\mu+\mu\nu+\nu\lambda)]>0)$$

中,令

$$(a,b,c)=\left(\tan\frac{A}{2},\tan\frac{B}{2},\tan\frac{C}{2}\right)$$

$$\Rightarrow\left(\tan^2\frac{A}{2}+\lambda\right)\left(\tan\frac{B}{2}+\mu\right)\left(\tan^2\frac{C}{2}+\nu\right)\geqslant\delta \tag{5}$$

若应用式(1),则有

$$\left(\tan^2\frac{A}{2}+k\right)^{\alpha}\left(\tan^2\frac{B}{2}+k\right)^{\beta}\left(\tan^2\frac{C}{2}+k\right)^{\gamma}\geqslant\left(\frac{3}{2}k\right)^2 m^{-1} \tag{k}$$

其中

$$m=2(2\alpha-1)^{2\alpha-1}(2\beta-1)^{2\beta-1}(2\gamma-1)^{2\gamma-1}$$

$\alpha,\beta,\gamma\in\left(\frac{1}{2},2\right)$且 $\alpha+\beta+\gamma=3$.

若再应用式

$$(a^2+\lambda)(b^2+\mu)(c^2+\nu)$$
$$\geqslant\frac{3}{4}(\sqrt{\mu\nu}a+\sqrt{\nu\lambda}b+\sqrt{\lambda\mu}c)^2 \tag{h}$$

及柯西不等式,有

$$\left(\sum\sqrt{\mu\nu}a\right)\left(\sum\frac{1}{\sqrt{\mu\nu}}\right)\geqslant\left(\sum\sqrt{a}\right)^2$$
$$\Rightarrow(a^2+\lambda)(b^2+\mu)(c^2+\nu)$$
$$\geqslant\frac{3\lambda\mu\nu(\sqrt{a}+\sqrt{b}+\sqrt{c})^4}{4(\sqrt{\lambda}+\sqrt{\mu}+\sqrt{\nu})^2}$$

再令$(a,b,c)=\left(\tan\frac{A}{2},\tan\frac{B}{2},\tan\frac{C}{2}\right)$并应用前面的式

$$\sqrt{\tan\frac{A}{2}}+\sqrt{\tan\frac{B}{2}}+\sqrt{\tan\frac{C}{2}}\geqslant\sqrt[4]{27} \tag{A$'$}$$

立刻又得新的不等式

$$\left(\tan^2\frac{A}{2}+\lambda\right)\left(\tan^2\frac{B}{2}+\mu\right)\left(\tan^2\frac{C}{2}+\nu\right)$$

$$\geqslant \frac{81\lambda\mu\nu}{4(\sqrt{\lambda}+\sqrt{\mu}+\sqrt{\nu})^2} \tag{L}$$

若再增设条件

$$\sqrt{\lambda}+\sqrt{\mu}+\sqrt{\nu}\leqslant 9$$

那么式(L)又可简化为

$$\left(\tan^2\frac{A}{2}+\lambda\right)\left(\tan^2\frac{B}{2}+\mu\right)\left(\tan^2\frac{C}{2}+\nu\right)\geqslant\frac{1}{4}\lambda\mu\nu \tag{L$'$}$$

在式(h)中令 $x=\mu=\nu=k>0$ 得

$$(a^2+k)(b^2+k)(c^2+k)\geqslant\frac{3}{4}k^2(a+b+c)^2$$

再令 $(a,b,c)=\left(\sqrt{\tan\frac{A}{2}},\sqrt{\tan\frac{B}{2}},\sqrt{\tan\frac{C}{2}}\right)$ 并应用式(A)′得

$$\left(\tan\frac{A}{2}+k\right)\left(\tan\frac{B}{2}+k\right)\left(\tan\frac{C}{2}+k\right)\geqslant\frac{9\sqrt{3}}{4}k^2 \tag{M}$$

通过上述分析,虽然我们还没有找到证明式(I)的思路,但却意外地得到了式(J),式(K),式(L),式(M)这些优美的三角不等式.

现在我们应用代数方法证明式(I).

证明　作代换,令

$$(a,b,c)=\left(\sqrt{3}\tan\frac{A}{2},\sqrt{3}\tan\frac{B}{2},\sqrt{3}\tan\frac{C}{2}\right)$$

将式(I)转化为等价的齐次不等式

$$(a+2b)(b+2c)(c+2a)$$
$$\geqslant(ab+bc+ca)\sqrt{3(ab+bc+ca)} \tag{1}$$

由平均值不等式有

$$\sqrt{3(ab+bc+ca)}$$
$$\leqslant\frac{1}{2}\left[a+b+c+\frac{3(ab+bc+ca)}{a+b+c}\right]$$

于是只需证明

$$2(a+2b)(b+2c)(c+2a)(a+b+c)$$
$$\geqslant(ab+bc+ca)[(a+b+c)^2+3(ab+bc+ca)]$$
$$\Leftrightarrow\sum_{cyc}a^3b+5\sum ab^3-3\sum a^2b^2-3abc\sum a\geqslant 0$$
$$\Leftrightarrow\sum ab(a-2b)^2+\sum_{cyc}ab^3+\sum a^2b^2-3abc\sum a\geqslant 0$$

再由平均值不等式有

$$\sum_{cyc}ab^3\geqslant abc\sum a,\ \sum a^2b^2\geqslant abc\sum a$$

及结论
$$\sum ab(a-2b)^2 \geqslant abc\sum a$$
即知式(1)成立,从而式(I)成立.

注 事实上对于满足 $0\leqslant A,B,C\leqslant\pi, A+B+C=\pi$ 的 $\triangle ABC$,有不等式

$$\left(\tan\frac{A}{2}+k\tan\frac{B}{2}\right)\left(\tan\frac{B}{2}+k\tan\frac{C}{2}\right)\left(\tan\frac{C}{2}+k\tan\frac{A}{2}\right)\geqslant\left(\frac{k+1}{\sqrt{3}}\right)^3 \quad (\mathrm{I})'$$

其中

$$\frac{1}{2}\left(3\sqrt[3]{4}-2-\sqrt{18\sqrt[3]{2}-12\sqrt[3]{4}}\right)$$
$$\leqslant k\leqslant\frac{1}{2}\left(3\sqrt[3]{4}-2+\sqrt{18\sqrt[3]{2}-12\sqrt[3]{4}}\right)$$

(10)

现在,我们寻觅不等式(I)的配对结论.

结论 3 在 $\triangle ABC$ 中,有

$$\frac{1}{\left(\tan\frac{A}{2}+2\tan\frac{B}{2}\right)^2}+\frac{1}{\left(\tan\frac{B}{2}+2\tan\frac{C}{2}\right)^2}+\frac{1}{\left(\tan\frac{C}{2}+2\tan\frac{A}{2}\right)^2}\geqslant 1 \quad (\mathrm{N})$$

分析 观察式(N)的外形与结构,使我们联想到不等式(I),再结合平均值不等式,有

$$\sum\left(\tan\frac{A}{2}+2\tan\frac{B}{2}\right)^{-2}\geqslant 3\prod\left(\tan\frac{A}{2}+2\tan\frac{B}{2}\right)^{-\frac{2}{3}}$$

但从式(I)有

$$3\prod\left(\tan\frac{A}{2}+2\tan\frac{B}{2}\right)^{-\frac{2}{3}}\leqslant 1$$

因此直接应用平均值不等式不能证明式(N).

若直接应用权方和不等式,那么

$$\sum\left(\tan\frac{A}{2}+2\tan\frac{B}{2}\right)^{-2}=\sum\frac{\left(1^{\frac{1}{3}}\right)^{1+2}}{\left(\tan\frac{A}{2}+2\tan\frac{B}{2}\right)^2}$$
$$=\sum\frac{1^{1+2}}{\left(\tan\frac{A}{2}+2\tan\frac{B}{2}\right)^2}$$

$$\geqslant \frac{(1+1+1)^{1+2}}{\left[\sum\left(\tan\frac{A}{2}+2\tan\frac{B}{2}\right)\right]^2}$$

$$=\frac{3}{\left(\sum\tan\frac{A}{2}\right)^2}$$

但
$$\sum\tan\frac{A}{2}\geqslant\sqrt{3}$$

所以直接应用权方和不等式也不能证明式(N),可见,欲证式(N),得另觅新途.

证明　我们先作代换

$$(a,b,c)=\left(\tan\frac{A}{2},\tan\frac{B}{2},\tan\frac{C}{2}\right)$$

将式(N)化为等价形式

$$\frac{1}{(a+2b)^2}+\frac{1}{(b+2c)^2}+\frac{1}{(c+2a)^2}\geqslant\frac{1}{ab+bc+ca} \tag{1}$$

现分两种情况进行讨论:

(ⅰ)若 $4(ab+bc+ca)\geqslant a^2+b^2+c^2$ 应用柯西不等式有

$$\left[\sum\frac{1}{(a+2b)^2}\right]\cdot\sum(a+2b)^2(a+2c)^2\geqslant 9(\sum a)^2$$

于是只需证明

$$9(\sum a)^2(\sum ab)\geqslant\sum(a+2b)^2(a+2c)^2$$

$$\Leftrightarrow 9(\sum a)^2(\sum ab)\geqslant(\sum a)^4+18(\sum ab)^2$$

$$\Leftrightarrow(\sum a^2-\sum ab)(4\sum ab-\sum a^2)\geqslant 0$$

成立.

(ⅱ)若 $a^2+b^2+c^2>4(ab+bc+ca)$ 不妨设 $a=\max\{a,b,c\}$,下证 $a\geqslant 2(b+c)$,否则,如果 $a<2(b+c)$,那么

$$\begin{aligned}&a^2+b^2+c^2-4(ab+bc+ca)\\=&a(a-2b-2c)+b(b-a)+c(c-a)-4bc\\\leqslant&0\end{aligned}$$

矛盾!故 $a\geqslant 2(b+c)$.

应用平均值不等式,我们有

$$\frac{1}{(a+2b)^2}+\frac{1}{(b+2c)^2}\geqslant\frac{2}{(a+2b)(b+2c)}$$

于是只需证明

$$\frac{2}{(a+2b)(b+2c)}\geqslant\frac{1}{ab+bc+ca}$$
$$\Leftrightarrow b(a-2b-2c)\geqslant 0$$

成立,从而式(1)成立,因此式(N)成立,等号成立仅当

$$a=b=c\Rightarrow A=B=C=\frac{\pi}{3}$$

(11)

大千世界,许多事物相互之间有关联,有相似之处,甚至很相似. 比如,不等式(N)在外形上就有一个结构相似形式:

结论 4 在$\triangle ABC$中,有不等式

$$\frac{1}{\left(\tan\frac{A}{2}+\tan\frac{B}{2}\right)^2}+\frac{1}{\left(\tan\frac{B}{2}+\tan\frac{C}{2}\right)^2}+\frac{1}{\left(\tan\frac{C}{2}+\tan\frac{A}{2}\right)^2}\geqslant\frac{9}{4} \quad (\mathrm{O})$$

证法 1 作代换

$$(x,y,z)=\left(\tan\frac{A}{2},\tan\frac{B}{2},\tan\frac{C}{2}\right)$$

式(O)等价于

$$(xy+yz+zx)\left[\frac{1}{(x+y)^2}+\frac{1}{(y+z)^2}+\frac{1}{(z+x)^2}\right]\geqslant\frac{9}{4} \quad (1)$$

$$\Leftrightarrow 4\left(\sum xy\right)\sum(x+y)^2(y+z)^2-9(x+y)^2(y+z)^2(z+x)^2\geqslant 0 \quad (2)$$

设 $f\left(\sum x,\sum yz,xyz\right)$

$$=f\left(\sum xy\right)\sum(x+y)^2(y+z)^2-9(x+y)^2(y+z)^2(z+x)^2$$

而$\sum(x+y)^2(y+z)^2$的次数不大于4,故不可能含有$(xyz)^2$这种项,于是即有$f''(x)\leqslant 0$,因此$f\left(\sum x,\sum yz,xyz\right)$的最小值必在两数相等时取到,不妨设$x=z$,代入式(1)只需证明

$$(x^2+2xy)\left[\frac{1}{4x^2}+\frac{2}{(x+y)^2}\right]\geqslant\frac{9}{4}$$

$$\Leftrightarrow\frac{y(x-y)^2}{2x(x+y)^2}\geqslant 0$$

成立,因此式(1)成立,从而式(O)成立,等号成立仅当

$$x=y=z\Rightarrow A=B=C=\frac{\pi}{3}$$

证法 2　我们只需证明前面的式(1)成立即可,注意到

$$(xy+yz+zx)\sum\frac{1}{(x+y)^2}$$

$$=(xy+yz+zx)\frac{\sum(x+y)^2(x+z)^2}{(x+y)^2(y+z)^2(z+x)^2}$$

但　$$(xy+yz+zx)\sum(x+y)^2(x+z)^2$$

$$=\sum\left(x^5y+2x^4y^2+\frac{5}{2}x^4yz+13x^3y^2z+4x^2y^2z^2\right)(x+y)^2(y+z)^2(z+x)^2$$

$$=\sum_{sym}\left(x^4y^2+x^4yz+x^3y^3+6x^3y^2z+\frac{5}{3}x^2y^2z^2\right)$$

通过计算有

$$\sum_{sym}(4x^5y-x^4y^2-3x^3y^3+x^4yz-2x^3y^2z+x^2y^2z^2)\geqslant 0$$

由 3 次舒尔不等式有

$$\sum_{sym}(x^3-2x^2y+xyz)\geqslant 0$$

$$\Rightarrow xyz\sum_{sym}(x^3-2x^2y+xyz)$$

$$=\sum_{sym}(x^4yz-2x^3y^2z+x^2y^2z^2)\geqslant 0 \tag{3}$$

且由平均值不等式有

$$\sum_{sym}[(x^5y-x^4y^2)+3(x^5y-x^3y^3)]\geqslant 0 \tag{4}$$

利用式(3)、式(4)及式(2)知式(1)成立,所以式(0)成立,等号成立仅当

$$x=y=z\Rightarrow A=B=C=\frac{\pi}{3}$$

其实,前面的不等式

$$(xy+yz+zx)\left[\frac{1}{(x+y)^2}+\frac{1}{(y+z)^2}+\frac{1}{(z+x)^2}\right]\geqslant\frac{9}{4} \tag{1}$$

即为 1996 年伊朗数学奥林匹克竞赛试题,我们刚才“草船借箭”利用它巧妙地证明了不等式(0),当然,不等式(0)又等价于

$$\left(\frac{\cos\frac{B}{2}\cos\frac{C}{2}}{\cos\frac{A}{2}}\right)^2+\left(\frac{\cos\frac{C}{2}\cos\frac{A}{2}}{\cos\frac{B}{2}}\right)^2+\left(\frac{\cos\frac{A}{2}\cos\frac{B}{2}}{\cos\frac{C}{2}}\right)^2\geqslant\frac{9}{4} \tag{0$'$}$$

现在,我们再将不等式(0)加强为:

加强1 在△ABC中,有不等式

$$\frac{1}{\tan\frac{B}{2}+\tan\frac{C}{2}}+\frac{1}{\tan\frac{C}{2}+\tan\frac{A}{2}}+\frac{1}{\tan\frac{A}{2}+\tan\frac{B}{2}}\geqslant\frac{5}{2} \qquad (\mathrm{P})$$

证法1 在式(P)中进行三角变化,它等价于

$$\frac{\cos\frac{B}{2}\cos\frac{C}{2}}{\cos\frac{A}{2}}+\frac{\cos\frac{B}{2}\cos\frac{A}{2}}{\cos\frac{C}{2}}+\frac{\cos\frac{A}{2}\cos\frac{C}{2}}{\cos\frac{B}{2}}\geqslant\frac{5}{2}$$

$$\Leftrightarrow S^2-10pr+(4R+r)^2\geqslant 0 \qquad (\mathrm{P}')$$

其中S,p,R,r依次表示△ABC的周长,半周长,外接圆半径,内切圆半径.

由格雷森不等式

$$S^2\leqslant 4R^2+4Rr+3r^2$$

以及$R\geqslant 2r\Rightarrow S\leqslant 2R+\frac{5}{4}r<5R$

于是我们只需证明

$$\left(2R+\frac{5}{4}r\right)^2-10\left(2R+\frac{5}{4}r\right)R+(4R+r)^2\geqslant 0\Leftrightarrow r\left(\frac{1}{2}R+\frac{41}{16}r\right)\geqslant 0$$

显然成立,等号成立仅当$r=0$,也即$y=z=1$或其轮换时取得,即就是△ABC成为退化了的三角形(A,B,C中有两个角取$\frac{\pi}{2}$,一个角取0)时成立.

证法2 作代换

$$(x,y,z)=\left(\tan\frac{A}{2},\tan\frac{B}{2},\tan\frac{C}{2}\right)$$

$$\Rightarrow xy+yz+zx=1$$

$$\Rightarrow\begin{cases}(x+y)(y+z)(z+x)=x+y+z-xyz\\(x+y)(x+z)=x^2+1\end{cases}$$

这样式(P)转化为

$$(x+y)(x+z)+(y+x)(y+z)+(z+x)(z+y)$$

$$\geqslant\frac{5}{2}(x+y)(y+z)(z+x)$$

$$\Leftrightarrow 2(x^2+y^2+z^2)+6+5xyz\geqslant 5(x+y+z)$$

又

$$(x+y+z-2)^2\geqslant 0$$

$$\Rightarrow 2(x+y+z)^2\geqslant 8(x+y+z)-8$$

因此,只需证

$$3(x+y+z)+5xyz\geqslant 6$$

不妨设

$$\begin{aligned}x&=\max\{x,y,z\}\\ \Rightarrow yz&=\min\{xy,yz,zx\}\\ &\leqslant\frac{1}{3}(xy+yz+zx)=\frac{1}{3}\end{aligned}$$

再结合

$$\begin{aligned}&x(y+z)=1-yz\\ \Rightarrow&x(y+z)^2=(1-yz)(y+z)\\ \Rightarrow&3(y+z-1)^2+yz(2-5yz)\geqslant 0\\ \Rightarrow&3-3yz+3(y+z)^2+5yz(1-yz)\geqslant 6(y+z)\\ \Rightarrow&3(x+y+z)+5xyz\geqslant 6\end{aligned}$$

成立,故式(P)成立,等号成立的条件同上.

证法 3　应用柯西不等式与式(A)′有

$$\begin{aligned}\sum\left(\frac{1}{\tan\frac{B}{2}+\tan\frac{C}{2}}\right)&=\sum\frac{\tan\frac{A}{2}}{\tan\frac{A}{2}\left(\tan\frac{B}{2}+\tan\frac{C}{2}\right)}\\ &\geqslant\frac{\left(\sqrt{\tan\frac{A}{2}}+\sqrt{\tan\frac{B}{2}}+\sqrt{\tan\frac{C}{2}}\right)^2}{\sum\tan\frac{A}{2}\left(\tan\frac{B}{2}+\tan\frac{C}{2}\right)}\\ &\geqslant\frac{3\sqrt{3}}{2\sum\tan\frac{B}{2}\tan\frac{C}{2}}=\frac{3}{2}\sqrt{3}>\frac{5}{2}\end{aligned}$$

即式(P)不仅成立,而且还得到了加强

$$\frac{1}{\tan\frac{B}{2}+\tan\frac{C}{2}}+\frac{1}{\tan\frac{C}{2}+\tan\frac{A}{2}}+\frac{1}{\tan\frac{A}{2}+\tan\frac{B}{2}}\geqslant\frac{3}{2}\sqrt{3}\qquad(P_1)$$

等号成立仅当△ABC 为正三角形.

证法 4　记式(P)左边为 S,先进行三角化简

$$\begin{aligned}S&=\sum\left(\frac{1}{\tan\frac{B}{2}+\tan\frac{C}{2}}\right)=\sum\frac{\cos\frac{B}{2}\cos\frac{C}{2}}{\sin\left(\frac{B}{2}+\frac{C}{2}\right)}\\ &=\sum\frac{\cos\frac{B}{2}\cos\frac{C}{2}}{\cos\frac{A}{2}}\end{aligned}$$

$$= \sqrt{\left(\sum \frac{\cos\frac{B}{2}\cos\frac{C}{2}}{\cos\frac{A}{2}}\right)^2}$$

$$= \sqrt{\sum\left(\frac{\cos\frac{B}{2}\cos\frac{C}{2}}{\cos\frac{A}{2}}\right)^2 + 2\sum\cos^2\frac{A}{2}}$$

$$\geqslant \sqrt{3\sum\cos^2\frac{A}{2}}$$

但 $\sum \cos^2\frac{A}{2}\leqslant\frac{9}{4}$,我们得改变思路,才能证明式(P).

为了方便起见,作代换,令

$$(a,b,c)=\left(\tan\frac{A}{2},\tan\frac{B}{2},\tan\frac{C}{2}\right)$$

这样,式(P)等价于

$$f(a,b,c)=\frac{1}{a+b}+\frac{1}{b+c}+\frac{1}{c+a}$$

其中 $a,b,c\geqslant0$,且 $ab+bc+ca=1$,显然有

$$f(1,1,0)=\frac{5}{2},f\left(\frac{\sqrt{3}}{3},\frac{\sqrt{3}}{3},\frac{\sqrt{3}}{3}\right)=\frac{3}{2}\sqrt{3}>\frac{5}{2}$$

由于表达式 $f(a,b,c)$ 关于 a,b,c 完全对称,故可设 $a\leqslant b\leqslant c\Rightarrow c\geqslant\frac{a+b}{2}$, $c=\frac{1-ab}{a+b}$, $c'=\frac{1}{a+b}$. 利用调整法先证明

$$f(a,b,c)\geqslant f(0,a+b,c')$$

$$\Leftrightarrow\frac{1}{a+b}+\frac{1}{b+c}+\frac{1}{c+a}\geqslant\frac{1}{a+b}+\frac{1}{a+b+c'}+\frac{1}{c'}$$

$$\Leftrightarrow 2(1-ab)\geqslant ab(a+b)^2$$

但

$$2(1-ab)=2c(a+b)$$

$$\geqslant 2\left(\frac{a+b}{2}\right)(a+b)=(a+b)^2$$

$$\geqslant ab(a+b)^2 \quad (因为\ ab\leqslant 1)$$

于是

$$f(a,b,c)\geqslant\frac{1}{a+b}+(a+b)+\frac{1}{a+b+\frac{1}{a+b}}$$

令
$$x=(a+b)+\frac{1}{a+b}\geqslant 2$$
$$T(x)=x+\frac{1}{x}\Rightarrow T'(x)=1-\frac{1}{x^2}$$
当 $x>1$ 时，$T'(x)>0$，于是 $T(x)$ 在区间 $(1,+\infty)$ 内是增函数，所以
$$f(a,b,c)\geqslant T(x)\geqslant T(2)=2+\frac{1}{2}$$
$$\Rightarrow f(a,b,c)\geqslant\frac{5}{2}$$
即式(P)成立，等号成立仅当 $\{a,b,c\}$ 中两个取 1，一个取 0 的时候达到，即 $\{A,B,C\}$ 中两个取 $90°$，一个取 $0°$，此时 $\triangle ABC$ 为退化了的三角形.

证法 5　作代换，令
$$(a,b,c)=\left(\tan\frac{A}{2},\tan\frac{B}{2},\tan\frac{C}{2}\right)$$
$$\Rightarrow ab+bc+ca=1\quad(a,b,c\geqslant 0)$$
$$S=\frac{1}{a+b}+\frac{1}{b+c}+\frac{1}{c+a}$$

如果
$$a,b,c>\frac{\sqrt{3}}{3}\Rightarrow ab+bc+ca>1$$

矛盾，因此 a,b,c 中必有一个小于或等于 $\frac{\sqrt{3}}{3}$，由对称性，不妨设 $b\leqslant\frac{\sqrt{3}}{3}$，注意到
$$\sum ab=1\Rightarrow(a+b)(b+c)=b^2+\sum ab$$
$$\Rightarrow(a+b)(b+c)=1+b^2$$
$$\Rightarrow S=\sum\frac{1}{b+c}=\frac{a+2b+c}{(a+b)(b+c)}+\frac{1}{c+a}$$
$$=\frac{a+c+2b}{1+b^2}+\frac{1}{a+c}$$
$$=\left(\frac{a+c}{b^2+1}+\frac{1}{a+c}\right)+\frac{2b}{b^2+1}$$
$$\geqslant\frac{2}{\sqrt{b^2+1}}+\frac{2b}{\sqrt{b^2+1}}$$
令
$$x=\sqrt{b^2+1}\in\left[1,\frac{2}{\sqrt{3}}\right]\Rightarrow b=\sqrt{x^2-1}$$
再设关于 x 的函数为
$$f(x)=\frac{2}{x}+\frac{\sqrt{x^2-1}}{x^2}\quad\left(x\in\left[1,\frac{2}{\sqrt{3}}\right]\right)$$

对 $f(x)$ 求导得

$$f'(x)=\frac{2}{x^2}+\frac{x}{x^2\sqrt{x^2-1}}-\frac{2\sqrt{x^2-1}}{x^3}$$
$$=\frac{g(x)}{x^3\sqrt{x^2-1}}$$

其中 $g(x)=2-x^2-2x\sqrt{x^2-1}$，由于 $g(1)=1>0, g\left(\frac{2}{\sqrt{3}}\right)=\frac{1}{3}>0$，所以在区间 $\left[1,\frac{2}{\sqrt{3}}\right]$ 内 $f'(x)>0$，因此 $f(x)$ 在区间 $\left[1,\frac{2}{\sqrt{3}}\right]$ 内均是增函数，只有当 $x=1$，即 $b=0$ 时，$f(x)$ 才能达到最小值，从而当 $b=0$ 时 S 才能达到最小值，此时

$$ac=1$$
$$S=\frac{1}{a}+\frac{1}{c}+\frac{1}{a+c}$$
$$=\left(a+\frac{1}{a}\right)+\frac{1}{a+\frac{1}{a}}$$

再令 $t=a+\frac{1}{a}\geqslant 2$，那么可设

$$S\geqslant T(t)=t+\frac{1}{t}\quad(t\geqslant 2)$$

又因为在 $(1,+\infty)$ 内 $T(t)$ 是增函数，所以

$$S\geqslant T(2)=2+\frac{1}{2}=\frac{5}{2}$$

即式(P)成立，等号成立的条件为

$$\begin{cases}b=0, ac=1\\ a+\frac{1}{a}=t=2\end{cases}\Rightarrow(a,b,c)=(1,0,1)$$

即 $\{A,B,C\}$ 中有两个取 $\frac{\pi}{2}$，一个取 0，此时 $\triangle ABC$ 成为退化的三角形.

证法 6　由证法 5，有

$$S=\frac{2b}{1+b^2}+\frac{a+c}{1+b^2}+\frac{1}{a+c}$$

现在我们固定 b，求出

$$F=\frac{a+c}{1+b^2}+\frac{1}{a+c}$$

的最小值，令 $x=a+c$，则

$$F=f(x)=\frac{x}{1+b^2}+\frac{1}{x}$$

$$f'(x)=\frac{1}{1+b^2}-\frac{1}{x^2}\geqslant 0$$

$$\Rightarrow x\geqslant\sqrt{b^2+1}$$

即当 $x\geqslant\sqrt{b^2+1}$ 时 $f(x)$ 单调递增,而

$$1-b(a+c)=ac\leqslant\left(\frac{a+c}{2}\right)^2$$

$$\Rightarrow\frac{x^2}{4}\geqslant 1-bx\Rightarrow x\geqslant 2\sqrt{b^2+1}-2b$$

又 $$b\leqslant\frac{\sqrt{3}}{3}\Rightarrow b^2+1\geqslant 4b^2$$

$$\Rightarrow x\geqslant\sqrt{b^2+1}+(\sqrt{b^2+1}-2b)\geqslant\sqrt{b^2+1}$$

$$\Rightarrow S=\frac{2b}{1+b^2}+f(x)\geqslant\frac{2b}{1+b^2}+f(2\sqrt{b^2+1}-2b)$$

$$=\frac{2}{\sqrt{b^2+1}}+\frac{\sqrt{b^2+1}+b}{2}$$

令 $$y=\sqrt{b^2+1}-b>0\Rightarrow b=\frac{1-y^2}{2y}\geqslant 0$$

$$\Rightarrow S\geqslant\frac{2}{y+b}+\frac{1}{2y}=\frac{qy^2+1}{2y(1+y^2)}$$

$$=\frac{5}{2}+\frac{(1-y)\left[5\left(y-\frac{2}{5}\right)^2+\frac{1}{5}\right]}{2y(1+y^2)}\geqslant\frac{5}{2}$$

(因 $0<\sqrt{b^2+1}-b=y\leqslant 1$).

所以式(P)成立,等号成立仅当 a,b,c 中一个取 0,两个取 1(如 $b=0,a=c=1$)即 $\{A,B,C\}$ 中一个取 0,两个取 $\frac{\pi}{2}$,此时 $\triangle ABC$ 成为一个退化的三角形.

其实,从不等式的强弱程度上讲,不等式(P)并非最强,我们还可以将它加强为

$$F=\frac{1}{\sqrt{\tan\frac{A}{2}+\tan\frac{B}{2}}}+\frac{1}{\sqrt{\tan\frac{B}{2}+\tan\frac{C}{2}}}+\frac{1}{\sqrt{\tan\frac{C}{2}+\tan\frac{A}{2}}}\geqslant 2+\frac{1}{\sqrt{2}}\qquad\text{(R)}$$

证明 我们仍然作代换,令

$$(x,y,z)=\left(\tan\frac{A}{2},\tan\frac{B}{2},\tan\frac{C}{2}\right)$$

$$\Rightarrow xy+yz+zx=1\quad(x,y,z\geqslant 0)$$

由对称性,设 $x=\max\{x,y,z\}$. 令

$$a=y+z>0\Rightarrow ax=1-yz\leqslant 1$$

$$\Rightarrow x\leqslant\frac{1}{a}$$

再注意到

$$(x+y)(x+z)=x^2+1$$

考虑关于 x 的函数

$$f(x)=\frac{1}{\sqrt{x+y}}+\frac{1}{\sqrt{y+z}}+\frac{1}{\sqrt{z+x}}$$

$$=\frac{1}{\sqrt{y+z}}+\frac{\sqrt{2x+y+z+2\sqrt{x^2+1}}}{\sqrt{x^2+1}}$$

$$=\frac{1}{\sqrt{a}}+\sqrt{\frac{2x+a+2\sqrt{x^2+1}}{x^2+1}}$$

求导得

$$f'(x)=\frac{yz-x^2-x\sqrt{x^2+1}}{\sqrt{(x^2+1)^3(2x+a+2\sqrt{x^2+1})}}\leqslant 0$$

因此 $f(x)$ 为关于 x 的减函数,故有

$$f(x)\geqslant f\left(\frac{1}{a}\right)=\sqrt{a}+\frac{1}{\sqrt{a}}+\sqrt{\frac{a}{a^2+1}}$$

$$=(\sqrt{a}-1)^2\left[\frac{1}{\sqrt{a}}-\frac{(\sqrt{a}+1)^2}{2\sqrt{a(a^2+1)}+\sqrt{2}(a^2+1)}\right]+2+\frac{1}{\sqrt{2}}$$

由于

$$\frac{1}{\sqrt{a}}-\frac{(\sqrt{a}+1)^2}{2\sqrt{a(a^2+1)}+\sqrt{2}(a^2+1)}>0$$

$$\Rightarrow f(x)\geqslant f\left(\frac{1}{a}\right)\geqslant 2+\frac{1}{\sqrt{2}}$$

这说明不等式(R)成立,等号成立仅当

$$\begin{cases}a=y+z=1\\ x=\dfrac{1}{a}=1\\ xy+yz+zx=1\end{cases}\Rightarrow\begin{cases}x=y=1\\ z=0\end{cases}$$

即$\{A,B,C\}$中一个为0,两个为$\frac{\pi}{2}$,即此时$\triangle ABC$为退化了的三角形.

(12)

我们在上一小节建立了结论

$$\sum\sqrt{\tan\frac{A}{2}}\geqslant\sqrt[4]{27} \tag{A}'$$

$$\sum\left(\tan\frac{A}{2}+2\tan\frac{B}{2}\right)^{-2}\geqslant 1 \tag{N}$$

$$\sum\left(\tan\frac{A}{2}+\tan\frac{B}{2}\right)^{-2}\geqslant\frac{9}{4} \tag{O}$$

$$\sum\left(\tan\frac{A}{2}+\tan\frac{B}{2}\right)^{-1}\geqslant\frac{3}{2}\sqrt{3} \tag{P_1}$$

$$\sum\left(\tan\frac{A}{2}+\tan\frac{B}{2}\right)^{-1}\geqslant\frac{5}{2} \tag{P}$$

$$\sum\left(\tan\frac{A}{2}+\tan\frac{B}{2}\right)^{-\frac{1}{2}}\geqslant 2+\frac{1}{\sqrt{2}} \tag{R}$$

以上各式(除式(A′)外),结构均相似,但式(A)′,(N),(O),(P_1)这四个不等式等号成立的条件一致,均为$\triangle ABC$为正三角形,而不等式(P),(R)等号成立的条件却是$\triangle ABC$为退化了的三角形(即$\{A,B,C\}$中一个为0,两个为$\frac{\pi}{2}$).

让我们倍感愉快的是,不等式(A′)可以从指数、系数两个方面推广为:

推广 1　设指数$k>\frac{1}{2}$,正系数λ,μ,ν满足$\sqrt[2k-1]{\mu\nu}+\sqrt[2k-1]{\nu\lambda}+\sqrt[2k-1]{\lambda\mu}\leqslant 3$,那么对于任意$\triangle ABC$有

$$\begin{aligned}F_{\lambda}(k)&=\lambda\left(\tan\frac{A}{2}\right)^{k}+\mu\left(\tan\frac{B}{2}\right)^{k}+\nu\left(\tan\frac{C}{2}\right)^{k}\\&\geqslant\lambda\mu\nu\sqrt{3^{2-k}}\end{aligned} \tag{S}$$

证明　注意到

$$k>\frac{1}{2}\Rightarrow\begin{cases}\frac{1}{2k},\frac{2k-1}{2k}\in(0,1)\\\frac{1}{2k}+\frac{2k-1}{2k}=1\end{cases}$$

应用式(A)′与赫尔德不等式有

$$\left[\sum \lambda\left(\tan\frac{A}{2}\right)^{k}\right]^{\frac{1}{2k}}\left(\sum \frac{1}{\sqrt[2k-1]{\lambda}}\right)^{\frac{2k-1}{2k}}$$

$$\geqslant\left(\sum \sqrt{\tan\frac{A}{2}}\right)\geqslant\sqrt[4]{27}$$

$$\Rightarrow F_{\lambda}(k)\left(\sum \frac{1}{\sqrt[2k-1]{\lambda}}\right)^{2k-1}\geqslant\sqrt{27^{k}}$$

$$\Rightarrow F_{\lambda}(k)\geqslant\frac{\sqrt{27^{k}}\lambda\mu\nu}{\left(\sum \sqrt[2k-1]{\mu\nu}\right)^{2k-1}}$$

$$\geqslant\frac{\sqrt{27^{k}}\lambda\mu\nu}{3^{2k-1}}$$

$$\Rightarrow F_{\lambda}(k)\geqslant\sqrt{3^{2-k}}\lambda\mu\nu$$

即式(S)成立,等号成立仅当

$$\begin{cases}A=B=C=\dfrac{\pi}{3}\\ \dfrac{\lambda\left(\tan\frac{A}{2}\right)^{k}}{\sqrt[2k-1]{\lambda}}=\dfrac{\mu\left(\tan\frac{B}{2}\right)^{k}}{\sqrt[2k-1]{\mu}}=\dfrac{\nu\left(\tan\frac{C}{2}\right)^{k}}{\sqrt[2k-1]{\nu}}\\ \sqrt[2k-1]{\mu\nu}+\sqrt[2k-1]{\nu\lambda}+\sqrt[2k-1]{\lambda\mu}=3\end{cases}$$

$$\Rightarrow\begin{cases}A=B=C=\dfrac{\pi}{3}\\ \lambda=\mu=\nu=1\end{cases}$$

更令人兴奋的是,不等式(N),(O),(P_1)还可以从指数、系数、参数三个方面统一推广为:

推广 2 设指数 $k>1$,参数 $m>0$,正系数 λ,μ,ν 满足 $\sqrt[k-1]{\lambda}+\sqrt[k-1]{\mu}+\sqrt[k-1]{\nu}\leqslant 3$,则对任意$\triangle ABC$ 有

$$P_{\lambda}(k)=\frac{\lambda}{\left(\tan\frac{B}{2}+m\tan\frac{C}{2}\right)^{k}}+\frac{\mu}{\left(\tan\frac{C}{2}+m\tan\frac{A}{2}\right)^{k}}+\frac{\nu}{\left(\tan\frac{A}{2}+m\tan\frac{B}{2}\right)^{k}}$$

$$\geqslant\frac{\left(\sqrt{3^{k+2}}\lambda\mu\nu\right)}{(m+1)^{k}} \tag{T}$$

显然,当 $k=2,m=2,\lambda=\mu=\nu=1$ 时,式(T)化为式(N);当 $k=2,m=1$,$\lambda=\mu=\nu=1$ 时,式(T)化为式(O).

当 $\lambda=\mu=\nu=1$ 时，可以取 $k=1$，这时式(T)化为式(P_1)的参数推广

$$\sum\left(\tan\frac{A}{2}+m\tan\frac{B}{2}\right)^{-1}\geqslant\frac{3\sqrt{3}}{m+1}\tag{P_2}$$

证明 我们简记

$$\begin{cases}x=\tan\frac{A}{2}\left(\tan\frac{B}{2}+m\tan\frac{C}{2}\right)\\ y=\tan\frac{B}{2}\left(\tan\frac{C}{2}+m\tan\frac{A}{2}\right)\\ z=\tan\frac{C}{2}\left(\tan\frac{A}{2}+m\tan\frac{B}{2}\right)\end{cases}$$

$$\Rightarrow x+y+z=(m+1)\sum\tan\frac{B}{2}\tan\frac{C}{2}=m+1$$

应用权方和不等式得

$$\begin{aligned}P_\lambda(k)&=\sum\lambda\left(\tan\frac{B}{2}+m\tan\frac{C}{2}\right)^{-k}\\&=\sum\frac{\lambda\left(\tan\frac{A}{2}\right)}{x^k}=\sum\frac{\left[\lambda^{\frac{1}{1+k}}\left(\tan\frac{A}{2}\right)^{\frac{k}{1+k}}\right]^{1+k}}{x^k}\\&\geqslant\frac{\left[\sum\lambda^{\frac{1}{1+k}}\left(\tan\frac{A}{2}\right)^{\frac{k}{1+k}}\right]^{1+k}}{(x+y+z)^k}\\&=\frac{\left[\sum\lambda^{\frac{1}{1+k}}\left(\tan\frac{A}{2}\right)^{\frac{k}{1+k}}\right]^{1+k}}{(m+1)^k}\end{aligned}\tag{1}$$

注意到

$$k>1\Rightarrow\begin{cases}\frac{k+1}{2k},\frac{k-1}{2k}\in(0,1)\\ \frac{k+1}{2k}+\frac{k-1}{2k}=1\end{cases}$$

应用赫尔德不等式有

$$\left[\sum\lambda^{\frac{1}{1+k}}\left(\tan\frac{A}{2}\right)^{\frac{k}{1+k}}\right]^{\frac{1+k}{2k}}\left(\sum\frac{1}{\sqrt[k-1]{\lambda}}\right)^{\frac{k-1}{2k}}$$

$$\geqslant\left(\sum\sqrt{\tan\frac{A}{2}}\right)\geqslant\sqrt[4]{27}$$

$$\Rightarrow\left[\sum\lambda^{\frac{1}{1+k}}\left(\tan\frac{A}{2}\right)^{\frac{k}{1+k}}\right]^{1+k}\geqslant\frac{\sqrt{27^k}\lambda\mu\nu}{\left(\sum\sqrt[k-1]{\mu\nu}\right)^{k-1}}\tag{2}$$

又
$$\sum \sqrt[k-1]{\mu\nu} \leqslant \frac{1}{3}\left(\sum \sqrt[k-1]{\lambda}\right)^2 \leqslant 3$$

$$\Rightarrow P_\lambda(k) \geqslant \frac{\sqrt{27^k}\lambda\mu\nu}{3^{k-1}(m+1)^k}(\text{应用式(1)、(2)})$$

$$\Rightarrow P_\lambda(k) \geqslant \frac{\sqrt{3^{k+2}}\lambda\mu\nu}{(m+1)^k}$$

即式(T)成立，等号成立仅当

$$\begin{cases} A=B=C=\dfrac{\pi}{3} \\ \sqrt[k-1]{\lambda}=\sqrt[k-1]{\mu}=\sqrt[k-1]{\nu} \\ \sqrt[k-1]{\lambda}+\sqrt[k-1]{\mu}+\sqrt[k-1]{\nu}=3 \end{cases}$$

$$\Rightarrow \begin{cases} A=B=C=\dfrac{\pi}{3} \\ \lambda=\mu=\nu=1 \end{cases}$$

颇有趣的是：如果取 $x,y,z,p,q,r>0$，满足

$$(\lambda,\mu,\nu)=\left(\frac{x}{q+r},\frac{y}{r+p},\frac{z}{p+q}\right)$$

$$\sqrt[k-1]{\lambda}+\sqrt[k-1]{\mu}+\sqrt[k-1]{\nu} \leqslant 3$$

那么有

$$a_1+b_1+c_1 \geqslant \frac{\sqrt{3^{k+2}}xyz}{(m+1)^k \prod (p+q)} \tag{T_1}$$

其中

$$\begin{cases} a_1=\lambda\left(\tan\dfrac{B}{2}+m\tan\dfrac{C}{2}\right)^{-k} \\ b_1=\mu\left(\tan\dfrac{C}{2}+m\tan\dfrac{A}{2}\right)^{-k} \\ c_1=\nu\left(\tan\dfrac{A}{2}+m\tan\dfrac{B}{2}\right)^{-k} \end{cases}$$

再取 $k=1,x=y=z=2$ 得到

$$\sum \frac{1}{(q+r)\left(\tan\dfrac{B}{2}+m\tan\dfrac{C}{2}\right)} \geqslant \frac{12\sqrt{3}}{(m+1)\prod (p+q)} \tag{T_2}$$

从外观结构上讲，式(T_2)的配对式便是著名的杨学枝不等式

$$\sum \frac{1}{(\nu+\omega)\left(\tan\dfrac{B}{2}+\tan\dfrac{C}{2}\right)} \geqslant \frac{9}{2\sum (\nu+\omega)\tan\dfrac{A}{2}} \tag{U}$$

其中$\mu,\nu,\omega>0$.

当取$\mu=\nu=\omega=1$时,式(U)化为平凡的不等式

$$\sum\frac{1}{\tan\frac{B}{2}+\tan\frac{C}{2}}\geqslant\frac{9}{2\sum\tan\frac{A}{2}}$$

应用柯西不等式即可证明.

当取

$$(\mu,\nu,\omega)=\left(\tan\frac{A}{2},\tan\frac{B}{2},\tan\frac{C}{2}\right)$$

时,注意到

$$\sum\left(\tan\frac{B}{2}+\tan\frac{C}{2}\right)\tan\frac{A}{2}=2$$

那么式(U)立刻转化为式(O).

既然式(U)是式(T_2)的配对式,那么我们又将怎样证明它呢?

分析　为了书写方便,我们令

$$(x,y,z)=\left(\tan\frac{A}{2},\tan\frac{B}{2},\tan\frac{C}{2}\right)$$

这样可将式(U)改写为等价的

$$\frac{1}{(y+z)(\nu+\omega)}+\frac{1}{(z+x)(\omega+\mu)}+\frac{1}{(x+y)(\mu+\nu)}$$
$$\geqslant\frac{9}{2[x(\nu+\omega)+y(\omega+\mu)+z(\mu+\nu)]}\tag{1}$$

观察式(1)的左、右两边外形结构,联想到应用柯西不等式,并记式(1)左边为D,则

$$D=\sum\frac{1}{(y+z)(\nu+\omega)}\geqslant\frac{9}{\sum(y+z)(\nu+\omega)}$$
$$=\frac{9}{(\sum x)(\sum\mu)+\sum\mu x}\tag{2}$$

将式(1)与式(2)比较,需证

$$(\sum x)(\sum\mu)+\sum\mu x\leqslant2\sum x(\nu+\omega)$$
$$=2[(\sum x)(\sum\mu)-\sum\mu x]$$
$$\Leftrightarrow3\sum\mu x\leqslant(\sum x)(\sum\mu)\tag{3}$$

显然,式(3)是当$\{x,y,z\}$与$\{\mu,\nu,\omega\}$反序时的3元切比雪夫不等式,但问题中设有“$\{x,y,z\}$与$\{\mu,\nu,\omega\}$反序这一已知条件,因此不能应用上述方法证明式(U),那么能将式(1)两边去分母、整理、化简进行证明吗?若这样的话,显然

运算量是惊人的，也是令人生畏的，还是欣赏下妙证吧！

证明（杨学枝） 只需证明式(1)成立即可，而式(1)即为

$$\sum \frac{1}{(y+z)(\nu+\omega)} \geqslant \frac{9}{2\sum x(\nu+\omega)}$$

$$\Leftrightarrow \sum \frac{\sum x(\nu+\omega)}{(y+z)(\nu+\omega)} \geqslant \frac{9}{2}$$

$$\Leftrightarrow\left(\sum \frac{x}{y+z}-\frac{3}{2}\right)+\left(\sum \frac{\mu}{\nu+\omega}-\frac{3}{2}\right)+$$

$$\left(\sum \frac{y\omega+z\nu}{(y+z)(\nu+\omega)}-\frac{3}{2}\right) \geqslant 0 \tag{4}$$

由于

$$\sum \frac{2x}{y+z}=3+\sum\left(\frac{x+y}{y+z}+\frac{y+z}{x+y}-2\right)$$

$$=3+\sum \frac{(x-y)^2}{(y+z)(z+x)}$$

及

$$\sum \frac{2\mu}{\nu+\omega}=3+\sum \frac{(\mu-\nu)^2}{(\mu+\omega)(\nu+\omega)}$$

即式(4)等价于

$$\sum \frac{(x-y)^2}{(y+z)(z+x)}+\sum \frac{(\mu-\nu)^2}{(\mu+\omega)(\nu+\omega)}+\sum \frac{(y-z)(\omega-\nu)}{(y+z)(\omega+\nu)} \geqslant 0 \tag{5}$$

注意到

$$\sum \frac{(y-z)^2}{(y+z)^2}+\sum \frac{(\mu-\nu)^2}{(\mu+\nu)^2} \geqslant 2\sum \frac{(y-z)(\nu-\omega)}{(y+z)(\omega+\nu)}$$

为此我们只需证明

$$\sum \frac{(\mu-\nu)^2}{(\mu+\omega)(\nu+\omega)} \geqslant \frac{1}{2}\sum \frac{(\mu-\nu)^2}{(\mu+\nu)^2}$$

及

$$\sum \frac{(y-z)^2}{(x+y)(x+z)} \geqslant \frac{1}{2}\sum \frac{(y-z)^2}{(y+z)^2} \quad (\text{不妨设 } x \geqslant y \geqslant z>0)$$

$$\Leftrightarrow \sum\left[\frac{2}{(x+y)(x+z)}-\frac{1}{(y+z)^2}\right](y-z)^2 \geqslant 0$$

则

$$\frac{2}{(x+y)(x+z)}-\frac{1}{(y+z)^2} \geqslant 0$$

$$\frac{2}{(y+z)(y+x)}-\frac{1}{(z+x)^2} \geqslant 0$$

于是只需证明

$$\left[\frac{2}{(y+z)(y+x)}-\frac{1}{(z+x)^2}\right](z-x)^2+$$

$$\left[\frac{2}{(z+x)(z+y)}-\frac{1}{(x+y)^2}\right](x-y)^2\geqslant 0$$

利用

$$\frac{x-z}{y-z}\geqslant\frac{y+z}{y+z}$$

有

$$\frac{1}{(x+y)(x+z)}-\frac{1}{(y+z)^2}+\frac{(x+z)^2}{(x+y)(y+z)^3}\geqslant 0$$

$$(x+z)^3+(y+z)^3\geqslant(x+y)(x+z)(y+z)$$

但事实上

$$\begin{aligned}(x+z)^3+(y+z)^3&\geqslant(x+y+2z)[(x+z)^2-(x+z)(y+z)+(y+z)^2]\\&\geqslant(x+y)(x+z)(y+z)\end{aligned}$$

因此递推式(5)成立,从而式(U)成立,等号成立仅当

$$\begin{cases}x=y=3\\\mu=\nu=\omega\end{cases}\Rightarrow\begin{cases}A=B=C=\dfrac{\pi}{3}\\\mu=\nu=\omega\end{cases}$$

(13)

对于$\triangle ABC$,有许多著名的三角不等式,它们如鲜花朵朵,似星光灿烂,把数学世界点缀得五彩缤纷,如本题补充欣赏的 Garfunkel-Bankoff 不等式

$$\tan^2\frac{A}{2}+\tan^2\frac{B}{2}+\tan^2\frac{C}{2}\geqslant 2-8\sin\frac{A}{2}\sin\frac{B}{2}\sin\frac{C}{2}\tag{A}$$

就是其中较优美的一个.

由于 Garfunkel-Bankoff 不等式是以半角$\frac{A}{2},\frac{B}{2},\frac{C}{2}$的正切、正弦为主体的三角不等式,我们在前面又以$\tan\frac{A}{2},\tan\frac{B}{2},\tan\frac{C}{2}$为主元素建立了一系列不等式,在本小节,我们再介绍两个相关的结论:

结论 3　(韩京俊)对任意$\triangle ABC$有

$$\tan\frac{A}{2}\sqrt{\tan^2\frac{A}{2}+\tan\frac{B}{2}\tan\frac{C}{2}}+\tan\frac{B}{2}\sqrt{\tan^2\frac{B}{2}+\tan\frac{C}{2}\tan\frac{A}{2}}+\tan\frac{C}{2}\sqrt{\tan^2\frac{C}{2}+\tan\frac{A}{2}\tan\frac{B}{2}}\geqslant\sqrt{2}\tag{V}$$

证法 1（郑凡，第 50 届 IMO 金牌得主）作代换 $(a,b,c)=\left(\tan\frac{A}{2},\tan\frac{B}{2},\tan\frac{C}{2}\right)$，将式（V）转化为当 $ab+bc+ca=1$ 时的代数不等式

$$a\sqrt{a^2+bc}+b\sqrt{b^2+ca}+c\sqrt{c^2+ab}\geqslant\sqrt{2}(ab+bc+ca) \tag{1}$$

应用4次舒尔不等式有

$$\begin{aligned}&a\sqrt{a^2+bc}+b\sqrt{b^2+ca}+c\sqrt{c^2+ab}\\ \geqslant&\frac{1}{\sqrt{2}}[a(a+\sqrt{bc})+b(b+\sqrt{ca})+c(c+\sqrt{ab})]\\ \geqslant&\frac{1}{\sqrt{2}}[\sqrt{ab}(a+b)+\sqrt{bc}(b+c)+\sqrt{ca}(c+a)]\\ \geqslant&\sqrt{2}(ab+bc+ca)\\ \Rightarrow&\sum\tan\frac{A}{2}\sqrt{\tan^2\frac{A}{2}+\tan\frac{B}{2}\tan\frac{C}{2}}\geqslant\sqrt{2}\end{aligned}$$

等号成立仅当$\triangle ABC$为正三角形.

证法 2 只需证明上面的式（1）成立即可. 简记 $a+b+c=3S$，$abc=G^3$，并设

$$\begin{aligned}&a\geqslant b\geqslant c\\ \Rightarrow&\begin{cases}\sqrt{a^3+abc}\geqslant\sqrt{b^3+abc}\geqslant\sqrt{c^3+abc}\\ \sqrt{a}\geqslant\sqrt{b}\geqslant\sqrt{c}\end{cases}\end{aligned}$$

应用切比雪夫不等式及幂平均不等式有

$$\begin{aligned}\sum a\sqrt{a^2+bc}&=\sum(\sqrt{a}\sqrt{a^3+abc})\\ &\geqslant\frac{1}{3}\left(\sum\sqrt{a}\right)\sum\sqrt{a^3+abc}\\ &=\frac{\sqrt{2}}{3}\left(\sum\sqrt{a}\right)\sum\sqrt{\frac{a^3+G^3}{2}}\\ &\geqslant\frac{\sqrt{2}}{3}\left(\sum\sqrt{a}\right)\sum\sqrt{\left(\frac{a+G}{2}\right)^3}\\ &\geqslant\sqrt{2}\left(\sum\sqrt{a}\right)\left[\frac{\sum(a+G)}{6}\right]^{\frac{3}{2}}\\ &=\sqrt{2}\left(\sum\sqrt{a}\right)\left(\frac{S+G}{2}\right)^{\frac{3}{2}}\end{aligned}$$

因此欲证式（1）只需证明

$$\begin{aligned}&\left(\sum\sqrt{a}\right)^2(S+G)^3\geqslant8\left(\sum bc\right)^2\\ \Leftrightarrow&\left(3S+2\sum\sqrt{bc}\right)(S+G)^3\geqslant8\left(\sum bc\right)\end{aligned} \tag{2}$$

展开并应用4次舒尔不等式即可.

从而不等式(1)得证,即式(V)成立,等号成立仅当

$$a=b=c$$
$$\Rightarrow \tan\frac{A}{2}=\tan\frac{B}{2}=\tan\frac{C}{2}$$
$$\Rightarrow A=B=C=\frac{\pi}{3}$$
$$\Rightarrow \triangle ABC\text{ 为等边三角形}$$

证法3　先证明式(1)成立,由闵可夫斯基不等式有

$$\sum a\sqrt{a^2+bc}=\sum\sqrt{(a^2)^2+(a\sqrt{bc})^2}$$
$$\geqslant\sqrt{(\sum a^2)^2+(\sum a\sqrt{bc})^2}$$

因此我们只需证明

$$(\sum a^2)^2+(\sum a\sqrt{bc})^2\geqslant 2(\sum bc)^2$$
$$\Leftrightarrow \sum a^4+2abc\sum\sqrt{bc}\geqslant 3abc\sum a$$

由4次舒尔不等式有

$$\sum a^4\geqslant\sum a^4(b+c)-abc\sum a$$

故只需证明

$$\sum a^3(b+c)+2abc\sum\sqrt{bc}\geqslant 4abc\sum a \tag{3}$$

又从平均值不等式有

$$\begin{cases}a^3b+a^3c+abc\sqrt{bc}+abc\sqrt{bc}\geqslant 4a^2bc\\ b^3c+b^3a+abc\sqrt{ca}+abc\sqrt{ca}\geqslant 4b^2ca\\ c^3a+c^3b+abc\sqrt{ab}+abc\sqrt{ab}\geqslant 4c^2ab\end{cases}$$
$$\Rightarrow \sum a^3(b+c)+2abc\sum\sqrt{bc}$$
$$\geqslant 4abc(a+b+c)$$

既式(3)成立,因此式(1)成立,从而式(V)成立,等号成立仅当

$$\begin{cases}(a,b,c)=\left(\tan\frac{A}{2},\tan\frac{B}{2},\tan\frac{C}{2}\right)\\ a=b=c=\frac{1}{\sqrt{3}}\end{cases}$$
$$\Rightarrow A=B=C=\frac{\pi}{3}$$

证法4　由于

$$\sum(a\sqrt{a^2+bc})\geqslant\sqrt{2}\sum bc$$

$$\Leftrightarrow \sum \sqrt{\left(\frac{a}{bc}\right)^2+\frac{1}{bc}} \geqslant \sqrt{2} \sum \frac{1}{a} \tag{4}$$

由闵可夫斯基不等式

$$\sum \sqrt{\left(\frac{a}{bc}\right)^2+\frac{1}{bc}} \geqslant \sqrt{\left(\sum \frac{a}{bc}\right)^2+\left(\sum \frac{1}{\sqrt{bc}}\right)^2}$$

$$= \sqrt{\sum \frac{a^2}{b^2c^2}+2\sum \frac{1}{a\sqrt{bc}}+2\sum \frac{1}{a^2}+\sum \frac{1}{ab}}$$

$$= \sqrt{\sum\left(\frac{a^2}{b^2c^2}+\frac{2}{a\sqrt{bc}}\right)+2\sum \frac{1}{a^2}+\sum \frac{1}{ab}}$$

$$\geqslant \sqrt{3\sum \frac{1}{bc}+2\sum \frac{1}{a^2}+\sum \frac{1}{ab}}$$

$$= \sqrt{2\left(\sum \frac{1}{a}\right)^2} = \sqrt{2}\sum \frac{1}{a}$$

$$\Rightarrow \sum \sqrt{\left(\frac{a}{bc}\right)^2+\frac{1}{bc}} \geqslant \sqrt{2}\sum \frac{1}{a}$$

$$\Rightarrow \sum a\sqrt{a^2+bc} \geqslant \sqrt{2}\sum bc$$

即式(1)成立,因此式(V)成立,等号成立仅当

$$a=b=c=\frac{1}{\sqrt{3}}$$

$$\Rightarrow \tan\frac{A}{2}=\tan\frac{B}{2}=\tan\frac{C}{2}=\frac{1}{\sqrt{3}}$$

$$\Rightarrow A=B=C=\frac{\pi}{3}$$

我们知道,对于$\triangle ABC$,有三角恒等式

$$\tan\frac{A}{2}\tan\frac{B}{2}+\tan\frac{B}{2}\tan\frac{C}{2}+\tan\frac{C}{2}\tan\frac{A}{2}=1$$

作代换

$$(a,b,c)=\left(\tan\frac{A}{2},\tan\frac{B}{2},\tan\frac{C}{2}\right)$$

那么$a,b,c>0$,且$ab+bc+ca=1$,设指数$k>0$,系数$\lambda,\mu,\nu>0$,指数$m>0$,应用权方和不等式有

$$P_\lambda'=\frac{\lambda}{(bc)^k}+\frac{\mu}{(ca)^k}+\frac{\nu}{(ab)^k}$$

$$=\frac{(\sqrt[k+1]{\lambda})^{1+k}}{(bc)^k}+\frac{(\sqrt[k+1]{\mu})^{1+k}}{(ca)^k}+\frac{(\sqrt[k+1]{\nu})^{1+k}}{(ab)^k}$$

$$\geqslant\frac{(\sqrt[k+1]{\lambda}+\sqrt[k+1]{\mu}+\sqrt[k+1]{\nu})^{1+k}}{(bc+ca+ab)^{k}}$$

$$=(\sum\sqrt[k+1]{\lambda})^{k+1}$$

$$\Rightarrow P_{\lambda}'=\sum\frac{\lambda}{(bc)^{k}}\geqslant(\sum\sqrt[k+1]{\lambda})^{k+1}\tag{5}$$

另设指数 $\theta>1$，系数 $p,q,r>0$，注意到

$$\theta>1\Rightarrow\begin{cases}\dfrac{1}{\theta},\dfrac{\theta-1}{\theta}\in(0,1)\\[2mm]\dfrac{1}{\theta}+\dfrac{\theta-1}{\theta}=1\end{cases}$$

应用赫尔德不等式

$$[\sum p(bc)^{\theta}]^{\frac{1}{\theta}}\left(\sum\frac{1}{\sqrt[\theta-1]{p}}\right)^{\frac{\theta-1}{\theta}}\geqslant\sum bc=1$$

$$\Rightarrow\sum p(bc)^{\theta}\geqslant\left(\sum\frac{1}{\sqrt[\theta-1]{p}}\right)^{1-\theta}$$

$$=\frac{pqr}{(\sum\sqrt[\theta-1]{qr})^{\theta-1}}=\frac{pqr}{3^{\theta-1}\left(\dfrac{\sum\sqrt[\theta-1]{qr}}{3}\right)^{\theta-1}}$$

$$\geqslant\frac{pqr}{3^{\theta-1}\left(\dfrac{\sum\sqrt[\theta-1]{p}}{3}\right)^{2(\theta-1)}}$$

$$\Rightarrow\sum p(\overline{bc})^{\theta}\geqslant\frac{3^{\theta-1}pqr}{(\sum\sqrt[\theta-1]{p})^{2(\theta-1)}}\tag{6}$$

式(5)＋式(6)，并记

$$P_{\lambda}=\sum\frac{\lambda}{(bc)^{k}}+\sum p(bc)^{\theta}$$

$$=\sum\frac{\lambda+p(bc)^{m}}{(bc)^{k}}$$

$$\geqslant(\sum\sqrt[k+1]{\lambda})^{k+1}+\frac{3^{\theta-1}pqr}{(\sum\sqrt[\theta-1]{p})^{2(\theta-1)}}\tag{7}$$

其中 $m=\theta+k,k>0,\theta>1,m>1+k$.

在式(7)中取 $\lambda=\mu=\nu=1,p=q=r=1$，得到特例

$$\frac{1+(bc)^{m}}{(bc)^{k}}+\frac{1+(ca)^{m}}{(ca)^{k}}+\frac{1+(ab)^{m}}{(ab^{k})}\geqslant3^{k+1}+\frac{pqr}{3^{\theta-1}}\tag{8}$$

其中 $m=\theta+k,\theta>1,k>0.$

再取 $k=1,\theta\to1$,取 $m\to2$,式(8)简化为

$$\frac{1+(bc)^2}{bc}+\frac{1+(ca)^2}{ca}+\frac{1+(ab)^2}{ab}\geqslant10 \tag{9}$$

显然,如果直接证明式(9)很简单,只需应用柯西不等式即可. 但是,欲加强式(9)却没有那么简单了,然而 Vasile Cirtoaje 却成功地把式(9)加强为

$$\frac{1+(ab)^2}{(a+b)^2}+\frac{1+(bc)^2}{(b+c)^2}+\frac{1+(ca)^2}{(c+a)^2}\geqslant\frac{5}{2}(a,b,c>0,ab+bc+ca=1) \tag{10}$$

再将式(10)转化为:

结论 4 在 $\triangle ABC$ 中有

$$\sum\frac{1+\left(\tan\frac{A}{2}\tan\frac{B}{2}\right)}{\left(\tan\frac{A}{2}+\tan\frac{B}{2}\right)^2}\geqslant\frac{5}{2} \tag{W}$$

证明(Vasile Cirtoaje) 只需证明式(10)成立即可,先完成配方

$$\begin{aligned}&\sum\frac{1+a^2b^2}{(a+b)^2}-\frac{5}{2}\\=&\sum\frac{(1-ab)^2}{(a+b)^2}+\sum\frac{2ab}{(a+b)^2}-\frac{5}{2}\\=&\sum\frac{c^2(a+b)^2}{(a+b)^2}-\sum\frac{(a-b)^2}{2(a+b)^2}-1\\=&\sum a^2-\sum ba-\sum\frac{(a-b)^2}{2(a+b)^2}\\=&\frac{1}{2}\sum\left[1-\frac{1}{(a+b)^2}\right](a-b)^2\end{aligned}$$

因此只需证明

$$\sum\left[1-\frac{1}{(a+b)^2}\right](a-b)^2\geqslant0 \tag{11}$$

由对称性,不妨设 $a\geqslant b\geqslant c$,注意到

$$\begin{aligned}1-\frac{1}{(a+b)^2}&=\frac{a^2+2ab+b^2-ab-bc-ca}{(a+b)^2}\\&\geqslant\frac{a^2+2ab+b^2-ab-b^2-ba}{(a+b)^2}\geqslant0\end{aligned}$$

$$\begin{aligned}1-\frac{1}{(a+c)^2}&=\frac{a^2+c^2+2ac-ab-bc-ca}{(a+c)^2}\\&\geqslant\frac{a^2+c^2-ab}{(a+b)^2}\geqslant0\end{aligned}$$

$$\left(\frac{a-c}{b-c}\right)^2 \geqslant \frac{a^2}{b^2} \geqslant \frac{(c+a)^2}{(b+c)^2}$$

于是只需证明

$$\frac{(a+c)^2}{(b+c)^2}\left[1-\frac{1}{(a+c)^2}\right]+1-\frac{1}{(b+c)^2} \geqslant 0$$

$$\Leftrightarrow \frac{(a+c)^2}{(b+c)^2}+1-\frac{2}{(b+c)^2} \geqslant 0$$

$$\Leftrightarrow a^2+c^2+2ac+b^2+c^2+2bc-2ab-2ac-2bc$$

$$=(a-b)^2+2c^2 \geqslant 0$$

即式(11)成立,于是式(10)成立,所以式(Ⅶ)得证.

(14)

我们再建立一个以 $\tan\frac{A}{2}, \tan\frac{B}{2}, \tan\frac{C}{2}$ 为主元素的漂亮的三角不等式.

结论 5　在△ABC 中有

$$\cot\frac{A}{2}\cot\frac{B}{2}\cot\frac{C}{2}$$

$$\geqslant \left(\frac{2}{\sqrt{3}}+\tan\frac{A}{2}\right)\left(\frac{2}{\sqrt{3}}+\tan\frac{B}{2}\right)\left(\frac{2}{\sqrt{3}}+\tan\frac{C}{2}\right) \tag{X}$$

证明　我们先证明对于正数 x, y, z 有不等式

$$\left[1+\frac{2}{3}(xy+yz+zx)\right]^3 \geqslant xyz(x+2)(y+2)(z+3) \tag{1}$$

利用平均值不等式有

$$\left[1+\frac{2}{3}(xy+yz+zx)\right]^3$$

$$=\left[\frac{(1+xy+yz)+(1+yz+zx)+(1+zx+xy)}{3}\right]^3$$

$$\geqslant (1+xy+yz)(1+yz+zx)(1+zx+xy) \tag{2}$$

再由柯西不等式有

$$(1+xy+yz)(yz+zx+1)$$

$$\geqslant (\sqrt{yz}+x\sqrt{yz}+\sqrt{yz})^2 = yz(x+2)^2$$

$$\Rightarrow (1+xy+yz)(1+yz+zx) \geqslant yz(x+2)^2$$

同理
$$\begin{cases}(1+yz+zx)(1+zx+xy)\geqslant zx(y+2)^2\\(1+zx+xy)(1+xy+yz)\geqslant xy(z+2)^2\end{cases}$$
$$\Rightarrow(1+xy+yz)(1+yz+zx)(1+zx+xy)$$
$$\geqslant xyz(x+2)(y+2)(z+2) \tag{3}$$
式(2)与式(3)结合即得式(1).

在式(1)中作代换,令
$$(x,y,z)=\left(\sqrt{3}\tan\frac{A}{2},\sqrt{3}\tan\frac{B}{2},\sqrt{3}\tan\frac{C}{2}\right)$$
$$\Rightarrow xy+yz+zx=3$$
$$\Rightarrow 3^3\geqslant xyz(x+2)(y+2)(z+2)$$
$$\Rightarrow \prod\cot\frac{A}{2}\geqslant\prod\left(\frac{2}{\sqrt{3}}+\tan\frac{A}{2}\right)$$
即式(X)成立,等号成立仅当
$$x=y=z=1$$
$$\Rightarrow\tan\frac{A}{2}=\tan\frac{B}{2}=\tan\frac{C}{2}=\frac{\sqrt{3}}{3}$$
$$\Rightarrow A=B=C=\frac{\pi}{3}$$

(15)

现在我们建立一个更简洁优美的:

结论 6 在$\triangle ABC$中有
$$\frac{1}{\tan^2\frac{A}{2}+1}+\frac{1}{\tan^2\frac{B}{2}+1}+\frac{1}{\tan^2\frac{C}{2}+1}\leqslant\frac{9}{4} \tag{Y}$$

放眼观赏,不等式(Y)的已知条件与前面一样,少得不能再少,且它的外形确实简洁美观,不失一般性,我们作代换(以下字母a,b,c不代表$\triangle ABC$的三边之长),令
$$(a,b,c)=\left(\tan\frac{A}{2},\tan\frac{B}{2},\tan\frac{C}{2}\right)$$
那么$a,b,c>0$,且满足条件
$$ab+bc+ca=1$$
这样三角不等式(Y)就转化为一个新的代数不等式

$$f=\frac{1}{a^2+1}+\frac{1}{b^2+1}+\frac{1}{c^2+1}\leqslant\frac{9}{4} \tag{Y_1}$$

显然,式(Y_1)是一个分式和代数不等式,如果是形如

$$f=\sum\frac{1}{a^2+1}\geqslant k(\text{常数})$$

结构的分式和不等式,那么经验告诉我们,可利用柯西不等式进行试探,也许有希望,但式(Y_1)却不是,因此不能首先考虑应用柯西不等式,自然的思路是:用分析法逆推,即去分母——展开——整理——分解——配方,于是我们便产生了漂亮的:

证法1　我们令 $m=\frac{1}{3}(a+b+c)$, $t=\sqrt[3]{abc}$,则应用条件 $ab+bc+ca=1$ 并结合平均值不等式有

$$\begin{cases}m\geqslant\sqrt{\dfrac{bc+ca+ab}{3}}=\dfrac{1}{\sqrt{3}}\\ t\leqslant\sqrt{\dfrac{bc+ca+ab}{3}}=\dfrac{1}{\sqrt{3}}\end{cases}$$

$$\Rightarrow m\geqslant\frac{1}{\sqrt{3}}\geqslant t>0$$

又

$$f=\sum\frac{1}{a^2+1}\leqslant\frac{9}{4}$$

$$\Leftrightarrow 4\sum(1+b^2)(1+c^2)\leqslant 9\prod(1+a^2)$$

$$\Leftrightarrow 4(3+2\sum a^2+\sum b^2c^2)$$

$$\leqslant 9(1+\sum a^2+\sum b^2c^2+a^2b^2c^2)$$

$$\Leftrightarrow \sum a^2+5\sum b^2c^2+9(abc)^2-3\geqslant 0$$

$$\Leftrightarrow (\sum a)^2-2\sum bc+5(\sum bc)^2-10abc\sum a+9(abc)^2-3\geqslant 0$$

$$\Leftrightarrow (\sum a)^2+9(abc)^2-10abc\sum a\geqslant 0$$

$$\Leftrightarrow (3m)^2+9t^6\geqslant 30mt^3$$

$$\Leftrightarrow 3m^2+3t^6\geqslant 10mt^3 \tag{1}$$

注意到当 $m=t=\frac{1}{\sqrt{3}}$ 时,有

$$3t^6=\frac{m^2}{3}$$

因此应用 *AM-GM* 不等式有

$$\begin{aligned}3m^2+3t^6&=9\left(\frac{m^2}{3}\right)+3t^6\\&\geqslant 10\left[\left(\frac{m^2}{3}\right)^9 3t^6\right]^{\frac{1}{10}}\\&=10\left(\frac{1}{3}\right)^{\frac{4}{5}}m^{\frac{9}{5}}t^{\frac{3}{5}}\\&=10m\left(\frac{m}{3}\right)^{\frac{4}{5}}t^{\frac{3}{5}}\\&\geqslant 10m\left(\frac{1}{3\sqrt{3}}\right)^{\frac{4}{5}}t^{\frac{3}{5}}\\&\Rightarrow 3m^2+3t^6\geqslant 10mt^3\end{aligned}$$

注 如果记 $g(m)=3m^2-10t^3m+3t^6$,则

$$g(m)=(m-3t^3)(3m-t^3)$$

又从

$$m\geqslant\frac{1}{\sqrt{3}}\geqslant t>0\Rightarrow\begin{cases}m-3t^3\geqslant 0\\3m-t^3\geqslant\frac{8}{9}\sqrt{3}\end{cases}$$

$$\Rightarrow g(m)=(m-3t^3)(3m-t^3)\geqslant 0$$

$$\Rightarrow 3m^2+3t^6\geqslant 10mt^3$$

所以式(1)总成立,因此式(Y)成立,等号成立仅当

$$\left.\begin{aligned}m=t=\frac{1}{\sqrt{3}}\\ab+bc+ca=1\end{aligned}\right\}\Rightarrow a=b=c=\frac{1}{\sqrt{3}}$$

$$\Rightarrow\tan\frac{A}{2}=\tan\frac{B}{2}=\tan\frac{C}{2}=\frac{1}{\sqrt{3}}$$

$$\Rightarrow A=B=C=\frac{\pi}{3}$$

证法2 式(Y_1)等价于

$$P=\frac{a^2}{a^2+1}+\frac{b^2}{b^2+1}+\frac{c^2}{c^2+1}\geqslant\frac{3}{4}\tag{2}$$

注意到

$$\begin{aligned}&(a^2+1)+(b^2+1)+(c^2+1)\\&=a^2+b^2+c^2+3(bc+ca+ab)\\&=(a+b+c)^2+(bc+ca+ab)\\&\leqslant(a+b+c)^2+\frac{1}{3}(a+b+c)^2\end{aligned}$$

$$=\frac{4}{3}(a+b+c)^2$$

应用柯西不等式有

$$P\geqslant\frac{(a+b+c)^2}{(a^2+1)+(b^2+1)+(c^2+1)}\geqslant\frac{3}{4}$$

等号成立仅当

$$a=b=c=\frac{1}{\sqrt{3}}$$

即式(2)成立,因此式(Y_1)成立,所以式(Y)成立,等号成立仅当

$$a=b=c=\frac{1}{\sqrt{3}}$$

$$\Rightarrow\tan\frac{A}{2}=\tan\frac{B}{2}=\tan\frac{C}{2}=\frac{1}{\sqrt{3}}$$

$$\Rightarrow A=B=C=\frac{\pi}{3}$$

证法3　注意到

$$a^2+1=a^2+bc+ca+ab=(a+b)(a+c)$$

$$b^2+1=(b+a)(b+c)$$

$$c^2+1=(c+a)(c+b)$$

再记 $s=a+b+c$,由于式(Y_1)等价于

$$\frac{a^2}{a^2+1}+\frac{b^2}{b^2+1}+\frac{c^2}{c^2+1}\geqslant\frac{3}{4} \tag{2}$$

$$\Leftrightarrow\frac{a^2}{(a+b)(a+c)}+\frac{b^2}{(b+a)(b+c)}+\frac{c^2}{(c+a)(c+b)}\geqslant\frac{3}{4} \tag{3}$$

由柯西不等式有

$$\frac{a^2}{(a+b)(a+c)}+\frac{b^2}{(b+c)(b+a)}$$

$$\geqslant\frac{(a+b)^2}{(a+b)(a+c)+(b+c)(b+a)}$$

$$=\frac{a+b}{(a+c)+(b+c)}=\frac{s-c}{s+c}$$

$$\Rightarrow\frac{a^2}{(a+b)(a+c)}+\frac{b^2}{(b+c)(b+a)}$$

$$\geqslant\frac{s-c}{s+c}$$

同理可得

$$\frac{b^2}{(b+c)(b+a)}+\frac{c^2}{(c+a)(c+b)}\geqslant\frac{s-a}{s+a}$$

$$\frac{c^2}{(c+a)(c+b)}+\frac{a^2}{(a+b)(a+c)}\geqslant\frac{s-b}{s+b}$$

不失一般性,我们设

$$a\geqslant b\geqslant c>0$$

$$\Rightarrow\begin{cases}s-a\leqslant s-b\leqslant s-c\\ \dfrac{1}{s+a}\leqslant\dfrac{1}{s+b}\leqslant\dfrac{1}{s+c}\end{cases}$$

$$\Rightarrow P=\sum\frac{a^2}{a^2+1}=\sum\frac{a^2}{(a+b)(a+c)}\quad(\text{应用切比雪夫不等式})$$

$$\geqslant\frac{1}{2}\sum\frac{s-a}{s+a}\geqslant\frac{1}{6}\sum(s-a)\sum\frac{1}{s+a}$$

$$=\frac{s}{3}\sum\frac{1}{s+a}\quad(\text{应用柯西不等式})$$

$$\geqslant\frac{s}{3}\cdot\frac{9}{\sum(s+a)}=\frac{s}{3}\cdot\frac{9}{4s}=\frac{3}{4}$$

即式(2)成立,从而式(Y_1)成立,因此式(Y)成立,其中等号成立仅当

$$a=b=c=\frac{1}{\sqrt{3}}$$

$$\Rightarrow A=B=C=\frac{\pi}{3}$$

证法4 在证法3中我们得到

$$P=\sum\frac{a^2}{a^2+1}=\sum\frac{a^2}{(a+b)(a+c)}$$

应用三元对称不等式有

$$\sum(a+b)(a+c)\leqslant\frac{1}{3}[\sum(a+b)]^2=\frac{4}{3}(\sum a)^2$$

再应用柯西不等式

$$P\geqslant\frac{(\sum a)^2}{\sum(a+b)(a+c)}\geqslant\frac{3(\sum a)^2}{4(\sum a)^2}=\frac{3}{4}$$

即前面的式(3)成立,因此逆推之,式(Y)成立,等号成立仅当

$$a=b=c=\frac{1}{\sqrt{3}}$$

$$\Rightarrow\tan\frac{A}{2}=\tan\frac{B}{2}=\tan\frac{C}{2}=\frac{\sqrt{3}}{3}$$

$$\Rightarrow A=B=C=\frac{\pi}{3}$$

即$\triangle ABC$为正三角形.

证法5　由于

$$\frac{1}{1+\tan^2\frac{A}{2}}+\frac{1}{1+\tan^2\frac{B}{2}}+\frac{1}{1+\tan^2\frac{C}{2}}\leqslant\frac{9}{4} \tag{Y}$$

$$\Leftrightarrow\cos^2\frac{A}{2}+\cos^2\frac{B}{2}+\cos^2\frac{C}{2}\leqslant\frac{9}{4}$$

$$\Leftrightarrow\cos A+\cos B+\cos C\leqslant\frac{3}{2}$$

$$\Leftrightarrow 1+4\sin\frac{A}{2}\sin\frac{B}{2}\sin\frac{C}{2}\leqslant\frac{3}{2}$$

$$\Leftrightarrow 8\sin\frac{A}{2}\sin\frac{B}{2}\sin\frac{C}{2}\leqslant 1 \tag{4}$$

令

$$y=8\sin\frac{A}{2}\sin\frac{B}{2}\sin\frac{C}{2}$$

由于

$$\begin{aligned}2\sin\frac{B}{2}\sin\frac{C}{2}&=\cos\frac{B-C}{2}-\cos\frac{B+C}{2}\\&\leqslant 1-\sin\frac{A}{2}\\\Rightarrow y&\leqslant 4\sin\frac{A}{2}\left(1-\sin\frac{A}{2}\right)\\&=1-\left(2\sin\frac{A}{2}-1\right)^2\leqslant 1\end{aligned}$$

这表明式(Y)成立,等号成立仅当

$$\begin{cases}B=C\\ \sin\frac{A}{2}=\frac{1}{2}\end{cases}\Rightarrow A=B=C=\frac{\pi}{3}$$

(16)

前文我们用五种方法证明了三角不等式(Y),若我们设

$$f(A,B,C)=\sum\frac{1}{1+\tan^2\frac{A}{2}}$$

考虑极端情形,根据对称性.

当$A\to 0,B\to 0$时,$\frac{C}{2}\to\frac{\pi}{2}$,此时

$$\tan\frac{A}{2}\to 0,\tan\frac{B}{2}\to 0,\tan\frac{C}{2}\to +\infty,f(A,B,C)\to 2$$

当 $A\to\frac{\pi}{2},B\to\frac{\pi}{2}$ 时 $C\to 0$,此时

$$\tan\frac{A}{2}\to 1,\tan\frac{B}{2}\to 1,\tan\frac{C}{2}\to 0,f(A,B,C)\to 2$$

这表明 $f(A,B,C)$ 只有最大值 $\frac{9}{4}$,而无最小值,但有极限值 2,事实上,由于

$$f=\sum\frac{1}{1+\tan^2\frac{A}{2}}=\sum\cos^2\frac{A}{2}$$

$$=\frac{3}{2}+\frac{1}{2}\sum\cos A=\frac{3}{2}+\frac{1}{2}\left(1+\frac{\gamma}{2}\right)$$

$$=2+\frac{1}{4}\gamma>2$$

因此式(Y)可以完善成一个漂亮的双向不等式

$$2<\sum\frac{1}{1+\tan^2\frac{A}{2}}\leqslant\frac{9}{4}\qquad (Y_2)$$

从前面的证法 5,使我们联想到以用途广泛而著名的三角形母不等式

$$2(yz\cos A+zx\cos B+xy\cos C)\leqslant x^2+y^2+z^2\qquad (Z)$$

“他山之石,可以攻玉”我们应用式(Z)先建立式(Y)的加权推广.

结论 7 对于任意实数 x,y,z 与任意 $\triangle ABC$,有不等式

$$f_\lambda=\frac{yz}{1+\tan^2\frac{A}{2}}+\frac{zx}{1+\tan^2\frac{B}{2}}+\frac{xy}{1+\tan^2\frac{C}{2}}$$

$$\leqslant\left(\frac{x+y+z}{2}\right)^2\qquad (Y_3)$$

可以说,从外形与结构上讲,不等式(Y_3)非常美观漂亮,特别地,当 $x=y=z$ 时,式(Y_3)化为式(Y).

证明 由于

$$f_\lambda=\sum\frac{yz}{\tan^2\frac{A}{2}+1}=\sum yz\cos^2\frac{A}{2}$$

$$=\frac{1}{2}\sum yz(1+\cos A)$$

$$=\frac{1}{2}\left(\sum yz+\sum yz\cos A\right)\text{（应用式(Z)）}$$

$$\leqslant\frac{1}{2}\left(\sum yz+\frac{1}{2}\sum x^2\right)$$

$$\leqslant\frac{1}{4}\left(\sum x\right)^2$$

$$\Rightarrow f_\lambda\leqslant\left(\frac{x+y+z}{2}\right)^2$$

等号成立仅当

$$\frac{x}{\sin A}=\frac{y}{\sin B}=\frac{z}{\sin C}$$

或

$$\left(\tan\frac{A}{2}+\cot\frac{A}{2}\right)x=\left(\tan\frac{B}{2}+\cot\frac{B}{2}\right)y=\left(\tan\frac{C}{2}+\cot\frac{C}{2}\right)z$$

我们也可以利用赫尔德不等式，将不等式(Y_3)从一个三角形推广到多个三角形的情形.

结论 8　设 x,y,z 为任意正数，指数 $\theta_i\in(0,1)$ $(1\leqslant i\leqslant n,n\in\mathbf{N}_+)$，且满足 $\sum\limits_{i=1}^{n}\theta_i=1$，那么对于 n 个三角形 $\triangle A_iB_iC_i(i=1,2,\cdots,n)$ 有

$$f_n=\frac{yz}{\prod\limits_{i=1}^{n}\left(1+\tan^2\frac{A_i}{2}\right)^{\theta_i}}+\frac{zx}{\prod\limits_{i=1}^{n}\left(1+\tan^2\frac{B_i}{2}\right)^{\theta_i}}+\frac{xy}{\prod\limits_{i=1}^{n}\left(1+\tan^2\frac{C_i}{2}\right)^{\theta_i}}\leqslant\left(\frac{x+y+z}{2}\right)^2\qquad(Y_4)$$

显然，当 $n=1$ 时，式(Y_4)等价于式(Y_3). 可见，我们一旦将不等式(Y)精心打扮，它就倍显“焕然一新”.

证明　对于正数 m，注意到

$$\prod_{i=1}^{n}m^{\theta_i}=m^{\sum\limits_{i=1}^{n}\theta_i}=m$$

应用赫尔德不等式有

$$f_n=\prod_{i=1}^{n}\left(\frac{yz}{1+\tan^2\frac{A_i}{2}}\right)^{\theta_i}+\prod_{i=1}^{n}\left(\frac{zx}{1+\tan^2\frac{B_i}{2}}\right)^{\theta_i}+\prod_{i=1}^{n}\left(\frac{xy}{1+\tan^2\frac{C_i}{2}}\right)^{\theta_i}$$

$$\leqslant \prod_{i=1}^{n}\left(\frac{yz}{1+\tan^2\frac{A_i}{2}}+\frac{zx}{1+\tan^2\frac{B_i}{2}}+\frac{xy}{1+\tan^2\frac{C_i}{3}}\right)$$

$$\leqslant \prod_{i=1}^{n}\left(\frac{x+y+z}{2}\right)^{2\theta_i}=\left(\frac{x+y+z}{2}\right)^2$$

即式(Y_4)成立,等号成立仅当

$$\frac{x}{\sin A_i}=\frac{y}{\sin B_i}=\frac{z}{\sin C_i}\quad (i=1,2,\cdots,n)$$

或者

$$\triangle A_1B_1C_1 \backsim \triangle A_2B_2C_2 \backsim \cdots \backsim \triangle A_nB_nC_n$$

且 $$\left(\tan\frac{A_i}{2}+\cot\frac{A_i}{2}\right)x=\left(\tan\frac{B_i}{2}+\cot\frac{B_i}{2}\right)y=\left(\tan\frac{C_i}{2}+\cot\frac{C_i}{2}\right)z$$

(17)

不等式(Y)即为

$$f=\frac{1}{1+\tan^2\frac{A}{2}}+\frac{1}{1+\tan^2\frac{B}{2}}+\frac{1}{1+\tan^2\frac{C}{2}}\leqslant\frac{9}{4} \tag{Y}$$

在前面,我们从系数、组数(三角形个数)两个方面推广了它,现在我们再从指数方面推广它.

结论 9 设 $0\leqslant k<1, x, y, z, \lambda, \mu, \nu>0, \theta_i\in(0,1)(i=1,2,\cdots,n, n\in \mathbf{N}_+)$,且 $\sum_{i=1}^{n}\theta_i=1$,则对于任意 $\triangle A_iB_iC_i(1\leqslant i\leqslant n)$ 有不等式

$$\sum \lambda \prod_{i=1}^{n}\left(1+\tan^2\frac{A_i}{2}\right)^{-k\theta_i}$$

$$\leqslant\left(\frac{x+y+z}{2}\right)^{2k}\left[\sum \sqrt[1-k]{\frac{\lambda}{(yz)^k}}\right]^{1-k} \tag{Y_5}$$

显然,当 $k=0$ 时,式(Y_5)化为等式

$$\lambda+\mu+\nu=\lambda+\mu+\nu$$

因此我们只需证明当 $0<k<1$ 时,式(Y_5)成立即可.

证明 记式(Y_5)右边为 t,应用式(Y_3),式(Y_4)及赫尔德不等式有

$$\sum\frac{\lambda}{\left(1+\tan^2\frac{A_i}{2}\right)^k}$$

$$\leqslant\left(\sum \frac{yz}{1+\tan^2\dfrac{A_i}{2}}\right)^k\left[\sum \sqrt[1-k]{\frac{\lambda}{(yz)^k}}\right]^{1-k}$$

$$\leqslant\left(\frac{x+y+z}{2}\right)^k\left[\sum \sqrt[1-k]{\frac{\lambda}{(yz)^k}}\right]^{1-k}=t$$

$$\Rightarrow \sum \lambda \prod_{i=1}^{n}\left(1+\tan^2\frac{A_i}{2}\right)^{-k\theta_i}$$

$$=\sum \prod_{i=1}^{n}\left[\frac{\lambda}{\left(1+\tan^2\dfrac{A_i}{2}\right)^k}\right]^{\theta_i}$$

$$\leqslant \prod_{i=1}^{n}\left[\sum \frac{\lambda}{\left(1+\tan^2\dfrac{A_i}{2}\right)^k}\right]^{\theta_i}$$

$$\leqslant \prod_{i=1}^{n} t^{\theta_i}=t^{\sum\limits_{i=1}^{n}\theta_i}=t$$

即式(Y_5)成立,等号成立仅当 $k=0$,或当 $0<k<1$ 时

$$\frac{x}{\sin A_i}=\frac{y}{\sin B_i}=\frac{z}{\sin C_i}$$

$$\frac{yz}{1+\tan^2\dfrac{A_i}{2}}\left[\frac{(yz)^k}{\lambda}\right]^{\frac{1}{1-k}}=\frac{zx}{1+\tan^2\dfrac{B_i}{2}}\left[\frac{(zx)^k}{\mu}\right]^{\frac{1}{1-k}}$$

$$=\frac{xy}{1+\tan^2\dfrac{C_i}{2}}\left[\frac{(xy)^k}{\nu}\right]^{\frac{1}{1-k}}$$

$$\Rightarrow\left(\frac{yz}{\lambda}\right)^{\frac{1}{1-k}}\left(\cos\frac{A_i}{2}\right)^2=\left(\frac{zx}{\mu}\right)^{\frac{1}{1-k}}\left(\cos\frac{B_i}{2}\right)^2$$

$$=\left(\frac{xy}{\nu}\right)^{\frac{1}{1-k}}\left(\cos\frac{C_i}{2}\right)^2$$

$$\Rightarrow\frac{\left(\cos\dfrac{A_i}{2}\right)^{2(1-k)}}{\lambda x}=\frac{\left(\cos\dfrac{B_i}{2}\right)^{2(1-k)}}{\mu y}$$

$$=\frac{\left(\cos\dfrac{C_i}{2}\right)^{2(1-k)}}{\nu z}$$

$$\Rightarrow\frac{\left(\cos\dfrac{A_i}{2}\right)^{2(1-k)}}{\lambda\sin A_i}=\frac{\left(\cos\dfrac{B_i}{2}\right)^{2(1-k)}}{\mu\sin B_i}$$

$$=\frac{\left(\cos\frac{C_i}{2}\right)^{2(1-k)}}{\nu\sin C_i}$$

$$\Rightarrow\frac{\lambda\tan\frac{A_i}{2}}{\left(\sec\frac{A_i}{2}\right)^{2k}}=\frac{\mu\tan\frac{B_i}{2}}{\left(\sec\frac{B_i}{2}\right)^{2k}}=\frac{\nu\tan\frac{C_i}{2}}{\left(\sec\frac{C_i}{2}\right)^{2k}}$$

(18)

探讨至此,我们只差从参数方面考虑不等式(Y)的参数推广了.

分析　设参数 $m>0$,记

$$(a^2,b^2,c^2)=\left(\tan^2\frac{A}{2},\tan^2\frac{B}{2},\tan^2\frac{C}{2}\right)$$

其中 $a,b,c>0$ 非指 $\triangle ABC$ 的三边长

$$\begin{aligned}T_{(m)}&=\sum\frac{1}{a^2+m}\\&=\frac{1}{a^2+m}+\frac{1}{b^2+m}+\frac{1}{c^2+m}\\&=\frac{1}{m}\sum\left(1-\frac{a^2}{a^2+m}\right)\\&=\frac{1}{m}\left(3-\sum\frac{a^2}{a^2+m}\right)\end{aligned}$$

再记

$$S=\sum a=a+b+c$$

$$\sum(a^2+m)=\sum a^2+3m=S^2+(3m-2)\tag{1}$$

从式(1)知,我们应对 m 分两种情况讨论:

(1°)当 $0<m\leqslant\frac{2}{3}$ 时,

$$3m-2\leqslant 0$$

$$\Rightarrow\sum(a^2+m)\leqslant S^2\quad\text{(应用柯西不等式)}$$

$$\Rightarrow\sum\left(\frac{a^2}{a^2+m}\right)\geqslant\frac{(\sum a)^2}{\sum(a^2+m)}\geqslant 1$$

$$\Rightarrow T(m)\leqslant\frac{1}{m}(3-1)=\frac{2}{m}\tag{2}$$

(2°)当 $m\geqslant\frac{2}{3}$ 时

$$3m-2\geqslant0$$

$$\Rightarrow\sum(a^2+m)=S^2+(3m-2)$$

$$=S^2+(3m-2)\sum bc$$

$$\leqslant S^2+\frac{1}{3}(3m-2)S^2=\frac{3m+1}{3}S^2$$

$$\Rightarrow\sum\left(\frac{a^2}{a^2+m}\right)\geqslant\frac{(\sum a)^2}{\sum(a^2+m)}\geqslant\frac{3}{3m+1}$$

$$\Rightarrow T(m)\leqslant\frac{1}{m}\left(3-\frac{3}{3m+1}\right)=\frac{9}{3m+1}\tag{3}$$

将式(2)、(3)综合得

$$T(m)\leqslant\begin{cases}\frac{18}{9m} & \left(0<m\leqslant\frac{2}{3}\right)\\ \frac{18}{6m+2} & \left(m\geqslant\frac{2}{3}\right)\end{cases}\tag{4}$$

显然,当 $m=1$ 时,$T(m)\leqslant\frac{9}{4}$ 为式(Y);当 $m=\frac{2}{3}$ 时,$T(m)\leqslant3$;当 $m\to0$ 时,$T(m)\leqslant+\infty$;当 $m\to+\infty$ 时,$T(m)\to0$.

由于式(4)对参数 m 分两种情况表示,得到了两个结论,显得“夫妻分离,天各一方”. 如果我们能将它们“花好月圆,和睦相处”在一起,那就美妙无穷了. 为此,我们统一它们,设 p,q,r 为待定系数,满足

$$D(m)=p\left|m-\frac{2}{3}\right|+qm+r$$

使得当 $0<m\leqslant\frac{2}{3}$ 时

$$D(m)=-p\left(m-\frac{2}{3}\right)+qm+r$$

$$=(q-p)m+\left(\frac{2}{3}p+r\right)=9m$$

$$\Rightarrow\begin{cases}q-p=9\\ \frac{2}{3}p+r=0\end{cases}\tag{5}$$

当 $m\geqslant\frac{2}{3}$ 时

$$D(m)=\left(m-\frac{2}{3}\right)+qm+r$$

$$= (p-q)m + \left(r - \frac{2}{3}p\right) = 6m + 2$$

$$\Rightarrow \begin{cases} p + q = 6 \\ r - \dfrac{2}{3}p = 2 \end{cases} \tag{6}$$

恰好,从式(5)、(6)解得

$$(p,q,r) = \left(-\frac{3}{2}, \frac{15}{2}, 1\right)$$

$$\Rightarrow D(m) = -\frac{3}{2}\left|m - \frac{2}{3}\right| + \frac{15}{2}m + 1$$

然后,我们再应用赫尔德不等式,让人间妙题,再度诞生:

结论 10 设参数 $m > 0, \theta_i \in (0,1), i = 1, 2, \cdots, n, n \in \mathbf{N}_+$,则对任意 $\triangle A_iB_iC_i(1 \leqslant i \leqslant n)$ 有

$$F_n = \prod_{i=1}^{n}\left(m + \tan^2\frac{A_i}{2}\right)^{-\theta_i} + \prod_{i=1}^{n}\left(m + \tan^2\frac{B_i}{2}\right)^{-\theta_i} + \prod_{i=1}^{n}\left(m + \tan^2\frac{C_i}{2}\right)^{-\theta_i} \leqslant \frac{18}{D(m)} \tag{Y_6}$$

其中

$$D(m) = -\frac{3}{2}\left|m - \frac{2}{3}\right| + \frac{15}{2}m + 1$$

(19)

对于我们刚建立的推广式

$$\frac{1}{m + \tan^2\dfrac{A}{2}} + \frac{1}{m + \tan^2\dfrac{B}{2}} + \frac{1}{m + \tan^2\dfrac{C}{2}} \leqslant \frac{18}{D(m)} \tag{1}$$

作代换,令

$$(a,b,c) = \left(\tan\frac{A}{2}, \tan\frac{B}{2}, \tan\frac{C}{2}\right)$$

$$\Rightarrow ab + bc + ca = 1$$

$$\Rightarrow \frac{1}{m + a^2} + \frac{1}{m + b^2} + \frac{1}{m + c^2} \leqslant \frac{18}{D(m)} \tag{2}$$

其中 $$D(m) = -\frac{3}{2}\left|m - \frac{2}{3}\right| + \frac{15}{2}m + 1 \tag{3}$$

这样,我们就将三角不等式(1)转化成为代数不等式(2),显然,式(2)的主元素只有 a,b,c 三个,我们能将它推广到多个吗?

结论 11　设正数 $a_1,a_2,\cdots,a_n(n\geqslant 3,n\in\mathbf{N}_+)$满足 $\sum\limits_{1\leqslant i<j\leqslant n}a_ia_j=1$,参数 $m>0$,则有不等式

$$\sum_{i=1}^{n}\frac{1}{a_i^2+m}\leqslant\frac{n^2(n-1)}{D_n(m)}\qquad(\mathrm{Y}_7)$$

其中

$$D_n(m)=-\frac{n}{2}\left|m-\frac{2}{n}\right|+\left(n^2-\frac{n}{2}\right)m+1$$

显然,当 $n=3$ 时,式(Y_7)等价于式(2).

证明　(ⅰ)为了书写方便,我们简记

$$\sum_{1\leqslant i<j\leqslant n}a_ia_j=\sum a_ia_j=1,S=\sum_{i=1}^{n}a_i$$

$$F=\sum_{i=1}^{n}(m+a_i^2)^{-1}=\frac{1}{m}\sum_{i=1}^{n}\left(1-\frac{a_i^2}{a_i^2+m}\right)$$

$$=\frac{n-A}{m}$$

其中

$$A=\sum_{i=1}^{n}\left(\frac{a_i^2}{a_i^2+m}\right)\geqslant\frac{\left(\sum\limits_{i=1}^{n}a_i\right)^2}{\sum\limits_{i=1}^{n}(a_i^2+m)}$$

$$=\frac{S^2}{\sum\limits_{i=1}^{n}a_i^2+mn}=\frac{S^2}{S^2+(mn-2)}$$

(ⅱ)当 $0<m\leqslant\frac{2}{n}$时

$$mn-2\leqslant 0$$

$$\Rightarrow A\geqslant 1\Rightarrow F\leqslant\frac{n-1}{m}\qquad(4)$$

当 $m\geqslant\frac{2}{n}$时

$$mn-2\geqslant 0$$

$$\Rightarrow S^2+(mn-2)=S^2+(mn-2)\sum a_ia_j$$

$$=S^2+(mn-2)\mathrm{C}_n^2\left(\frac{\sum a_ia_j}{\mathrm{C}_n^2}\right)$$

$$\leqslant S^2+(mn-2)\frac{n(n-1)}{2}\left(\frac{S}{n}\right)^2$$

$$=\left[\frac{2n+(mn-2)(n-1)}{2n}\right]S^2$$

$$\Rightarrow A\geqslant\frac{2n}{2n+(mn-2)(n-1)}$$

$$\Rightarrow F\leqslant\frac{1}{m}\left[n-\frac{2n}{2n+(mn-2)(n-1)}\right]$$

$$=\frac{n^2(n-1)}{2+mn(n-1)} \tag{5}$$

综合式(4),式(5)得

$$F\leqslant\frac{n^2(n-1)}{D_n(m)}$$

其中

$$D_n(m)=\begin{cases}n^2m & \left(0<m\leqslant\dfrac{2}{n}\right)\\ mn(n-1)+2 & \left(m\geqslant\dfrac{2}{n}\right)\end{cases}$$

(ⅲ)再设 p,q,r 为待定系数,使得

$$D_n(m)=p\left|m-\frac{2}{n}\right|+qm+r$$

当 $0<m\leqslant\frac{2}{n}$ 时

$$D_n(m)=-p\left(m-\frac{2}{n}\right)+qm+r$$

$$=(q-p)m+\left(r+\frac{2p}{n}\right)=n^2m$$

$$\Rightarrow\begin{cases}q-p=n^2\\ r+\dfrac{2p}{n}=0\end{cases} \tag{6}$$

当 $m\geqslant\frac{2}{n}$ 时

$$D_n(m)=p\left(m-\frac{2}{n}\right)+qm+r$$

$$=(p+q)m+\left(r-\frac{2p}{n}\right)$$

$$=mn(n-1)+2$$

$$\Rightarrow\begin{cases}p+q=n^2-n\\ r-\dfrac{2}{n}p=2\end{cases}\tag{7}$$

从方程组(6)、(7)解得

$$(p,q,r)=\left(-\frac{n}{2},n^2-\frac{n}{2},1\right)$$

$$\Rightarrow D(m)=-\frac{n}{2}\left|m-\frac{2}{n}\right|+\left(n^2-\frac{n}{2}\right)m+1$$

所以式(Y_7)得证,当 $m\geqslant\frac{2}{n}$时,等号成立仅当

$$a_1=a_2=\cdots=a_n=\sqrt{\frac{2}{n(n-1)}}$$

如果再设指数 $0\leqslant k<1$,系数 $\lambda_1,\lambda_2,\cdots,\lambda_n>0$,应用赫尔德不等式有

$$\sum_{i=1}^{n}\frac{\lambda_i}{(a_i^2+m)^k}\leqslant\left(\sum_{i=1}^{n}\frac{1}{a_i^2+m}\right)^k\left(\sum_{i=1}^{n}\sqrt[1-k]{\lambda_i}\right)^{1-k}$$

$$\leqslant\left[\frac{n^2(n-1)}{D_n(m)}\right]^k\left(\sum_{i=1}^{n}\sqrt[1-k]{\lambda_i}\right)^{1-k}\tag{Y_8}$$

再取 $n=3$,便得到等价特例

$$\frac{\lambda}{\left(m+\tan^2\frac{A}{2}\right)^k}+\frac{\mu}{\left(m+\tan^2\frac{B}{2}\right)^k}+\frac{\nu}{\left(m+\tan^2\frac{C}{2}\right)^k}$$

$$\leqslant\left[\frac{18}{D(m)}\right]^k\left(\sqrt[1-k]{\lambda}+\sqrt[1-k]{\mu}+\sqrt[1-k]{\nu}\right)^{1-k}\tag{Y_9}$$

其中

$$D(m)=-\frac{1}{2}|3m-2|+\frac{15}{2}m+1$$

那么对于 n 个 $\triangle A_1B_1C_1,\triangle A_2B_2C_2,\cdots,\triangle A_nB_nC_n(n\in\mathbf{N}_+)$ 及 $\theta_i\in(0,1)$ $(1\leqslant i\leqslant n)$ $\sum\limits_{i=1}^{n}\theta_i=1$ 与 $0\leqslant k<1$,同样应用赫尔德不等式有

$$F_\lambda=\lambda\prod_{i=1}^{n}\left(m+\tan^2\frac{A_i}{2}\right)^{-k\theta_i}+\mu\prod_{i=1}^{n}\left(m+\tan^2\frac{B_i}{2}\right)^{-k\theta_i}+\nu\prod_{i=1}^{n}\left(m+\tan^2\frac{C_i}{2}\right)^{-k\theta_i}$$

$$=\sum\prod_{i=1}^{n}\left[\frac{\lambda}{\left(m+\tan^2\frac{A_i}{2}\right)^k}\right]^{\theta_i}$$

$$\leqslant\prod_{i=1}^{n}\left[\sum\frac{\lambda}{\left(m+\tan^2\frac{A_i}{2}\right)^k}\right]^{\theta_i}$$

$$\leqslant \prod_{i=1}^{n} M^{\theta_i} = M^{\sum_{i=1}^{n}\theta_i} = M$$

$$\Rightarrow F_\lambda \leqslant M \tag{Y_{10}}$$

其中 M 表示式(Y_9)右端.

(19)

回忆往事,时光倒流,甜蜜无比. 我们现在做的工作是补充研究 Garfunkel-Bankoff 不等式

$$\tan^2\frac{A}{2}+\tan^2\frac{B}{2}+\tan^2\frac{C}{2}$$

$$\geqslant 2-8\sin\frac{A}{2}\sin\frac{B}{2}\sin\frac{C}{2} \tag{A}$$

为了建立式(A)的更好的系数推广,我们在前面先建立了一系列的代数不等式作为引理,得到了不等式

$$\alpha\left(\tan\frac{A}{2}\right)^{2k}+\beta\left(\tan\frac{B}{2}\right)^{2k}+\gamma\left(\tan\frac{C}{2}\right)^{2k}+t^k\geqslant\sqrt[3]{\frac{3^{4-k}}{m}}-1 \tag{D}$$

其中
$$t=8\sin\frac{A}{2}\sin\frac{B}{2}\sin\frac{C}{2}$$

$$m=(2\alpha-1)^{2\alpha-1}(2\beta-1)^{2\beta-1}(2\gamma-1)^{2\gamma-1}>\frac{24}{(3t)^k},k\geqslant 1$$

$$\alpha,\beta,\gamma\in\left(\frac{1}{2},0\right),\alpha+\beta+\gamma=3$$

之后,为了系统性与完备性,我们又建立了一系列以 $\tan\frac{A}{2},\tan\frac{B}{2},\tan\frac{C}{2}$ 为主元素的相关三角不等式.

《数学奥林匹克与数学文化第二辑(文化卷)》第216页,笔者的《一道联赛题与 Garfunkel-Bankoff 不等式》(以下简称文[1]),主要探讨了式(A)与它的等价形式

$$\left(\frac{\cos A}{\cos\frac{A}{2}}\right)^2+\left(\frac{\cos B}{\cos\frac{B}{2}}\right)^2+\left(\frac{\cos C}{\cos\frac{C}{2}}\right)^2\geqslant 1 \tag{A_1}$$

或
$$\frac{\cos^2 A}{1+\cos A}+\frac{\cos^2 B}{1+\cos B}+\frac{\cos^2 C}{1+\cos C}\geqslant\frac{1}{2} \tag{A_2}$$

或
$$\frac{1+\cos 2A}{1+\cos A}+\frac{1+\cos 2B}{1+\cos B}+\frac{1+\cos 2C}{1+\cos C}\geqslant 1 \tag{A_3}$$

并建立了式(A)与式(A_1)的一系列的配对式与推广式,但由于对这两个不等式的探讨不彻底,因此又在笔者的第二本专著《数学奥林匹克不等式散论》一书的开篇以《探索无限》为题,继续探讨式(A)与式(A_1),真是《探索无限》(以下简称文[2]),最近笔者又发现了式(A)的新推广与一系列漂亮的新结论,感到我们过去对式(A)与(A_1)的探讨还不够深入,因此又补充了研究欣赏题1.

在文[1]中,我们用两种方法证明了式(A)与式(A_1)等价,又用三种方法证明了式(A),其实,在有些高质量的高中奥数书中,都有关于式(A_1)的证明,因此,绝美的式(A_1)漂亮的多种证明,散居在"东西南北,天涯海角",使我们感到略显遗憾,为了弥补这一美中不足,现在,我们将这些漂亮优美的证法(包括笔者的四种)"欢聚一堂,各放异彩".

首先指出:当 $A=B=C=\dfrac{\pi}{3}$ 时,式(A_1)等号成立,但这不是式(A_1)等号成立的唯一条件,因为当 $A\to\dfrac{\pi}{2}, B\to\dfrac{\pi}{2}, C\to 0$(及其轮换)时,式($A_1$)等号仍然成立,即此时 $\triangle ABC$ 为退化了的三角形,且此时式(A)等号仍然成立,所以,在以下各种证法中,我们只考虑 $\triangle ABC$ 为非退化的常规三角形,由于式(A_1)、(A_2)、(A_3)只是外观相异,而本质相同,所以若证明了一个成立,则三个均成立.且只需证明当 $\triangle ABC$ 为锐角三角形的情形即可.

证法1　我们作代换,令

$$(a,b,c)=(\cos A,\cos B,\cos C)$$

其中 $a,b,c\in(0,1)$ 于是有恒等式

$$a^2+b^2+c^2+2abc=1$$

式(A_2)化为

$$\frac{a^2}{a+1}+\frac{b^2}{b+1}+\frac{c^2}{c+1}\geqslant\frac{1}{2}$$

$$\Leftrightarrow\left(\frac{2a^2}{a+1}-a^2\right)+\left(\frac{2b^2}{b+1}-b^2\right)+\left(\frac{2c^2}{c+1}-c^2\right)$$

$$\geqslant 1-a^2-b^2-c^2$$

$$\Leftrightarrow\frac{a^2(1-a)}{1+a}+\frac{b^2(1-b)}{1+b}+\frac{c^2(1-c)}{1+c}\geqslant 2abc \tag{1}$$

由 *AM-GM* 不等式,我们有

$$LHS(\text{式(1)左边})\geqslant 3\sqrt[3]{\frac{a^2b^2c^2(1-a)(1-b)(1-c)}{(1+a)(1+b)(1+c)}}$$

于是只需证明

$$(1-a)(1-b)(1-c)\geqslant\frac{8}{27}abc(1+a)(1+b)(1+c)$$

$$\Leftrightarrow\left(\frac{1}{a}-1\right)\left(\frac{1}{b}-1\right)\left(\frac{1}{c}-1\right)\geqslant\frac{8}{27}(1+a)(1+b)(1+c)$$

利用 *AM-GM* 不等式得到

$$(1+a)(1+b)(1+c)\leqslant\left(\frac{a+b+c+3}{3}\right)^3\leqslant\frac{27}{8}$$

故只需证明

$$\left(\frac{1}{a}-1\right)\left(\frac{1}{b}-1\right)\left(\frac{1}{c}-1\right)\geqslant 1$$

$$\Leftrightarrow(\sec A-1)(\sec B-1)(\sec C-1)\geqslant 1 \quad (2)$$

而由三角恒等式

$$4\prod\sin A=\sum\sin 2A\geqslant 3\left(\prod\sin 2A\right)^{\frac{1}{3}}$$

$$=6\left(\prod\sin A\right)^{\frac{1}{3}}\cdot\left(\prod\cos A\right)^{\frac{1}{3}}$$

$$\Rightarrow 27\prod\cos A\leqslant 8\prod\sin^2 A$$

$$=8\prod(1-\cos^2 A)$$

$$=8\prod(1+\cos A)\prod(1-\cos A)$$

$$\leqslant\left[\sum(1+\cos A)\right]^3\left(\frac{2}{3}\right)^3\prod(1-\cos A)$$

$$=\left(\frac{2}{3}\right)^3\left(3+\sum\cos A\right)^3\prod(1-\cos A)$$

$$\leqslant\left(\frac{2}{3}\right)^3\left(3+\frac{3}{2}\right)^3\prod(1-\cos A)$$

$$\Rightarrow\prod\cos A\leqslant\prod(1-\cos A)$$

$$\Rightarrow\prod(\sec A-1)\geqslant 1$$

即式(2)成立，逆推之式(A_2)成立，等号成立仅当$\triangle ABC$ 为正三角形.

证法2 由于在$\triangle ABC$ 中有

$$A+B+C=\pi$$

$$\Rightarrow\cos^2 A+\cos^2 B+\cos^2 C$$

$$=\frac{1}{2}(1+\cos 2A)+\frac{1}{2}(1+\cos 2B)+\cos^2 C$$

$$=1+\cos(A+B)\cos(A-B)+\cos^2 C$$

$$=1+[\cos C-\cos(A-B)]\cos C$$

$$=1-[\cos(A+B)+\cos(A-B)]\cos C$$

$$=1-2\cos A\cos B\cos C$$

$$\Rightarrow\sum\cos^2 A+2\prod\cos A=1$$

又
$$\sum \frac{\cos^2 A}{1+\cos A} \geqslant \frac{1}{2}$$

$$\Leftrightarrow 2\sum \cos^2 A(1+\cos B)(1+\cos C)$$
$$\geqslant \prod (1+\cos A)$$
$$\Leftrightarrow 2\sum \cos^2 A + 2\sum \cos^2 A(\cos B+\cos C) + 2(\prod \cos A)\sum \cos A$$
$$\geqslant 1 + \sum \cos A + \sum \cos A\cos B + \prod \cos A$$
$$\Leftrightarrow 2\sum \cos^2 A + 2\sum \cos^2 A(\cos B+\cos C) + (1-\sum \cos^2 A)\sum \cos A$$
$$\geqslant (\sum \cos^2 A + 2\prod \cos A) + \sum \cos A + \prod \cos A + \sum \cos B\cos C$$
$$\Leftrightarrow \sum \cos^2 A - \sum \cos A\cos B$$
$$\geqslant \sum \cos^3 A - \sum \cos^2 A(\cos B+\cos C) + 3\prod \cos A$$
$$\Leftrightarrow 2\sum \cos^2 A - 2\sum \cos B\cos C$$
$$\geqslant 2\sum \cos^3 A - 2\sum \cos^2 A(\cos B+\cos C) + 3\prod \cos A$$
$$\Leftrightarrow \sum (\cos A-\cos B)^2 \geqslant \sum (\cos A+\cos B-\cos C)(\cos A-\cos B)^2 \quad (1)$$

不妨设
$$A \geqslant B \geqslant C$$
$$\Rightarrow \cos A \leqslant \cos B \leqslant \cos C \leqslant 1$$
$$\Rightarrow \cos A + \cos B - \cos C \leqslant \cos A \leqslant 1$$
$$\Rightarrow (\cos A-\cos B)^2$$
$$\geqslant (\cos A-\cos B)^2(\cos A+\cos B-\cos C)$$

又 $\cos C \leqslant 1$,因此欲证式(1)只需证明
$$\cos C(\cos B-\cos C)^2 + \cos C(\cos C-\cos A)^2$$
$$\geqslant (\cos B+\cos C-\cos A)(\cos B-\cos C)^2 +$$
$$(\cos C+\cos A-\cos B)(\cos C-\cos A)^2$$
$$\Leftrightarrow (\cos B-\cos A)^2(2\cos C-\cos A-\cos B) \geqslant 0 \quad (2)$$

从 $\cos C \geqslant \cos B \geqslant \cos A$ 知式(2)成立,从而逆推之式(A_2)成立,等号成立仅当 $\triangle ABC$ 为正三角形.

证法3　我们作代换,令
$$\begin{cases} \alpha = b^2 + c^2 - a^2 > 0 \\ \beta = c^2 + a^2 - b^2 > 0 \\ \gamma = a^2 + b^2 - c^2 > 0 \end{cases}$$

$$\Rightarrow\begin{cases}\cos A=\dfrac{\alpha}{\sqrt{(\alpha+\beta)(\alpha+\gamma)}}\\ \cos B=\dfrac{\beta}{\sqrt{(\beta+\gamma)(\beta+\alpha)}}\\ \cos C=\dfrac{\gamma}{\sqrt{(\gamma+\alpha)(\gamma+\beta)}}\end{cases}$$

$$\Rightarrow\frac{\cos^2A}{1+\cos A}=\frac{\alpha^2}{(\alpha+\beta)(\alpha+\gamma)}\left[1+\frac{\alpha}{\sqrt{(\alpha+\beta)(\alpha+\gamma)}}\right]^{-1}$$

$$=\frac{\alpha^2}{(\alpha+\beta)(\alpha+\gamma)+\alpha\sqrt{(\alpha+\beta)(\alpha+\gamma)}}$$

同理可得$\dfrac{\cos^2B}{1+\cos B}$,$\dfrac{\cos^2C}{1+\cos C}$的表达式,因此应用柯西不等式有

$$\sum\frac{\cos^2A}{1+\cos A}=\sum\left[\frac{\alpha^2}{(\alpha+\beta)(\alpha+\gamma)+\alpha\sqrt{(\alpha+\beta)(\alpha+\gamma)}}\right]$$

$$\geqslant\frac{(\sum\alpha)^2}{\sum(\alpha+\beta)(\alpha+\gamma)+\sum\alpha\sqrt{(\alpha+\beta)(\alpha+\gamma)}}\qquad(1)$$

从式(1)知,只需证

$$2(\sum a)^2\geqslant\sum(\alpha+\beta)(\alpha+\gamma)+\sum\alpha\sqrt{(\alpha+\beta)(\alpha+\gamma)}$$

$$\Leftrightarrow 2\sum\alpha^2+4\sum\beta\gamma\geqslant\sum\alpha^2+3\sum\beta\gamma+\sum\alpha\sqrt{(\alpha+\beta)(\alpha+\gamma)}$$

$$\Leftrightarrow\sum\alpha^2+\sum\beta\gamma\geqslant\sum\alpha\sqrt{(\alpha+\beta)(\alpha+\gamma)}\qquad(2)$$

但应用 *AM-GM* 不等式有

$$\sum\alpha\sqrt{(\alpha+\beta)(\alpha+\gamma)}\leqslant\sum\alpha\left(\frac{\alpha+\beta+\alpha+\gamma}{2}\right)$$

$$=\frac{1}{2}\sum\alpha(2\alpha+\beta+\gamma)$$

$$=\sum\alpha^2+\sum\beta\gamma$$

即式(2)成立,从而式(A_2)成立,等号成立仅当$\alpha=\beta=\gamma\Leftrightarrow A=B=C=\dfrac{\pi}{3}$,即$\triangle ABC$为正三角形.

证法4 式(A_2)化为

$$g(A,B,C)=\sum\left(\cos A+\frac{1}{1+\cos A}\right)\geqslant\frac{7}{2}$$

不妨设$A\geqslant B\geqslant C$,先证

$$g(A,B,C)\geqslant g\left(\frac{A+B}{2},\frac{A+B}{2},C\right)\qquad(1)$$

注意到

$$\left(\cos A+\frac{1}{1+\cos A}\right)+\left(\cos B+\frac{1}{1+\cos B}\right)$$

$$=(\cos A+\cos B)+\frac{2+\cos A+\cos B}{4\cos^2\frac{A}{2}\cos^2\frac{B}{2}}$$

$$=2\cos\frac{A+B}{2}\cos\frac{A-B}{2}+\frac{2\left(1+\cos\frac{A+B}{2}\cos\frac{A-B}{2}\right)}{\left(\cos\frac{A+B}{2}+\cos\frac{A-B}{2}\right)^2}$$

令

$$m=\cos\frac{A+B}{2},n=\cos\frac{A-B}{2}$$

则因

$$\pi>A\geqslant B\geqslant C>0$$

$$\Rightarrow\pi>A+B\geqslant\frac{2}{3}\pi$$

$$\Rightarrow 0<n\leqslant 1,0<m\leqslant\frac{1}{2}$$

$$\Rightarrow g(A,B,C)\geqslant g\left(\frac{A+B}{2},\frac{A+B}{2},C\right)$$

$$\Leftrightarrow mn+\frac{1+mn}{(m+n)^2}\geqslant m+\frac{1+m}{(1+m)^2}$$

$$\Leftrightarrow m(n-1)+\frac{(m+1)(1+mn)-(m+n)^2}{(m+1)(m+n)^2}\geqslant 0$$

$$\Leftrightarrow (n-1)\left[m+\frac{m^2-m-n-1}{(m+1)(m+n)^2}\right]\geqslant 0 \qquad (2)$$

而

$$(m^2+m)(m+n)^2+m^2-m-n-1$$

$$\leqslant\frac{1}{16}+\frac{1}{4}n+\frac{1}{4}n+\frac{1}{8}+\frac{1}{2}n+\frac{1}{4}+m(n^2-1)-1-n$$

$$=m(n^2-1)-\frac{9}{16}<0$$

故式(2)成立,从而式(1)成立.

再证明

$$g\left(\frac{A+B}{2},\frac{A+B}{2},C\right)\geqslant\frac{7}{2}$$

记

$$\theta=\frac{1}{2}(A+B),C=\pi-2\theta$$

令 $\cos\theta=u$,则

$$\cos C=-\cos 2\theta=1-2-u^2$$

$$g(\theta,\pi-2\theta)=2\left(u+\frac{1}{1+u}\right)+2(1-2u^2)+\frac{1}{2(1-u^2)}\geqslant\frac{7}{2} \qquad (3)$$

$$\Leftrightarrow 4(1-u^2)\left(u+\frac{1}{1+u}\right)+2(1-2u^2)(1-u^2)+1\geqslant 7(1-u^2)$$

$$\Leftrightarrow 4u^4-4u^3+u^2\geqslant 0$$

$$\Leftrightarrow u^2(2u-1)^2\geqslant 0$$

因此式(3)成立,从而逆推式(A_2)成立,等号成立仅当 $A=B=C=\frac{\pi}{3}$.

证法5 设$\triangle ABC$的三边长为a,b,c. 对边作内切圆代换

$$a=x_2+x_3,b=x_3+x_1,c=x_1+x_2 \quad (x_1,x_2,x_3>0)$$

并设 $x_1+x_2+x_3=1$,由余弦定理得

$$f=\sum\frac{\cos^2A}{1+\cos A}=\sum\frac{(x_1-x_2x_3)}{2x_1(1-x_2)(1-x_3)}\geqslant\frac{1}{2}$$

$$\Leftrightarrow \sum x_2^3x_3^3+7(x_1x_2x_3)^2\geqslant x_1x_2x_3\sum(x_2x_3+x_2^2x_3^2)$$

$$\Leftrightarrow \sum(x_2^4x_3^3+x_2^3x_3^4)+2(x_1x_2x_3)^2\sum x_1$$

$$\geqslant 2\sum x_1x_2^3x_3^3+x_1x_2x_3\sum(x_2^3x_3+x_2x_3^3)$$

$$\Leftrightarrow \sum x_2^2x_3^2(x_3-x_1)(x_2-x_1)(x_2+x_3)\geqslant 0 \qquad (2)$$

由对称性,不妨设 $x_1\geqslant x_2\geqslant x_3\geqslant 0$,易知式(2)的第一项非负,后两项之和为

$$x_3^2x_1^2(x_3-x_2)(x_1-x_2)(x_3+x_1)+x_1^2x_2^2(x_1-x_3)(x_2-x_3)(x_1+x_2)$$

$$=x_1^2(x_2-x_3)[x_2^2(x_1-x_3)(x_1+x_2)-x_1^2(x_1-x_2)(x_1+x_3)]\geqslant 0$$

上式显然成立,从而逆推式(2),式(1)成立,即式(A_2)成立,等号成立仅当

$$x_1=x_2=x_3$$

$$\Rightarrow a=b=c\Rightarrow A=B=C=\frac{\pi}{3}$$

证法6 在证法5的式(1)中应用柯西不等式有

$$f=\sum\frac{\cos^2A}{1+\cos A}=\sum\frac{(x_1-x_2x_3)^2}{2x_1(1-x_2)(1-x_3)}$$

$$\geqslant\frac{[\sum(x_1-x_2x_3)]^2}{2\sum x_1(1-x_2)(1-x_3)}$$

于是欲证式(A_2)成立只需证

$$[\sum(x_1-x_2x_3)]^2\geqslant\sum x_1(1-x_2)(1-x_3)$$

$$\Leftrightarrow \sum x_2^2x_3^2\geqslant x_1x_2x_3(x_1+x_2+x_3)$$

$$\Leftrightarrow \sum x_3^2(x_1-x_2)^2\geqslant 0$$

故式(A_2)成立,等号成立仅当

$$x_1=x_2=x_3\Rightarrow a=b=c\Rightarrow A=B=C=\frac{\pi}{3}$$

证法7　作代换令

$$(x,y,z)=\left(\tan\frac{A}{2},\tan\frac{B}{2},\tan\frac{C}{2}\right)$$

$$\Rightarrow xy+yz+zx=1$$

于是,从万能公式

$$\cos A=\frac{1-x^2}{1+x^2},\text{等等}$$

式(A_2)等价于

$$\sum\frac{\left(\frac{1-x^2}{1+x^2}\right)}{1+\frac{1-x^2}{1+x^2}}\geqslant\frac{1}{2}$$

$$\Leftrightarrow\sum\frac{(1-x^2)^2}{2(1+x^2)}\geqslant\frac{1}{2}$$

$$\Leftrightarrow\sum\left[\frac{(1-x^2)^2}{1+x^2}+3\right]\geqslant 10$$

$$\Leftrightarrow\sum\left(x^2+\frac{4}{x^2+1}\right)\geqslant 10 \tag{1}$$

再设 $m=\sqrt{uv+vw+wu}$, $u,v,w>0$. $(x,y,z)=\left(\frac{u}{m},\frac{v}{m},\frac{w}{m}\right)$. 于是式(1)等价于

$$\frac{\sum u^2}{\sum uv}-1\geqslant 9-\frac{8(\sum u)\sum uv}{\prod(u+v)}$$

$$\Leftrightarrow\frac{\sum u^2-\sum uv}{\sum uv}\geqslant\frac{\sum(u+v)uv-6uvw}{\prod(u+v)}$$

$$\Leftrightarrow\prod(u+v)\sum(u-v)^2\geqslant 2(\sum uv)\cdot$$

$$[\sum uv(u+v)-6uvw]$$

$$=2(\sum uv)\sum(u-v)^2w$$

$$\Leftrightarrow\sum(u-v)^2(u^2v+uv^2+u^2w+v^2w-uw^2-vw^2)\geqslant 0 \tag{2}$$

$$\Leftrightarrow f_1+f_2+f_3\geqslant 0 \tag{3}$$

不妨设 $u>v>w$,其中

$$f_1=(u-v)^2[(v^2-w^2)u+(u^2-w^2)v+v^2w]\geqslant 0$$

$$f_2=(v-w)^2[uv(v^2-u^2)+uv(u^2-v^2)+w^2u+w^2v]$$
$$=(u-w)^2(u-v)(uv+vw+wu)\geqslant 0$$
$$f_3=(v-w)^2(v-w)(uv+vw+wu)\geqslant 0$$
所以式(3)成立，从而式(1)成立，故式(A_2)成立，等号成立仅当
$$u=v=w\Rightarrow x=y=z\Rightarrow A=B=C=\frac{\pi}{3}$$

证法 8 应用余弦定理，式(A_2)即
$$\sum\frac{\cos^2A}{1+\cos A}\geqslant\frac{1}{2}$$
$$\Rightarrow\sum\frac{(b^2+c^2-a^2)^2}{bc(b+c-a)}\geqslant a+b+c \tag{1}$$
利用柯西不等式
$$\sum\frac{(b^2+c^2-a^2)^2}{bc(b+c-a)}\geqslant\frac{[\sum(b^2+c^2-a^2)]^2}{\sum bc(b+c-a)}$$
$$=\frac{(\sum a^2)^2}{\sum bc(b+c-a)}$$
知，只需证
$$(\sum a^2)^2\geqslant(\sum a)\sum bc(b+c-a) \tag{2}$$
$$\Leftrightarrow 2\sum a^4+2abc\sum a\geqslant 2\sum bc(b^2+c^2)$$
$$\Leftrightarrow\sum(b^4+c^4-b^3c-bc^3)$$
$$\geqslant\sum[b^3c+bc^3-abc(b+c)]$$
$$\Leftrightarrow\sum(b-c)^2[b^2+bc+c^2-a(b+c)]\geqslant 0$$
不妨设 $a\geqslant b\geqslant c>0$，易知
$$(a-b)^2[a^2+ab+b^2-c(a+b)]\geqslant 0$$
且后两项之和不小于0，故式(2)成立，从而式(1)成立，所以式(A_2)成立，等号成立仅当 $a=b=c$.

证法 9 从证法 8 的推导知，应用柯西不等式有
$$f=\sum\frac{\cos^2A}{1+\cos A}=\sum\frac{(b^2+c^2-a^2)^2}{4b^2c^2+2bc(b^2+c^2-a^2)}$$
$$\geqslant\frac{[\sum(b^2+c^2-a^2)]^2}{4\sum b^2c^2+2\sum bc(b^2+c^2-a^2)}$$
$$=\frac{(a^2+b^2+c^2)^2}{4\sum b^2c^2+2\sum bc(b^2+c^2-a^2)}\geqslant\frac{1}{2}$$

又
$$4\sum b^2c^2+2\sum bc(b^2+c^2-a^2)$$
$$\leqslant 4\sum b^2c^2+\sum(b^2+c^2)(b^2+c^2-a^2)$$
$$=4\sum b^2c^2+2\sum a^4=2(\sum a^2)^2$$
$$\Rightarrow f\geqslant\frac{(a^2+b^2+c^2)^2}{4\sum b^2c^2+\sum 2bc(b^2+c^2-a^2)}$$
$$\geqslant\frac{(a^2+b^2+c^2)^2}{2(a^2+b^2+c^2)^2}=\frac{1}{2}$$
$$\Rightarrow f\geqslant\frac{1}{2}$$

即式(A_2)成立,等号成立仅当 $a=b=c$.

证法 10　应用余弦定理有
$$f=\sum\frac{\cos^2 A}{1+\cos A}\geqslant\frac{1}{2}$$
$$\Leftrightarrow\sum\frac{(b^2+c^2-a^2)^2}{4b^2c^2+2bc(b^2+c^2-a^2)}\geqslant\frac{1}{2}\tag{1}$$

由柯西不等式知,只需证
$$\frac{[\sum(b^2+c^2-a^2)]^2}{4\sum b^2c^2+2\sum bc(b^2+c^2-a^2)}\geqslant\frac{1}{2}$$
$$\Leftrightarrow\sum a^4\geqslant\sum a^3b+\sum ab^3-abc(a+b+c)$$
$$\Leftrightarrow a^2(a-b)(a-c)+b^2(b-c)(b-a)+c^2(c-a)(c-b)\geqslant 0\tag{2}$$

由对称性,设 $a\geqslant b\geqslant c$,有
$$c^2(c-a)(c-b)\geqslant 0$$
$$a^2(a-b)(a-c)+b^2(b-c)(b-a)+c^2(c-a)(c-b)$$
$$\geqslant a^2(a-b)(a-c)-b^2(b-c)(a-b)$$
$$=(a-b)^2(b-c)(a+b)\geqslant 0$$

即2次舒尔不等式(2)成立,等号成立仅当 $a=b=c$,从而式(A_2)成立.

证法 11　在三角形母不等式
$$2\lambda_2\lambda_3\cos A+2\lambda_3\lambda_1\cos B+2\lambda_1\lambda_2\cos C\leqslant\lambda_1^2+\lambda_2^2+\lambda_3^2$$

中令　$(\lambda_1,\lambda_2,\lambda_3)=(a^2,b^2,c^2)$
$$\Rightarrow\sum bc(b^2+c^2-a^2)\leqslant\sum a^4$$
$$\Rightarrow 4\sum b^2c^2+2\sum bc(b^2+c^2-a^2)\leqslant 2(\sum a^2)^2$$
$$\Rightarrow f=\sum\frac{\cos^2 A}{1+\cos A}=\sum\frac{(b^2+c^2-a^2)^2}{4b^2c^2+2bc(b^2+c^2-a^2)}\text{(应用柯西不等式)}$$

$$\geqslant \frac{\left[\sum (b^2+c^2-a^2)\right]^2}{\sum \left[4b^2c^2+2bc(b^2+c^2-a^2)\right]}$$

$$= \frac{(a^2+b^2+c^2)^2}{4\sum b^2c^2+2\sum bc(b^2+c^2-a^2)} \geqslant \frac{1}{2}$$

$$\Rightarrow f \geqslant \frac{1}{2}$$

即式(A_2)成立,等号成立仅当 $a=b=c$.

证法 12 我们作代换,令

$$(u,v,w)=(\cot A,\cot B,\cot C) \quad (u,v,w>0)$$

$$\Rightarrow uv+vw+wu=1$$

$$\Rightarrow \begin{cases} u^2+1=(u+v)(u+w) \\ v^2+1=(v+u)(v+w) \\ w^2+1=(w+u)(w+v) \end{cases}$$

$$\Rightarrow \frac{\cos^2 A}{1+\cos A} = \frac{\dfrac{u^2}{u^2+1}}{1+\dfrac{u}{\sqrt{u^2+1}}}$$

$$= \frac{u^2}{\sqrt{u^2+1}(\sqrt{u^2+1}+v)}$$

$$= \frac{u^2(\sqrt{u^2+1}-u)}{\sqrt{u^2+1}}$$

$$= u^2 - \frac{u^3}{\sqrt{u^2+1}} = u^2 - \frac{u^3}{\sqrt{(u+v)(u+w)}}$$

$$\geqslant u^2 - \frac{u^3}{2}\left(\frac{1}{u+v}+\frac{1}{u+w}\right)$$

同理可得

$$\frac{\cos^2 B}{1+\cos B} \geqslant v^2 - \frac{v^3}{2}\left(\frac{1}{v+w}+\frac{1}{v+u}\right)$$

$$\frac{\cos^2 C}{1+\cos C} \geqslant w^2 - \frac{w^3}{2}\left(\frac{1}{w+u}+\frac{1}{w+v}\right)$$

于是

$$f = \sum \frac{\cos^2 A}{1+\cos A} \geqslant \sum u^2 - \frac{1}{2}\sum \frac{u^3+v^3}{u+v}$$

$$= \sum u^2 - \frac{1}{2}\sum (u^2-uv+v^2)$$

$$=\frac{1}{2}(uv+vw+wu)=\frac{1}{2}$$

$$\Rightarrow f\geqslant\frac{1}{2}$$

所以式(A_2)成立,等号成立仅当

$$u=v=w\Rightarrow A=B=C=\frac{\pi}{3}$$

证法13　在三角形母不等式

$$\lambda_1^2+\lambda_2^2+\lambda_3^2\geqslant 2(\lambda_2\lambda_3\cos A+\lambda_3\lambda_1\cos B+\lambda_1\lambda_2\cos C)$$

中令

$$(\lambda_1,\lambda_2,\lambda_3)=\left(\tan\frac{A}{2},\tan\frac{B}{2},\tan\frac{C}{2}\right)$$

$$\Rightarrow \sum\tan^2\frac{A}{2}\geqslant 2\sum\tan\frac{B}{2}\tan\frac{C}{2}\cos A$$

$$=2\sum\frac{\sin\frac{B}{2}\sin\frac{C}{2}}{\cos\frac{B}{2}\cos\frac{C}{2}}\left(1-2\sin^2\frac{A}{2}\right)$$

$$=2\sum\tan\frac{B}{2}\tan\frac{C}{2}-4\left(\prod\sin\frac{A}{2}\right)\left(\sum\frac{\sin\frac{A}{2}}{\cos\frac{B}{2}\cos\frac{C}{2}}\right)$$

$$=2-4\left(\prod\sin\frac{A}{2}\right)\sum\frac{\cos\left(\frac{B}{2}+\frac{C}{2}\right)}{\cos\frac{B}{2}\cos\frac{C}{2}}$$

$$=2-4\left(\prod\sin\frac{A}{2}\right)\sum\left(1-\tan\frac{B}{2}\tan\frac{C}{2}\right)$$

$$=2-4\left(\prod\sin\frac{A}{2}\right)\left(3-\sum\tan\frac{B}{2}\tan\frac{C}{2}\right)$$

$$=2-4(3-1)\prod\sin\frac{A}{2}$$

$$\Rightarrow \sum\tan^2\frac{A}{2}\geqslant 2-8\prod\sin\frac{A}{2}\qquad(A)$$

$$\Rightarrow f=\sum\frac{\cos^2 A}{1+\cos A}=\sum\frac{1-\sin^2 A}{2\cos^2\frac{A}{2}}$$

$$=\sum\left(\frac{\sin^2\frac{A}{2}+\cos^2\frac{A}{2}-4\sin^2\frac{A}{2}\cos^2\frac{A}{2}}{2\cos^2\frac{A}{2}}\right)$$

$$=\frac{3}{2}+\frac{1}{2}\sum\tan^2\frac{A}{2}-2\sum\sin^2\frac{A}{2}$$

$$=\frac{1}{2}\sum\tan^2\frac{A}{2}+\sum\cos A-\frac{3}{2}$$

$$=\frac{1}{2}\sum\tan^2\frac{A}{2}+4\prod\sin\frac{A}{2}-\frac{1}{2}$$

$$\geqslant 1-\frac{1}{2}=\frac{1}{2}$$

即式(A)、(A_2)均成立,且式(A)与式(A_2)等价. 等号成立仅当

$$\frac{\tan\frac{A}{2}}{\sin A}=\frac{\tan\frac{B}{2}}{\sin B}=\frac{\tan\frac{C}{2}}{\sin C}$$

$$\Rightarrow\left(\cos\frac{A}{2}\right)^2=\left(\cos\frac{B}{2}\right)^2=\left(\cos\frac{C}{2}\right)^2$$

$$\Rightarrow A=B=C=\frac{\pi}{3}$$

证法 14 $\triangle ABC$ 的半周长为 S,内切圆半径为 r,则有三角恒等式(R 为外接圆半径)

$$\begin{cases}r=4R\sin\frac{A}{2}\sin\frac{B}{2}\sin\frac{C}{2}\\ S=4R\cos\frac{A}{2}\cos\frac{B}{2}\cos\frac{C}{2}\end{cases}$$

$$\Rightarrow\sum\tan\frac{A}{2}=\frac{1+\prod\sin\frac{A}{2}}{\prod\cos\frac{A}{2}}=\frac{4R+r}{S}$$

$$\Rightarrow\sum\tan^2\frac{A}{2}=\left(\sum\tan\frac{A}{2}\right)^2-2\sum\tan\frac{B}{2}\tan\frac{C}{2}$$

$$=\left(\frac{4R+r}{S}\right)-2$$

因此,我们先证式(A)成立,即

$$\sum\tan^2\frac{A}{2}-2+8\prod\sin\frac{A}{2}\geqslant 0 \tag{A}$$

$$\Leftrightarrow\frac{1}{2}\left(\frac{4R+r}{S}\right)^2-1+\frac{r}{R}\geqslant 1 \tag{1}$$

$$\Leftrightarrow R(4R+r)^2\geqslant 2S^2(2R-r) \tag{2}$$

由不等式 $R\geqslant 2r$

及 $$S^2 \leqslant 2R^2+10Rr-r^2+2(R-2r)\sqrt{R^2-2Rr}$$

式(2)等价于

$$16R^3+8R^2r+Rr^2 \geqslant (4R-r)[2R^2+10Rr-r^2+2(R-2r)\sqrt{R^2-2Rr}]$$

$$\Leftrightarrow (R-2r)(8R^2-12Rr+r^2) \geqslant 4(2R-r)(R-2r)\sqrt{R(R-2r)}$$

$$\Leftrightarrow (R-2r)^2(8R^2-12Rr+r^2)^2 \geqslant 16R(2R-r)^2(R-2r)^3$$

$$\Leftrightarrow (R-2r)^2(16R^2r^2+8Rr^3+r^4) \geqslant 0$$

上式显然成立,从而式(2)成立,即式(A)成立,所以从证法 13 知,式(A_2)也成立,等号成立仅当 $R=2r \Rightarrow A=B=C=\frac{\pi}{3}$.

证法 15　记$\triangle ABC$的三边长为a,b,c,半周长为S,再引入三个正数x,y,z,且

$$\begin{cases} b+c-a=x \\ c+a-b=y \\ a+b-c=z \end{cases} \Rightarrow \begin{cases} a=\dfrac{y+z}{2} \\ b=\dfrac{z+x}{2} \\ c=\dfrac{x+y}{2} \end{cases}$$

$$\Rightarrow \begin{cases} \tan^2\dfrac{A}{2}=\dfrac{(S-b)(S-c)}{S(S-a)}=\dfrac{yz}{x(x+y+z)} \\ \sin\dfrac{A}{2}=\sqrt{\dfrac{(S-b)(S-c)}{bc}}=\sqrt{\dfrac{yz}{(x+y)(x+z)}} \end{cases}$$

$$\Rightarrow \sum \tan^2\frac{A}{2} \geqslant 2-8\prod \sin\frac{A}{2}$$

$$\Leftrightarrow \frac{\frac{yz}{x}+\frac{zx}{y}+\frac{xy}{z}}{x+y+z} \geqslant 2-\frac{8xyz}{(x+y)(y+z)(z+x)} \quad (\text{设 } x \geqslant y \geqslant z > 0)$$

$$\Leftrightarrow \frac{1}{M}\{x^2(y-z)^2[(x^2-yz)(y+x)+x(y^2+z^2)]+$$
$$y^2z^2(y+z)(x-y)(x-z)\} \geqslant 0$$

其中 $$M=xyz(x+y+z)(x+y)(y+z)(z+x)>0$$

因此式(A)成立,所以式(A_2)也成立,等号成立仅当

$$x=y=z \Rightarrow a=b=c$$

$$\Rightarrow A=B=C=\frac{\pi}{3}$$

证法 16　应用有关恒等式与 AM—GM 不等式有

$$1=\sum \tan\frac{B}{2}\tan\frac{C}{2}\geqslant 3\left(\prod \tan\frac{B}{2}\tan\frac{C}{2}\right)^{\frac{1}{3}}$$

$$=3\left(\prod \tan\frac{A}{2}\right)^{\frac{2}{3}}$$

$$\Rightarrow \sum \tan\frac{A}{2}\geqslant 3\left(\prod \tan\frac{A}{2}\right)^{\frac{1}{3}}$$

$$\geqslant 3\left(\prod \tan\frac{A}{2}\right)^{\frac{2}{3}}\cdot 3\left(\prod \tan\frac{A}{2}\right)^{\frac{1}{3}}$$

$$\Rightarrow \prod \tan\frac{A}{2}\geqslant 9\prod \tan\frac{A}{2}$$

又从

$$\sum \tan\frac{B}{2}\tan\frac{C}{2}=1$$

$$\Rightarrow \sum \tan\frac{A}{2}-\prod \tan\frac{A}{2}$$

$$=\left(\sum \tan\frac{A}{2}\right)\left(\sum \tan\frac{B}{2}\tan\frac{C}{2}\right)-\prod \tan\frac{A}{2}$$

$$=\prod\left(\tan\frac{A}{2}+\tan\frac{B}{2}\right)=\prod\left[\frac{\sin\frac{A+B}{2}}{\cos\frac{A}{2}\cos\frac{B}{2}}\right]$$

$$=\prod\left[\frac{\cos\frac{C}{2}}{\cos\frac{A}{2}\cos\frac{B}{2}}\right]=\prod \sec\frac{A}{2}$$

记

$$P=\left(\sum \tan^2\frac{A}{2}-2\right)\prod \sec\frac{A}{2}+8\prod \tan\frac{A}{2}$$

$$=\left(\sum \tan^2\frac{A}{2}-2\right)\left(\sum \tan\frac{A}{2}-\prod \tan\frac{A}{2}\right)+8\prod \tan\frac{A}{2}$$

$$\geqslant 8\left(\prod \tan^2\frac{A}{2}-2\right)\prod \tan\frac{A}{2}+8\prod \tan\frac{A}{2}$$

$$=4\left(2\sum \tan^2\frac{A}{2}-2\right)\prod \tan\frac{A}{2}$$

$$=4\left[\sum\left(\tan^2\frac{B}{2}+\tan^2\frac{C}{2}\right)-2\sum \tan\frac{B}{2}\tan\frac{C}{2}\right]\cdot\prod \tan\frac{A}{2}$$

$$=4\sum\left(\tan\frac{B}{2}-\tan\frac{C}{2}\right)^2\cdot\prod \tan\frac{A}{2}\geqslant 0$$

$$\Rightarrow\left(\sum \tan^2\frac{A}{2}-2\right)\prod \sec\frac{A}{2}+8\prod \tan\frac{A}{2}\geqslant 0$$

$$\Rightarrow \sum \tan^2 \frac{A}{2} \geqslant 2 - 8 \prod \sin \frac{A}{2}$$

即式(A)成立,从证法 13 知,式(A_2)也成立,等号成立仅当

$$\tan \frac{A}{2} = \tan \frac{B}{2} = \tan \frac{C}{2}$$

$$\Rightarrow A = B = C = \frac{\pi}{3}$$

十四　一组优美三角不等式的赏析

例 1　设常数 $\theta,\varphi\in\left(0,\frac{\pi}{2}\right)$, $n\geqslant 2$, $n\in\mathbf{N}$, $x_1,x_2,\cdots,x_n\in\mathbf{R}$, $\lambda=n\sin\theta\csc(\theta+\varphi)$. 如果 $\sum\limits_{i=1}^{n}\sin x_i\geqslant\lambda$,那么

$$\sum_{i=1}^{n}\sin(x_i-\theta)\geqslant 0 \tag{1}$$

证明　欲直接证明式(1)有困难,我们采用反证法. 假设

$$\begin{aligned}
&\sum_{i=1}^{n}\sin(x_i-\theta)<0\\
\Rightarrow&\left(\sum_{i=1}^{n}\sin x_i\right)\cos\theta-\left(\sum_{i=1}^{n}\cos x_i\right)\sin\theta<0\\
\Rightarrow&\sum_{i=1}^{n}\cos x_i>\cot\theta\sum_{i=1}^{n}\sin x_i\geqslant\lambda\cot\theta\\
\Rightarrow&\sum_{i=1}^{n}\sin(x_i+\varphi)=\cos\varphi\left(\sum_{i=1}^{n}\sin x_i\right)+\sin\varphi\left(\sum_{i=1}^{n}\cos x_i\right)\\
&\qquad>\lambda\cos\varphi+\lambda\sin\varphi\cot\theta\\
&\qquad=\lambda\sin(\theta+\varphi)/\sin\theta=n\\
\Rightarrow&\sum_{i=1}^{n}\sin(x_i+\varphi)>n
\end{aligned}$$

显然,这与公认的

$$\sum_{i=1}^{n}\sin(x_i+\varphi)\leqslant n$$

矛盾,因此假设不成立,所以式(1)成立.

例 2　在任意$\triangle ABC$中,求证

$$\sin 3A+\sin 3B+\sin 3C\leqslant\frac{3}{2}\sqrt{3} \tag{A}$$

分析　观察试(A),结构对称,使我们联想到传统的优美结论

$$\sin A+\sin B+\sin C\leqslant\frac{3}{2}\sqrt{3} \tag{B}$$

$$\sin 2A+\sin 2B+\sin 2C\leqslant\frac{3}{2}\sqrt{3} \tag{C}$$

等号成立仅当 $A=B=C=\frac{\pi}{3}$. 即式(B)、(C)的外形结构与结论均具有对称性.

但当 $A=B=C=\frac{\pi}{3}$ 时,式(A)左边为0,等号不成立. 这表明(A)、(B)、(C)三个不等式的结构相似均称,但式(A)等号成立的条件应当与众不同,别具一格,经试探,当 $(A,B,C)=(20^\circ,20^\circ,140^\circ)$ 时,式(A)等号确实成立.

那么,我们又将怎样证明它呢?

证法1　由于式(A)关于 A,B,C 对称,不妨设 $A\leqslant B\leqslant C$,则 $A+B\leqslant 120^\circ$, $0<B<\frac{\pi}{2}$, $C\geqslant 60^\circ$,于是有

$$0<\frac{3}{2}(A+B)<180^\circ,\ -\frac{3}{4}\pi<\frac{3}{2}(A-B)<0$$

又令

$$\theta=\frac{3}{2}(A+B)\in(0,\pi)$$

$$\begin{aligned}
&\sin 3A+\sin 3B+\sin 3C\\
&=2\sin\frac{3}{2}(A+B)\cos\frac{3}{2}(A-B)+\sin 3(A+B)\\
&=2\sin\frac{3}{2}(A+B)\left(\cos\frac{3}{2}(A-B)+\cos\frac{3}{2}(A+B)\right)\\
&\leqslant 2\sin\theta(1+\cos\theta)\\
&=8\sin\frac{\theta}{2}\cos^3\frac{\theta}{2}\\
&=\frac{8}{\sqrt{3}}\sqrt{3\sin^2\frac{\theta}{2}\cdot\left(\cos^2\frac{\theta}{2}\right)^3}\\
&\leqslant\frac{8}{\sqrt{3}}\left(\frac{3\sin^2\frac{\theta}{2}+3\cos^2\frac{\theta}{2}}{4}\right)^2=\frac{3}{2}\sqrt{3}
\end{aligned}$$

即式(A)成立,等号成立仅当

$$\begin{cases}\cos\frac{3}{2}(A-B)=1\\ \cos^2\frac{\theta}{2}=3\sin^2\frac{\theta}{2}\end{cases}\Rightarrow\begin{cases}A=B=20^\circ\\ C=140^\circ\end{cases}$$

证法2　由于式(A)关于 A,B,C 对称,不妨设 $0<C\leqslant B\leqslant A<\pi$.

(1°)当$\frac{\pi}{3}\leqslant A\leqslant\frac{2}{3}\pi$时

$$\pi\leqslant 3A\leqslant 2\pi\Rightarrow\sin 3A\leqslant 0$$

$$\Rightarrow\sin 3A+\sin 3B+\sin 3C\leqslant\sin 3B+\sin 3C\leqslant 2<\frac{3}{2}\sqrt{3}$$

此时式(A)成立.

(2°)$\frac{2}{3}\pi<A<\pi$时

令
$$A=A_0+\frac{2}{3}\pi\Rightarrow\sin 3A=\sin 3A_0$$

且
$$3A_0+3B+3C=\pi$$

$$3A_0,3B,3C\in(0,\pi)$$

即$3A_0,3B,3C$恰好构成一个三角形的三内角,应用式(B)得

$$\sin 3A+\sin 3B+\sin 3C$$

$$=\sin 3A_0+\sin 3B+\sin 3C\leqslant\frac{3}{2}\sqrt{3}$$

此时式(A)成立. 等号成立仅当

$$3A_0=3B=3C=60^\circ$$

$$\Rightarrow(A,B,C)=(140^\circ,20^\circ,20^\circ)$$

评注 (ⅰ)我们设$k=1,2,3$,就可将式(A),(B),(C)三式和谐地统一成一个不等式

$$\sin kA+\sin kB+\sin kC\leqslant\frac{3}{2}\sqrt{3}\tag{D}$$

(ⅱ)若想将式(A),式(C)加权推广,得先将式(B)加权推广,而式(B)的加权推广至少有三、四个,这将导致式(A)、式(C)的加权推广也有多个. 下面我们介绍最具特色、也最简洁美妙的一个.

推广1 设x,y,z,λ,μ,ν均为正数,则对锐角$\triangle ABC$有

$$x\sin A+y\sin B+z\sin C$$

$$\leqslant\left(\frac{\lambda+\mu+\nu}{2}\right)\sqrt{\frac{x^2}{\mu\nu}+\frac{y^2}{\nu\lambda}+\frac{z^2}{\lambda\mu}}\tag{B'}$$

证明 应用三角母不等式有(对任意$\triangle A'B'C'$)

$$2(\mu\nu\cos A'+\nu\lambda\cos B'+\lambda\mu\cos C')\leqslant\lambda^2+\mu^2+\nu^2\tag{1}$$

等号成立仅当

$$\frac{\lambda}{\sin A'}=\frac{\mu}{\sin B'}=\frac{\nu}{\sin C'}\tag{2}$$

由于$\triangle ABC$为锐角三角形，故可作代换

$$(A',B',C')=(\pi-2A,\pi-2B,\pi-2C)$$

$$\Rightarrow -2\sum \mu\nu\cos 2A\leqslant \sum \lambda^2$$

$$\Rightarrow -2\sum \mu\nu(1-2\sin^2 A)\leqslant \sum \lambda^2$$

$$\Rightarrow 4\sum \mu\nu\sin^2 A\leqslant (\sum \lambda)^2\text{（应用柯西不等式）}$$

$$\Rightarrow (\sum \lambda)^2\left(\sum \frac{x^2}{\mu\nu}\right)\geqslant 4\left(\sum \frac{x^2}{\mu\nu}\right)\left(\sum \mu\nu\sin^2 A\right)$$

$$\geqslant 4(\sum x\sin A)^2$$

$$\Rightarrow \sum x\sin A\leqslant \left(\frac{\sum\lambda}{2}\right)\sqrt{\sum \frac{x^2}{\mu\nu}}$$

这即为式(B′)，等号成立仅当

$$\begin{cases}\dfrac{\lambda}{\sin 2A}=\dfrac{\mu}{\sin 2B}=\dfrac{\nu}{\sin 2C}\\ \dfrac{\frac{x}{\mu\nu}}{\sin A}=\dfrac{\frac{y}{\nu\lambda}}{\sin B}=\dfrac{\frac{z}{\lambda\mu}}{\sin C}\end{cases}$$

$$\Rightarrow\begin{cases}\lambda:\mu:\nu=\sin 2A:\sin 2B:\sin 2C\\ x:y:z=\sec A:\sec B:\sec C\end{cases}$$

应用推广1，再附加点条件，即可建立式(A)的加权推广：

推广2　设x,y,z,λ,μ,ν均为正系数，且$\sqrt{3}x\geqslant(2-\sqrt{3})(y+z)$，在$\triangle ABC$中$A\geqslant B\geqslant C$，则有

$$x\sin 3A+y\sin 3B+z\sin 3C$$

$$\leqslant\left(\frac{\lambda+\mu+\nu}{2}\right)\sqrt{\frac{x^2}{\mu\nu}+\frac{y^2}{\nu\lambda}+\frac{z^2}{\lambda\mu}}\qquad\text{(A′)}$$

证明　(1°)当

$$\frac{\pi}{3}\leqslant A\leqslant\frac{2}{3}\pi$$

$$\Rightarrow \pi\leqslant 3A\leqslant 2\pi\Rightarrow \sin 3A\leqslant 0$$

$$\Rightarrow \sum x\sin 3A\leqslant y\sin 3B+z\sin 3C$$

$$\leqslant y+z$$

又

$$\left(\frac{\sum\lambda}{2}\right)\sqrt{\sum\frac{x^2}{\mu\nu}}\geqslant\frac{1}{2}\sqrt{(3\sum\mu\nu)\sum\frac{x^2}{\mu\nu}}$$

$$\geqslant\frac{\sqrt{3}}{2}(\sum x)=\frac{1}{2}[\sqrt{3}x+\sqrt{3}(y+z)]$$

$$\geqslant \frac{1}{2}[(2-\sqrt{3})(y+z)+\sqrt{3}(y+z)]$$

$$\Rightarrow y+z \geqslant \sum x\sin 3A$$

即此时式(A′)成立. 等号成立仅当

$$(A,B,C)=(120°,30°,30°)$$

$$\begin{cases}\sqrt{3}x=(2-\sqrt{3})(y+z)\\ \lambda=\mu=\nu\\ \dfrac{x}{\mu\nu}=\dfrac{y}{\nu\lambda}=\dfrac{z}{\lambda\mu}\end{cases}$$

$$\Rightarrow \begin{cases}\lambda=\mu=\nu\\ x=y=z=0\end{cases}$$

(2°)当$\frac{2}{3}\pi < A < \pi$时

令
$$A=A_0+\frac{2}{3}\pi \Rightarrow \sin 3A=\sin 3A_0$$

且
$$\begin{cases}3A_0+3B+3C=\pi\\ 3A_0,3B,3C\in(0,\pi)\end{cases}$$

应用式(B′)有

$$\sum x\sin 3A_0=\sum x\sin 3A \leqslant \left(\frac{\sum\lambda}{2}\right)\sqrt{\sum \frac{x^2}{\mu\nu}}$$

即得式(B′). 注意到

$$\sin 2A_0=\sin\left(2A-\frac{4}{3}\pi\right)$$

因此式(A′)等号成立仅当

$$\lambda:\mu:\nu=\sin(4\pi-6A):\sin 6B:\sin 6C$$
$$x:y:z=\sec(3A-2\pi):\sin 3B:\sin 3C$$

推广3 设x,y,z,λ,μ,ν均为正系数,$\triangle ABC$为锐角三角形,则有

$$x\sin 2A+y\sin 2B+z\sin 2C \leqslant \frac{1}{2}pqr \qquad (C')$$

其中

$$\begin{cases}p=\dfrac{\lambda+\mu+\nu}{x+y+z}\\ q=\dfrac{yz}{x}+\dfrac{zx}{y}+\dfrac{xy}{z}\\ r=\sqrt{\dfrac{x^2}{\mu\nu}+\dfrac{y^2}{\nu\lambda}+\dfrac{z^2}{\lambda\mu}}\end{cases}$$

证明　设　$A\leqslant B\leqslant C\in\left(0,\dfrac{\pi}{2}\right)$

$$\Rightarrow\begin{cases}\sin A\leqslant\sin B\leqslant\sin C\\ \cos A\geqslant\cos B\geqslant\cos C\end{cases}\text{(应用切比雪夫不等式的加权推广)}$$

$$\Rightarrow\sum x\sin 2A=2\sum x\sin A\cos A$$

$$\leqslant\frac{2}{\sum x}\left(\sum x\sin A\right)\left(\sum x\cos A\right)\tag{1}$$

等号成立仅当

$$\sin A=\sin B=\sin C$$

或

$$\cos A=\cos B=\cos C$$

$$\Rightarrow A=B=C=60^\circ$$

应用式(B)′和三角母不等式即得式(C′)等号成立仅当

$$\begin{cases}x=y=z\\ \lambda=\mu=\nu\\ A=B=C=60^\circ\end{cases}$$

可见,式(C′)等号成立的条件是特殊化的.

在证明式(C′)时,若没有应用切比雪夫不等式的加权推广,而是应用柯西不等式,那么

$$\sum x\sin 2A=2\sum(\sqrt{x}\sin A\cdot\sqrt{x}\cos A)$$

$$\leqslant 2\sqrt{\left(\sum x\sin^2A\right)\left(\sum x\cos^2A\right)}\tag{2}$$

应用不等式

$$\sum x\sin^2A\leqslant\frac{1}{4}\left(\sum\sqrt{\frac{yz}{x}}\right)^2=\frac{(yz+zx+xy)^2}{4xyz}\tag{3}$$

$$\Rightarrow\sum x\cos^2A\geqslant\sum x-\frac{\left(\sum yz\right)^2}{4xyz}\tag{4}$$

式(3)可以应用,而式(4)与式(2)反向不能应用.

例 3　设正数 λ,μ,ν 满足 $\lambda\mu\nu\geqslant 1$,则对任意 $\triangle ABC$ 有

$$\sin^2\frac{A}{2}+\sin^2\frac{B}{2}+\sin^2\frac{C}{2}$$

$$\leqslant\frac{\sqrt{3}}{8}\left(\frac{\lambda}{\sin A}+\frac{\mu}{\sin B}+\frac{\nu}{\sin C}\right) \tag{a}$$

证明 应用平均不等式有

$$\frac{\sqrt{3}}{8}\sum\frac{\lambda}{\sin A}+2\prod\sin\frac{A}{2}$$
$$\geqslant 3\times\frac{\sqrt{3}}{8}\left(\prod\frac{\lambda}{\sin A}\right)^{\frac{1}{3}}+2\prod\sin\frac{A}{2}$$
$$\geqslant 3\times\frac{\sqrt{3}}{8}\left(\prod\frac{1}{\sin A}\right)^{\frac{1}{3}}+2\prod\sin\frac{A}{2}$$
$$\geqslant 4\left[\left(\frac{\sqrt{3}}{8}\right)^3\left(\prod\frac{1}{\sin A}\right)\cdot 2\prod\sin\frac{A}{2}\right]^{\frac{1}{4}}$$
$$=\left(\frac{\sqrt{3}}{2}\right)^{\frac{3}{4}}\left(\prod\sec\frac{A}{2}\right)^{\frac{1}{4}}\geqslant 1$$
$$\Rightarrow\frac{\sqrt{3}}{8}\sum\frac{\lambda}{\sin A}\geqslant 1-2\prod\sin\frac{A}{2}$$
$$=\frac{3}{2}-\frac{1}{2}\sum\cos A=\sum\sin^2\frac{A}{2}$$

即式(a)成立. 等号成立仅当 $\lambda=\mu=\nu=1$,且$\triangle ABC$ 为正三角形.

评注 观察三角不等式(a),感觉它是一个不错的不等式,但觉得它的左边没有权系数,右边也没有带指数,因此略显美中不足. 那么,我们能建立更美更妙的不等式吗?

分析 最对称最简洁的非凡结构,才是最美最妙的不等式,因此我们不妨设 $\theta>0$ 为正指数,正系数 λ,μ,ν 满足 $\lambda+\mu+\nu=3$,记

$$S=\lambda\cos A+\mu\cos B+\nu\cos C$$
$$e=\frac{\mu\nu}{\lambda}+\frac{\nu\lambda}{\mu}+\frac{\lambda\mu}{\nu},m=\frac{k}{2^{1+\theta}}$$

$k>0$ 为待定系数. 再设$\triangle ABC$ 为锐角三角形.

首先,应用权方和不等式有

$$\sum\frac{\lambda}{(\cos A)^\theta}=\sum\frac{\lambda^{1+\theta}}{(\lambda\cos A)^\theta}$$
$$\geqslant\frac{\left(\sum\lambda\right)^{1+\theta}}{\left(\sum\lambda\cos A\right)^\theta}=\frac{3^{1+\theta}}{S^\theta} \tag{1}$$

等号成立仅当

$$\frac{\frac{\lambda}{(\cos A)^{\theta}}}{\lambda\cos A}=\frac{\frac{\mu}{(\cos B)^{\theta}}}{\mu\cos B}=\frac{\frac{\nu}{(\cos C)^{\theta}}}{\nu\cos C}$$

$$\Rightarrow(\cos A)^{1+\theta}=(\cos B)^{1+\theta}=(\cos C)^{1+\theta}$$

$$\Rightarrow A=B=C=60^{\circ}$$

$$\Rightarrow S=\frac{1}{2}(\lambda+\mu+\nu)=\frac{3}{2} \tag{2}$$

由三角母不等式有

$$S=\sum\lambda\cos A\leqslant\frac{1}{2}e=\frac{1}{2}\sum\frac{\mu\nu}{\lambda}$$

$$\Rightarrow\frac{\mu\nu}{\lambda}+\frac{\nu\lambda}{\mu}+\frac{\lambda\mu}{\nu}\geqslant3 \tag{3}$$

再应用加权不等式有

$$\begin{aligned}\sum\frac{\lambda}{(\cos A)^{\theta}}+KS&\geqslant\frac{3^{1+\theta}}{S^{\theta}}+KS\\&=\frac{3^{1+\theta}}{S^{\theta}}+m(2^{1+\theta}S)\\&\geqslant(m+1)\left[\frac{3^{1+\theta}}{S^{\theta}}(2^{1+\theta}S)^{m}\right]^{\frac{1}{m+1}}\\&=(m+1)\left[\frac{(3\times2^{m})^{1+\theta}}{S^{\theta-m}}\right]^{\frac{1}{m+1}}\end{aligned} \tag{4}$$

为了继续前进，必须使 $\theta\geqslant m$，于是

$$\begin{aligned}&\sum\frac{\lambda}{(\cos A)^{\theta}}+k\sum\lambda\cos A\\&\geqslant(m+1)\left[\frac{(3\times2^{m})^{1+\theta}}{\left(\frac{3}{2}\right)^{\theta-m}}\right]^{\frac{1}{1+m}}\\&=3\times2^{\theta}(m+1)\end{aligned} \tag{5}$$

等号成立仅当

$$\frac{3^{1+\theta}}{S^{\theta}}=2^{1+\theta}\cdot S\Rightarrow S=\frac{3}{2}$$

又式(5)即为

$$\sum\frac{\lambda}{(\cos A)^{\theta}}+k\sum\lambda\left(1-2\sin^{2}\frac{A}{2}\right)$$

$$\geqslant3\times2^{\theta}(m+1)$$

$$\Rightarrow P_{\lambda}=\sum\frac{\lambda}{(\cos A)^{\theta}}+3k-3\times2^{\theta}(m+1)$$

$$\geqslant 2k\sum \lambda\sin^2\frac{A}{2} \tag{6}$$

为了让得到的不等式外形最简洁，令

$$3k-3\times 2^{\theta}(m+1)=0$$

$$\Rightarrow k=2^{\theta}(m+1)=2^{\theta}\left(\frac{k}{2^{1+\theta}}+1\right)$$

$$\Rightarrow k=2^{1+\theta}\Rightarrow m=1$$

这样，式(6)化为：

妙题 1 设$\triangle ABC$为锐角三角形，指数$\theta\geqslant 1$，系数$\lambda,\mu,\nu>0$且$\lambda+\mu+\nu=3$，则有

$$\frac{\lambda}{(\cos A)^{\theta}}+\frac{\mu}{(\cos B)^{\theta}}+\frac{\nu}{(\cos C)^{\theta}}$$

$$\geqslant Q+2^{2+\theta}\left(\lambda\sin^2\frac{A}{2}+\mu\sin^2\frac{B}{2}+\nu\sin^2\frac{C}{2}\right) \tag{b}$$

其中

$$\begin{cases}Q=3\times 2^{1+\theta}(\sqrt{e^{-(\theta-1)}}-1)\\ e=\dfrac{1}{3}\left(\dfrac{\mu\nu}{\lambda}+\dfrac{\nu\lambda}{\mu}+\dfrac{\lambda\mu}{\nu}\right)\end{cases}$$

证明 记$S=\lambda\cos A+\mu\cos B+\nu\cos C$应用权方和不等式有

$$\sum\frac{\lambda}{(\cos A)^{\theta}}=\sum\frac{\lambda^{1+\theta}}{(\lambda\cos A)^{\theta}}$$

$$\geqslant\frac{(\lambda+\mu+\nu)^{1+\theta}}{(\sum\lambda\cos A)^{\theta}}=\frac{3^{1+\theta}}{S^{\theta}} \tag{1}$$

等号成立仅当

$$\frac{\lambda(\sec A)^{\theta}}{\lambda\cos A}=\frac{\mu(\sec B)^{\theta}}{\mu\cos B}=\frac{\nu(\sec C)^{\theta}}{\nu\cos C}$$

$$\Rightarrow(\sec A)^{1+\theta}=(\sec B)^{1+\theta}=(\sec C)^{1+\theta}$$

$$\Rightarrow A=B=C=\frac{\pi}{3}$$

于是

$$\sum\frac{\lambda}{(\cos A)^{\theta}}+2^{1+\theta}\sum\lambda\cos A$$

$$\geqslant\frac{3^{1+\theta}}{S^{\theta}}+2^{1+\theta}S$$

$$\geqslant 2\sqrt{\frac{3^{1+\theta}}{S^{\theta}}\cdot 2^{1+\theta}S}=2\sqrt{\frac{6^{1+\theta}}{S^{\theta-1}}} \tag{2}$$

等号成立仅当

$$\frac{3^{1+\theta}}{S^{\theta}}=2^{1+\theta}S\Rightarrow S=\frac{3}{2}$$

及 $A=B=C=\frac{\pi}{3}$.

（i）当 $\theta=1$ 时，式(2)化为

$$\sum\frac{\lambda}{\cos A}+4\sum\lambda\cos A\geqslant 12$$

$$\Leftrightarrow\sum\frac{\lambda}{\cos A}+4\sum\lambda\left(1-2\sin^2\frac{A}{2}\right)\geqslant 12$$

$$\Rightarrow\sum\frac{\lambda}{\cos A}+4\sum\lambda-12\geqslant\sum 8\lambda\sin^2\frac{A}{2}$$

$$\Rightarrow\sum\frac{\lambda}{\cos A}\geqslant 8\sum\lambda\sin^2\frac{A}{2} \tag{3}$$

此时 $Q=0$，式(b)成立.

（ii）当 $\theta>1$ 时，由三角母不等式有

$$yz\cos A+zx\cos B+xy\cos C\leqslant\frac{1}{2}(x^2+y^2+z^2)$$

其中 $x,y,z>0$，令

$$\begin{cases}yz=\lambda\\ zx=\mu\\ xy=\nu\end{cases}\Rightarrow\begin{cases}x^2=\dfrac{\mu\nu}{\lambda}\\ y^2=\dfrac{\lambda\nu}{\mu}\\ z^2=\dfrac{\lambda\mu}{\nu}\end{cases}$$

$$\Rightarrow S=\sum\lambda\cos A\leqslant\frac{3}{2}e$$

且

$$e=\frac{1}{3}\left(\frac{\mu\nu}{\lambda}+\frac{\nu\lambda}{\mu}+\frac{\lambda\mu}{\nu}\right)$$

$$\geqslant\left(\frac{\mu\nu}{\lambda}\cdot\frac{\nu\lambda}{\mu}+\frac{\nu\lambda}{\mu}\cdot\frac{\lambda\mu}{\nu}+\frac{\lambda\mu}{\nu}\cdot\frac{\mu\nu}{\lambda}\right)^{\frac{1}{2}}\cdot\frac{1}{\sqrt{3}}$$

$$=\sqrt{\frac{\lambda^2+\mu^2+\nu^2}{3}}\geqslant\frac{\lambda+\mu+\nu}{3}=1$$

即 $e\geqslant 1$，此时结合式(1)有

$$2\sqrt{\frac{6^{1+\theta}}{S^{\theta-1}}}\geqslant 2\sqrt{\frac{6^{1+\theta}}{\left(\frac{3}{2}e\right)^{\theta-1}}}$$

$$=3\times 2^{1+\theta}\cdot\sqrt{e^{1-\theta}}$$

$$\Rightarrow\sum\frac{\lambda}{(\cos A)^{\theta}}+2^{1+\theta}\sum\lambda\cos A$$

$$\geqslant 3\times 2^{1+\theta}\cdot\sqrt{e^{1-\theta}}$$

$$\Rightarrow\sum\frac{\lambda}{(\cos A)^{\theta}}+2^{1+\theta}\sum\lambda\left(1-2\sin^2\frac{A}{2}\right)$$

$$\geqslant 3\times 2^{1+\theta}\cdot\sqrt{e^{1-\theta}}$$

$$\Rightarrow\sum\frac{\lambda}{(\cos A)^{\theta}}\geqslant Q+2^{2+\theta}\sum\lambda\sin^2\frac{A}{2}\qquad(4)$$

其中

$$Q=(3\sqrt{e^{1-\theta}}-\sum\lambda)2^{1+\theta}$$

$$=3\times 2^{1+\theta}(\sqrt{e^{1-\theta}}-1)\leqslant 0$$

即此时式(b)成立. 等号成立仅当

$$\begin{cases}A=B=C=\frac{\pi}{3}\\ \lambda+\mu+\nu=3\\ S=\frac{3}{2}e=\frac{3}{2}\\ e=\frac{1}{3}\sum\frac{\mu\nu}{\lambda}\end{cases}\Rightarrow\begin{cases}A=B=C=\frac{\pi}{3}\\ \lambda=\mu=\nu=1\end{cases}$$

综合上述,式(b)成立,等号成立仅当

$$\begin{cases}A=B=C=\frac{\pi}{3}\\ \lambda=\mu=\nu=1\end{cases}$$

其实,若记 $K=\left(\frac{2}{e}\right)^{1+\theta}$,那么

$$\sum\frac{\lambda}{(\cos A)^{\theta}}+K\sum\lambda\cos A\geqslant\frac{3^{1+\theta}}{S^{\theta}}+kS$$

$$\geqslant 2\cdot\left(\frac{3^{1+\theta}}{S^{\theta}}\cdot KS\right)^{\frac{1}{2}}=2\left(\frac{K\cdot 3^{1+\theta}}{S^{\theta-1}}\right)^{\frac{1}{2}}$$

$$\geqslant 2\left[\frac{K\cdot 3^{1+\theta}}{\left(\frac{3}{2}e\right)^{\theta-1}}\right]^{\frac{1}{2}}=6\times 2^{\theta}\sqrt{e^{1-\theta}}$$

$$\Rightarrow \sum \frac{\lambda}{(\cos A)^{\theta}}+k\sum \lambda\left(1-2\sin^{2}\frac{A}{2}\right)$$

$$\geqslant 6\times 2^{\theta}\cdot\sqrt{e^{1-\theta}}$$

$$\Rightarrow \sum \frac{\lambda}{(\cos A)^{\theta}}\geqslant Q'+2\left(\frac{2}{e}\right)^{1+\theta}\sum \lambda\sin^{2}\frac{A}{2} \tag{c}$$

其中

$$Q'=3\times 2^{1+\theta}\left(\sqrt{e^{1-\theta}}-e^{-(1+\theta)}\right)$$

显然,式(c)比式(b)更精确,且等号成立的条件一致.

我们再补充几个小结论:

结论1 对任意$\triangle ABC$

$$\sin\frac{3A}{2}+\sin\frac{3B}{2}+\sin\frac{3C}{2}\leqslant\cos\frac{A-B}{2}+\cos\frac{B-C}{2}+\cos\frac{C-A}{2} \tag{1}$$

成立.

证明 作代换

$$(\alpha,\beta,\gamma)=\left(\frac{A}{2},\frac{B}{2},\frac{C}{2}\right)$$

$$\Rightarrow\begin{cases}\alpha,\beta,\gamma\in\left(0,\frac{\pi}{2}\right)\\ \alpha+\beta+\gamma=\frac{\pi}{2}\end{cases}$$

$$\begin{aligned}\Rightarrow\sin\frac{3A}{2}-\cos\frac{B-C}{2}&=\sin 3\alpha-\cos(\beta-\gamma)\\&=\sin 3\alpha-\sin(\alpha+2\gamma)\\&=2\cos(2\alpha+\gamma)\sin(\alpha-\gamma)\\&=-2\sin(\alpha-\beta)\sin(\alpha-\gamma)\end{aligned}$$

同理可得

$$\sin\frac{3B}{2}-\cos\frac{C-A}{2}=-2\sin(\beta-\alpha)\sin(\beta-\gamma)$$

$$\sin\frac{3C}{2}-\cos\frac{A-B}{2}=-2\sin(\gamma-\alpha)\sin(\gamma-\beta)$$

于是,式(1)等价于

$$\sin(\alpha-\beta)\sin(\alpha-\gamma)+\sin(\beta-\alpha)\sin(\beta-\gamma)+\sin(\gamma-\alpha)\sin(\gamma-\beta)\geqslant 0 \tag{2}$$

由于式(2)关于α,β,γ对称,故可设

$$0<\alpha\leqslant\beta\leqslant\gamma<\frac{\pi}{2}$$

$$\Rightarrow\sin(\gamma-\alpha)-\sin(\beta-\alpha)\geqslant 0$$

$$\Rightarrow\sin(\alpha-\beta)\sin(\alpha-\gamma)+\sin(\beta-\alpha)\sin(\beta-\gamma)+\sin(\gamma-\alpha)\sin(\gamma-\beta)$$

$$=\sin(\alpha-\beta)\sin(\alpha-\gamma)+\sin(\gamma-\beta)[\sin(\gamma-\alpha)-\sin(\beta-\alpha)]$$

$$\geqslant 0$$

即式(2)成立,从而式(1)成立. 等号成立仅当 $A=B=C=\frac{\pi}{3}$.

结论 2 在锐角 $\triangle ABC$ 中,求证

$$\cos A\cos B+\cos B\cos C+\cos C\cos A\leqslant\frac{1}{2}+2\cos A\cos B\cos C \quad (1)$$

证明 由于式(1)关于 A,B,C 完全对称,故可设

$$C\leqslant B\leqslant A$$

$$\Rightarrow\frac{\pi}{3}\leqslant A<\frac{\pi}{2}\Rightarrow\cos A\in\left(0,\frac{1}{2}\right]$$

$$\Rightarrow\cos A\cos B+\cos B\cos C+\cos C\cos A-2\cos A\cos B\cos C$$

$$=\cos A(\cos B+\cos C)+\cos B\cos C\cdot(1-2\cos A)$$

$$=2\cos A\cos\frac{B+C}{2}\cos\frac{B-C}{2}+\frac{1}{2}[\cos(B+C)-\cos(B-C)](1-2\cos A)$$

$$\leqslant 2\cos A\sin\frac{A}{2}+\frac{1}{2}(1-\cos A)(1-2\cos A)$$

$$=2\cos A\sin\frac{A}{2}+\frac{1}{2}(1-3\cos A-2\cos^2 A)$$

$$=\frac{1}{2}+\cos A\left(-2\sin^2\frac{A}{2}+2\sin\frac{A}{2}-\frac{1}{2}\right)$$

$$=\frac{1}{2}-2\cos A\left(\sin^2\frac{A}{2}-\sin\frac{A}{2}+\frac{1}{4}\right)$$

$$=\frac{1}{2}-2\cos A\left(\sin\frac{A}{2}-\frac{1}{2}\right)^2\leqslant\frac{1}{2}$$

即式(1)成立,等号成立仅当 $A=B=C=60°$.

结论 3 在 $\triangle ABC$ 中

$$(8\cos A\cos B\cos C)^3\leqslant[\cos(A-B)\cos(B-C)\cos(C-A)]^2 \qquad (1)$$

证明　若$\triangle ABC$为钝角三角形,则

$$\cos A\cos B\cos C<0$$

式(1)显然成立. 当$\triangle ABC$为锐角三角形时

令
$$\begin{cases}x=\cos A\cos B>0\\ y=\sin A\sin B>0\end{cases}$$

$$\Rightarrow x-y=\cos(A+B)=-\cos C<0$$

又
$$(3x-y)^2\geqslant 0$$

$$\Rightarrow 9x^2-6xy+y^2\geqslant 0$$

$$\Rightarrow -8x(x-y)\leqslant(x+y)^2$$

$$\Rightarrow 8\cos A\cos B\cos C\leqslant\cos^2(A-B)$$

$$\text{同理}\begin{cases}8\cos A\cos B\cos C\leqslant\cos^2(B-C)\\ 8\cos A\cos B\cos C\leqslant\cos^2(C-A)\end{cases}$$

$$\Rightarrow(8\cos A\cos B\cos C)^3$$

$$\leqslant[\cos(A-B)\cos(B-C)\cos(C-A)]^2$$

证法 2　当$\triangle ABC$为钝角三角形时,式(1)显然成立.

当$\triangle ABC$为锐角三角形时,由于

$$\sin 2A+\sin 2B=2\sin(A+B)\cos(A-B)$$

$$\Rightarrow\cos^2(A-B)=\frac{(\sin 2A+\sin 2B)^2}{(2\sin C)^2}\geqslant\frac{\sin 2A\sin 2B}{\sin^2 C}$$

同理可得

$$\cos^2(B-C)\geqslant\frac{\sin 2B\sin 2C}{\sin^2 A}$$

$$\cos^2(C-A)\geqslant\frac{\sin 2C\sin 2A}{\sin^2 B}$$

于是

$$\prod\cos^2(A-B)\geqslant\prod\frac{\sin 2B\sin 2C}{\sin^2 A}$$

$$=\left(\prod\frac{\sin 2A}{\sin A}\right)^2=\left(8\prod\cos A\right)^2$$

$$\Rightarrow 8\cos A\cos B\cos C\leqslant\cos(A-B)\cos(B-C)\cos(C-A) \qquad (2)$$

$$=\left(8\prod\cos A\right)^3\leqslant\left[\prod\cos(A-B)\right]^2\prod\cos(A-C)$$

$$\leqslant\left[\prod\cos(A-B)\right]^2$$

即式(1)成立. 等号成立仅当$\triangle ABC$为正三角形.

其实,上面的式(2)比式(1)更简洁更强. 下面我们建立式(1)的指数推广.

当$\triangle ABC$为锐角三角形时,设指数$x,y,z\in(0,3)$满足$x+y+z=3$,$t>0$为参数. 从前面的证明有

$$\left.\begin{array}{l}[\cos(B-C)]^{2x}\geqslant\left(\dfrac{\sin 2B\sin 2C}{\sin^2 A}\right)^x\\ [\cos(C-A)]^{2y}\geqslant\left(\dfrac{\sin 2C\sin 2A}{\sin^2 B}\right)^y\\ [\cos(A-B)]^{2z}\geqslant\left(\dfrac{\sin 2A\sin 2B}{\sin^2 C}\right)^z\end{array}\right\}$$

$$\begin{aligned}\Rightarrow\prod[\cos(B-C)]^{2x}&\geqslant\frac{\prod(\sin 2A)^{y+z}}{\prod(\sin A)^{2x}}\\&=2^6\frac{\prod(\sin A\cos A)^{y+z}}{\prod(\sin A)^{2x}}\\&=64\frac{\prod(\cos A)^{3-x}}{\prod(\sin A)^{3(x-1)}}\\&=64\frac{\prod(\cos A)^{3-x+t}\prod(\sin A)^t}{\prod(\sin A)^{3(x-1)+t}\prod(\cos A)^t}\\&=64\prod(\cos A)^{3-x+t}\frac{(\prod\tan A)^t}{\prod(\sin A)^{3(x-1)+t}}\end{aligned}\qquad(3)$$

为了继续前进,必须

$$\begin{cases}3(x-1)+t>0\\3(y-1)+t>0\Rightarrow\\3(z-1)+t>0\end{cases}$$

$$3>t>\{3(1-x),3(1-y),3(1-z)\}$$

这便是参数t必须满足的条件.

为了简化推广结论,我们取$t=1$,那么指数x,y,z必须满足

$$x,y,z\in\left(\frac{2}{3},3\right)且\ x+y+z=3$$

这样式(3)就简化成

$$\prod[\cos(B-C)]^{2x}\geqslant 64\frac{p}{q}\prod(\cos A)^{4-x}\qquad(4)$$

其中

$$p=\prod\tan A,q=\prod(\sin A)^{3x-2}$$

由三角恒等式有

$$\prod\tan A=\sum\tan A\geqslant 3(\prod\tan A)^{1/3}$$

$$\Rightarrow p=\prod \tan A\geqslant(\sqrt{3})^{3} \tag{5}$$

应用加权不等式有

$$\prod\left(\frac{\sin A}{3x-2}\right)^{3x-2}\leqslant\left[\frac{\sum\sin A}{\sum(3x-2)}\right]^{\sum(3x-2)}$$

$$=\left(\frac{\sum\sin A}{3}\right)^{3}\leqslant\left(\frac{\sqrt{3}}{2}\right)^{3}$$

$$\Rightarrow q=\prod(\sin A)^{3x-2}\leqslant\left(\frac{\sqrt{3}}{2}\right)^{3}m \tag{6}$$

其中

$$m=(3x-2)^{3x-2}\cdot(3y-2)^{3y-2}\cdot(3z-2)^{3z-2}$$

式(4)、(5)、(6)结合得

$$8^{3}(\cos A)^{4-x}\cdot(\cos B)^{4-y}\cdot(\cos C)^{4-z}$$
$$\leqslant m\cdot[\cos^{x}(B-C)\cos^{y}(C-A)\cos^{z}(A-B)]^{2} \tag{7}$$

这便是我追求的推广式,它终于“芙蓉出水”艳丽芳香.

特别地,当取 $x=y=z=1$ 时,$m=1$,式(7)立刻摇身一变,化为式(1).

现在,我们趁热打铁,再建立一个新奇独特的三角不等式.

结论 4　设$\triangle ABC$的三边长为 a,b,c,内切圆半径为 r,外接圆半径为 R,则

$$a=r\left(\cot\frac{B}{2}+\cot\frac{C}{2}\right)$$

$$=\frac{r\sin\left(\frac{B}{2}+\frac{C}{2}\right)}{\sin\frac{B}{2}\sin\frac{C}{2}}=\frac{r\cos\frac{A}{2}}{\cos\frac{B-C}{2}-\sin\frac{A}{2}}$$

$$\geqslant\frac{r\cos\frac{A}{2}}{1-\sin\frac{A}{2}}$$

$$\Rightarrow 2R\sin A\geqslant\frac{r\cos\frac{A}{2}}{1-\sin\frac{A}{2}}$$

$$\Rightarrow\left(1-\sin\frac{A}{2}\right)\sin\frac{A}{2}\geqslant\frac{t}{2}\quad\left(t=\frac{r}{R}\right)$$

$$\Rightarrow\sin^{2}\frac{A}{2}-\sin\frac{A}{2}+\frac{r}{2R}\leqslant 0$$

$$\Rightarrow \frac{1-\sqrt{1-2t}}{2} \leqslant \sin\frac{A}{2} \leqslant \frac{1+\sqrt{1-2t}}{2}$$

设 $x,y,z\in(0,3)$ 且 $x+y+z=3$，有

$$\left(\frac{1-\sqrt{1-2t}}{2}\right)^x \leqslant \left(\sin\frac{A}{2}\right)^x \leqslant \left(\frac{1+\sqrt{1-2t}}{2}\right)^x$$

同理有

$$\left(\frac{1-\sqrt{1-2t}}{2}\right)^y \leqslant \left(\sin\frac{B}{2}\right)^y \leqslant \left(\frac{1+\sqrt{1-2t}}{2}\right)^y$$

$$\left(\frac{1-\sqrt{1-2t}}{2}\right)^z \leqslant \left(\sin\frac{C}{2}\right)^z \leqslant \left(\frac{1+\sqrt{1-2t}}{2}\right)^z$$

$$(1-\sqrt{1-2t})^3 \leqslant 8\prod\left(\sin\frac{A}{2}\right)^x \leqslant (1+\sqrt{1-2t})^3 \tag{1}$$

进一步可得

$$\frac{1+t-\sqrt{1-2t}}{2} \leqslant \cos^2\frac{A}{2} \leqslant \frac{1+t+\sqrt{1-2t}}{2}$$

$$\frac{1+t-\sqrt{1-2t}}{2} \leqslant \cos^2\frac{B}{2} \leqslant \frac{1+t+\sqrt{1-2t}}{2}$$

$$\frac{1+t-\sqrt{1-2t}}{2} \leqslant \cos^2\frac{C}{2} \leqslant \frac{1+t+\sqrt{1-2t}}{2}$$

注意到 $x+y+z=3$，又可得

$$3\left(\frac{1-t+\sqrt{1-2t}}{1+t-\sqrt{1-2t}}\right) \geqslant \sum x\tan^2\frac{A}{2} \geqslant 3\left(\frac{1-t-\sqrt{1-2t}}{1+t+\sqrt{1-2t}}\right) \tag{2}$$

式(1)与式(2)结合得

$$M_k \geqslant \sum x\tan^{2k}\frac{A}{2} + 8\prod\left(\sin\frac{A}{2}\right)^k \geqslant N_k$$

其中

$$M_k = 3\left(\frac{1-t+\sqrt{1-2t}}{1+t-\sqrt{1-2t}}\right)^k + (1+\sqrt{1-2t})^3$$

$$N_k = 3\left(\frac{1-t-\sqrt{1-2t}}{1+t+\sqrt{1-2t}}\right)^k + (1-\sqrt{1-2t})^3$$

其中 $k>0$，$t=\frac{r}{R}\in\left(0,\frac{1}{2}\right]$，等号成立仅当

$$t=\frac{r}{R}=4\sin\frac{A}{2}\sin\frac{B}{2}\sin\frac{C}{2}=\frac{1}{2}$$

$$\Rightarrow A=B=C=\frac{\pi}{3}$$

$$\Rightarrow M=N=3^{1-k}+1$$

例 4　在△ABC 中,求证

$$\frac{\sqrt{\sin B\sin C}}{\sin\frac{A}{2}}+\frac{\sqrt{\sin C\sin A}}{\sin\frac{B}{2}}+\frac{\sqrt{\sin A\sin B}}{\sin\frac{C}{2}}\geqslant 3\sqrt{3} \tag{1}$$

证明　作代换

$$(x,y,z)=\left(\tan\frac{B}{2}\tan\frac{C}{2},\tan\frac{C}{2}\tan\frac{A}{2},\tan\frac{A}{2}\tan\frac{B}{2}\right)$$

$$\Rightarrow\begin{cases}x,y,z\in(0,1)\\x+y+z=1\end{cases}$$

$$\frac{\sqrt{\sin A\sin B}}{\sin\frac{C}{2}}=\frac{\sqrt{\sin A\sin B}}{\cos\frac{A+B}{2}}$$

$$=\frac{2\sqrt{\cos\frac{A}{2}\cos\frac{B}{2}\sin\frac{A}{2}\sin\frac{B}{2}}}{\cos\frac{A}{2}\cos\frac{B}{2}-\sin\frac{A}{2}\sin\frac{B}{2}}$$

$$=\frac{2\sqrt{\tan\frac{A}{2}\tan\frac{B}{2}}}{1-\tan\frac{A}{2}\tan\frac{B}{2}}=\frac{2\sqrt{z}}{1-z}$$

同理可得

$$\frac{\sqrt{\sin B\sin C}}{\sin\frac{A}{2}}=\frac{2\sqrt{x}}{1-x}$$

$$\frac{\sqrt{\sin C\sin A}}{\sin\frac{B}{2}}=\frac{2\sqrt{y}}{1-y}$$

于是式(1)等价于

$$\frac{2\sqrt{x}}{1-x}+\frac{2\sqrt{y}}{1-y}+\frac{2\sqrt{z}}{1-z}\geqslant 3\sqrt{3}$$

$$\Leftrightarrow\frac{\sqrt{x}}{1-x}+\frac{\sqrt{y}}{1-y}+\frac{\sqrt{z}}{1-z}\geqslant\frac{3\sqrt{3}}{2} \tag{2}$$

下证

$$\frac{\sqrt{x}}{1-x}\geqslant\frac{3\sqrt{3}}{2}x\Leftrightarrow\sqrt{x}(1-x)\leqslant\frac{2}{3\sqrt{3}}$$

$$\Leftrightarrow x(1-x)^2\leqslant\frac{4}{27}$$

$$\Leftrightarrow(3x)^3-6(3x)^2+9(3x)-4\leqslant 0$$

$$\Leftrightarrow(3x-1)^2(3x-4)\leqslant 0$$

同理可证

$$\frac{\sqrt{y}}{1-y}\geqslant\frac{3\sqrt{3}}{2}y,\frac{\sqrt{z}}{1-z}\geqslant\frac{3\sqrt{3}}{2}z$$

三式相加可知式(2)成立,从而式(1)成立. 等号成立仅当$\triangle ABC$为正三角形.

例 5 在$\triangle ABC$中,$a\leqslant b\leqslant c$,求证

$$2\cos^2\frac{C}{2}\leqslant\frac{a}{b+c}+\frac{b}{c+a}+\frac{c}{a+b}\leqslant 2\cos^2\frac{A}{2}$$

证明 作代换并注意到

$$a\leqslant b\leqslant c$$

$$\begin{cases}x=\tan\frac{A}{2}\tan\frac{B}{2}\\ y=\tan\frac{B}{2}\tan\frac{C}{2}\\ z=\tan\frac{C}{2}\tan\frac{A}{2}\end{cases}\Rightarrow\begin{cases}0<x\leqslant z\leqslant y<1\\ x+y+z=1\end{cases}$$

于是

$$\frac{a}{b+c}=\frac{\sin A}{\sin B+\sin C}=\frac{2\sin\frac{B+C}{2}\cos\frac{B+C}{2}}{2\sin\frac{B+C}{2}\cos\frac{B-C}{2}}$$

$$=\frac{\cos\frac{B}{2}\cos\frac{C}{2}-\sin\frac{B}{2}\sin\frac{C}{2}}{\cos\frac{B}{2}\cos\frac{C}{2}+\sin\frac{B}{2}\sin\frac{C}{2}}$$

$$=\frac{1-\tan\frac{B}{2}\tan\frac{C}{2}}{1+\tan\frac{B}{2}\tan\frac{C}{C}}=\frac{1-y}{1+y}$$

$$\Rightarrow\frac{a}{b+c}+\frac{b}{c+a}+\frac{c}{a+b}$$

$$=\frac{1-x}{1+x}+\frac{1-y}{1+y}+\frac{1-z}{1+z}$$

$$\geqslant\frac{1-x}{1+y}+\frac{1-y}{1+y}+\frac{1-z}{1+y}$$

$$=\frac{3-x-y-z}{1+y}=\frac{2}{1+y}$$

$$=\frac{2}{1+\tan\frac{B}{2}\tan\frac{C}{2}}=\frac{2\cos\frac{B}{2}\cos\frac{C}{2}}{\cos\left(\frac{B-C}{2}\right)}$$

$$\geqslant 2\cos\frac{B}{2}\cos\frac{C}{2}\geqslant 2\cos^2\frac{C}{2}$$

同理

$$\frac{a}{b+c}+\frac{b}{c+a}+\frac{c}{a+b}\leqslant 2\cos^2\frac{A}{2}$$

评注　对于任意正实数 a,b,c 有传统结论

$$\frac{a}{b+c}+\frac{b}{c+a}+\frac{c}{a+b}\geqslant\frac{3}{2} \tag{1}$$

过去,我们建立了式(1)的一系列推广结论,而本题则是一个崭新的双向结论

$$2\cos^2\frac{A}{2}\geqslant\sum\frac{a}{b+c}\geqslant 2\cos^2\frac{C}{2}\quad(a\leqslant b\leqslant c) \tag{2}$$

其实,还有一个漂亮的双向结论便是

$$\frac{3}{2}+m>\frac{a}{a+b}+\frac{b}{b+c}+\frac{c}{c+a}>\frac{3}{2}m \tag{3}$$

其中 $m=\frac{8\sqrt{2}-5\sqrt{5}}{6}$.

证明:设 $a\geqslant b\geqslant c$,且

$$\begin{aligned}2M&=2\left|\frac{a}{a+b}+\frac{b}{b+c}+\frac{c}{c+a}-\frac{3}{2}\right|\\&=\left|\left(\frac{2a}{a+b}-1\right)+\left(\frac{2b}{b+c}-1\right)+\left(\frac{2c}{c+a}-1\right)\right|\\&=\left|\frac{(a-b)(b-c)(c-a)}{(a+b)(b+c)(c+a)}\right|\\&=\frac{(a-b)(a-c)(b-c)}{(a+b)(a+c)(b+c)}\end{aligned}$$

设

$$(a,b,c)=(y+z,z+x,x+y)$$

$$\Rightarrow z\geqslant y\geqslant z>0$$

$$\Rightarrow 2M=\frac{(z-y)(z-x)(y-x)}{(2x+y+z)(2y+z+x)(2z+x+y)}$$

$$<\frac{(z-y)zy}{(y+z)(2y+z)(2z+y)}$$

$$=\frac{(S+y)Sy}{(2y+S)(3y+S)(3y+2S)}$$

$$=\frac{k(1+k)}{(2k+1)(3k+1)(3k+2)}$$

其中,$z=y+S, y>0, S>0, \frac{y}{S}=k>0$.

令 $$F=\frac{1}{2M}=\frac{(2k+1)(3k+1)(3k+2)}{k(k+1)}$$

$$=9+2\left(9k+\frac{2k+1}{k^2+k}\right)$$

$$=9+2f(k)$$

其中 $$f(k)=9k+\frac{1}{k}+\frac{1}{k+1}$$

$$\Rightarrow f'(k)=9-\frac{1}{k^2}-\frac{1}{(k+1)^2}$$

令 $$f'(k)=0\Rightarrow\frac{1}{k^2}+\frac{1}{(k+1)^2}=9$$

作代换 $$t=\frac{1}{2}+k>\frac{1}{2}$$

$$\Rightarrow\left(t-\frac{1}{2}\right)^2+\left(t+\frac{1}{2}\right)^2=9\left(t-\frac{1}{2}\right)^2\left(t+\frac{1}{2}\right)^2$$

$$\Rightarrow 144t^4-104t^2+1=0$$

$$\Rightarrow t^2=\frac{13+4\sqrt{10}}{36}\quad(取正)$$

$$\Rightarrow t=\frac{\sqrt{5}+2\sqrt{2}}{6}$$

$$\Rightarrow k=\frac{\sqrt{5}+2\sqrt{2}}{6}-\frac{1}{2}$$

是$f(k)$在$(0,+\infty)$上的唯一驻点,且由$f'(k)$是关于k的增函数知,当$k=\frac{\sqrt{5}+2\sqrt{2}-3}{6}$时,函数$f(k)$取最小值,从而$M$取最大值.

又 $$k(k+1)=\left(\frac{\sqrt{5}+2\sqrt{2}-3}{6}\right)\left(\frac{\sqrt{5}+2\sqrt{2}+3}{6}\right)$$

$$=\frac{\sqrt{10}+1}{9}$$

$$\frac{1}{2k+1}=2\sqrt{2}-\sqrt{5}$$

$$(3k+1)(3k+2)=\left(\frac{\sqrt{5}+2\sqrt{2}-1}{2}\right)\left(\frac{\sqrt{5}+2\sqrt{2}+1}{2}\right)$$

$$=\frac{(\sqrt{5}+2\sqrt{2})^2-1}{4}=\sqrt{10}+3$$

$$\Rightarrow\frac{1}{(3k+1)(3k+2)}=\sqrt{10}-3$$

所以

$$M\leqslant\frac{1}{2}\cdot\frac{k(k+1)}{(2k+1)(3k+1)(3k+2)}$$

$$=\frac{1}{2}\times\frac{\sqrt{10}+1}{9}(2\sqrt{2}-\sqrt{5})(\sqrt{10}-3)$$

$$=\frac{7-2\sqrt{10}}{18}(2\sqrt{2}-\sqrt{5})=\frac{8\sqrt{2}-5\sqrt{5}}{6}$$

$$\Rightarrow M\leqslant\frac{8\sqrt{2}-5\sqrt{5}}{6}$$

等号在 $x\to0$ 且 $k=\frac{\sqrt{5}+2\sqrt{2}-3}{8}$ 时取得,由 $x\neq0$ 故

$$M<\frac{8\sqrt{2}-5\sqrt{5}}{6}=m$$

$$\Rightarrow\left|\frac{a}{a+b}+\frac{b}{b+c}+\frac{c}{c+a}-\frac{3}{2}\right|<\frac{8\sqrt{2}-5\sqrt{5}}{6}$$

(即$\frac{8\sqrt{2}-5\sqrt{5}}{6}$是 M 的最小上界)

$$\Rightarrow\frac{3}{2}+m>\frac{a}{a+b}+\frac{b}{b+c}+\frac{c}{c+a}>\frac{3}{2}-m$$

其实,对于函数 $f(k)$ 的最小值,也可以应用待定系数法求得:

设 $0<\lambda<9$ 为待定系数,应用平均值不等式

$$f(k)=9k+\frac{1}{k}+\frac{1}{k+1}$$

$$=\left(\lambda k+\frac{1}{k}\right)+\left[(9-\lambda)(k+1)+\frac{1}{k+1}\right]+\lambda-9$$

$$\geqslant2\sqrt{\lambda}+2\sqrt{9-\lambda}+\lambda-9$$

等号成立仅当

$$\begin{cases}\lambda k=\dfrac{1}{k}\\(9-\lambda)(k+1)=\dfrac{1}{k+1}\end{cases}$$

$$\Rightarrow k=\frac{1}{\sqrt{\lambda}}=\frac{1}{\sqrt{9-\lambda}}-1$$

$$\Rightarrow \sqrt{9-\lambda}=\sqrt{\lambda}-\sqrt{\lambda(9-\lambda)}$$

$$\Rightarrow \sqrt{\lambda(9-\lambda)}=\sqrt{\lambda}-\sqrt{9-\lambda}$$

$$\Rightarrow \lambda(9-\lambda)=9-2\sqrt{\lambda(9-\lambda)}$$

令

$$t=\sqrt{\lambda(9-\lambda)}>0$$

$$\Rightarrow t^2=9-2t$$

$$\Rightarrow t=\sqrt{10}-1(\text{取正})$$

$$\Rightarrow \lambda(9-\lambda)=t^2=(\sqrt{10}-1)^2$$

$$\Rightarrow \lambda^2-9\lambda+(\sqrt{10}-1)^2=0$$

$$\Rightarrow \lambda=\frac{1}{2}\left[9\pm\sqrt{9^2-4(\sqrt{10}-1)^2}\right]$$

最终,得到与前面一致的结果.

例 6 在$\triangle ABC$中,有

$$\cos\frac{A}{2}+\cos\frac{B}{2}+\cos\frac{C}{2}$$

$$\geqslant\frac{\sqrt{3}}{2}\left(\cos\frac{B-C}{2}+\cos\frac{C-A}{2}+\cos\frac{A-B}{2}\right) \qquad (A_1)$$

证明 因为

$$\cos\frac{B-C}{2}+\cos\frac{C-A}{2}+\cos\frac{A-B}{2}$$

$$=\frac{1}{2}\left[\left(\sum\sin\frac{A}{2}\right)^2+\left(\sum\cos\frac{A}{2}\right)^2-3\right]$$

$$\leqslant\frac{1}{2}\left[\left(\sum\cos\frac{A}{2}\right)^2+\left(\frac{3}{2}\right)^2-3\right]$$

令

$$t=\sum\cos\frac{A}{2}\leqslant\frac{3}{2}\sqrt{3}$$

只需证明

$$t\geqslant\frac{\sqrt{3}}{2}\left(\frac{t^2}{2}-\frac{3}{8}\right) \qquad (1)$$

$$\Leftrightarrow f(t)=t^2-\frac{4}{\sqrt{3}}t-\frac{3}{4}\leqslant 0$$

$$\Leftrightarrow f(t)=\left(t+\frac{\sqrt{3}}{6}\right)\left(t-\frac{3\sqrt{3}}{2}\right)\leqslant 0 \qquad (2)$$

显然,式(2)成立,从而式(1)成立,所以式(A_1)成立,等号成立仅当

$$\begin{cases}\sin\frac{A}{2}+\sin\frac{B}{2}+\sin\frac{C}{2}=\frac{3}{2}\\ \cos\frac{A}{2}+\cos\frac{B}{2}+\cos\frac{C}{2}=\frac{3\sqrt{3}}{2}\end{cases}$$

$$\Rightarrow A=B=C=60°$$

评注　(1°)式(A_1)并非最强,其实,我们可以证明

$$\frac{1}{2}\left(t^2-\frac{3}{4}\right)\leqslant\frac{4}{9}t^2\Leftrightarrow t\leqslant\frac{3\sqrt{3}}{2}$$

这表明式(A_1)可以加强为

$$\left(\cos\frac{A}{2}+\cos\frac{B}{2}+\cos\frac{C}{2}\right)^2$$

$$\geqslant\frac{9}{4}\left(\cos\frac{B-C}{2}+\cos\frac{C-A}{2}+\cos\frac{A-B}{2}\right)\tag{A_2}$$

(2°)也许有人要问,式(A_1)、(A_2)有配对结论吗?

我们设
$$x=\sum\sin\frac{A}{2}\leqslant\frac{3}{2}$$

由于
$$\sum\cos\frac{B-C}{2}=\frac{1}{2}\left[\left(\sum\sin\frac{A}{2}\right)^2+\left(\sum\cos\frac{A}{2}\right)^2-3\right]$$

$$\leqslant\frac{1}{2}\left[x^2+\left(\frac{3\sqrt{3}}{2}\right)^2-3\right]=\frac{1}{2}\left(x^2+\frac{15}{4}\right)$$

若式(A_2)有配对式

$$\left(\sum\sin\frac{A}{2}\right)^2\geqslant\frac{3}{4}\sum\cos\frac{B-C}{2}\tag{$*$}$$

那么应有

$$\frac{4}{3}x^2\geqslant\frac{1}{2}\left(x^2+\frac{15}{4}\right)\Leftrightarrow x^2\geqslant\frac{9}{4}$$

这与 $x^2\leqslant\frac{9}{4}$ 相违,因此式($*$)不成立.

再退一步,若式(A_1)有配对式

$$\sum\sin\frac{A}{2}\geqslant\frac{1}{2}\sum\cos\frac{B-C}{2}\tag{$**$}$$

那么应有

$$2x\geqslant\frac{1}{2}\left(x^2+\frac{15}{4}\right)$$

$$\Leftrightarrow\left(x-\frac{3}{2}\right)\left(x-\frac{5}{2}\right)\leqslant 0$$

$$\Leftrightarrow\frac{3}{2}\leqslant x\leqslant\frac{5}{2}$$

这也与 $x\leqslant\frac{3}{2}$ 矛盾，因此式（ * * ）不成立.

所以式（A_1）、（A_2）没有配对式.

（3°）我们在前面证明了命题

$$\sum\sin\frac{3A}{2}\leqslant\sum\cos\frac{A-B}{2}\tag{a}$$

$$\left(8\prod\cos A\right)^3\leqslant\left[\prod\cos(B-C)\right]^2\tag{b}$$

显然，它加强了传统的结论

$$\sum\sin\frac{3A}{2}\leqslant 3$$

$$\prod\cos A\leqslant\frac{1}{8}$$

而式（A_1）、（A_2）可统一成一个漂亮的闪光不等式链

$$\frac{9}{4}\sum\cos\frac{B-C}{2}\leqslant\left(\sum\cos\frac{A}{2}\right)^2\leqslant\frac{3\sqrt{3}}{2}\sum\cos\frac{A}{2}$$
$$\leqslant\frac{9}{2}\sqrt{\sum\cos^2\frac{A}{2}}\leqslant\frac{27}{4}\tag{A_3}$$

与式（a）、（b）的外形结构相比较式（A_3）却反其道而行之，倍显新奇独特，耳目一新.

若在式（A_3）中作置换

$$(A,B,C)\longrightarrow(\pi-2A,\pi-2B,\pi-2C)$$
$$\Rightarrow\frac{9}{4}\sum\cos(B-C)\leqslant\left(\sum\sin A\right)^2\leqslant\frac{3\sqrt{3}}{2}\sum\sin A$$
$$\leqslant\frac{9}{2}\sqrt{\sum\sin^2A}\leqslant\frac{27}{4}\tag{A_4}$$

这样就得到了与式（A_3）等价的式（A_4）.

风雨过后，必见彩虹. 精彩的时刻已经来到：

推广 4　设系数 $\lambda,\mu,\nu\in\left(0,\frac{3}{2}\right)$ 满足 $\lambda+\mu+\nu=3$，那么在 $\triangle ABC$ 中有

$$18\lambda\mu\nu\left[\lambda\cos(B-C)+\mu\cos(C-A)+\nu\cos(A-B)\right]\leqslant$$
$$\left[9-(3-2\lambda)(3-2\mu)(3-2\nu)\right](\mu\nu\sin A+\nu\lambda\sin B+\lambda\mu\sin C)^2$$

或

$$18\lambda\mu\nu\sum\lambda\cos(B-C)\leqslant\left[9-\prod(3-2\lambda)\right]\left(\sum\mu\nu\sin A\right)^2\tag{A_5}$$

显然，当取 $\lambda=\mu=\nu=1$ 时，式(A_5)简化为前面的式

$$9\sum\cos(B-C)\leqslant4(\sum\sin A)^2 \tag{C}$$

所以式(A_5)是式(C)的加权推广.

证明 在恒等式

$$2[yz\cos(B-C)+zx\cos(C-A)+xy\cos(A-B)]$$
$$=(x\sin A+y\sin B+z\sin C)^2+(x\cos A+y\cos B+z\cos C)^2-(x^2+y^2+z^2) \tag{1}$$

中，令

$$(x,y,z)=(\mu\nu,\nu\lambda,\lambda\mu)$$

$$\Rightarrow 2\lambda\mu\nu\sum\lambda\cos(B-C)$$

$$=(\sum\mu\nu\sin A)^2+(\sum\mu\nu\cos A)^2-\sum(\mu\nu)^2$$

(应用三角母不等式)

$$\leqslant(\sum\mu\nu\sin A)^2+\frac{1}{4}(\sum\lambda^2)^2-\sum(\mu\nu)^2$$

$$=(\sum\mu\nu\sin A)^2-\frac{1}{4}(2\sum\mu^2\nu^2-\sum\lambda^4)$$

$$=P^2-\frac{1}{4}(\sum\lambda)\prod(\mu+\nu-\lambda)$$

(其中 $P=\sum\mu\nu\sin A$)

$$=P^2-\frac{3}{4}\prod(3-2\lambda)$$

$$\Rightarrow 2\lambda\mu\nu\sum\lambda\cos(B-C)\leqslant P^2-\frac{3}{4}\prod(3-2\lambda)$$

由于

$$4P^2=4(\sum\mu\nu\sin A)^2$$
$$\leqslant4(\sum\mu\nu)(\sum\mu\nu\sin^2A)$$
$$\leqslant(\sum\mu\nu)(\sum\lambda)^2$$
$$\leqslant\frac{1}{3}(\sum\lambda)^2(\sum\lambda)^2$$

$$\Rightarrow P\leqslant\frac{(\sum\lambda)^2}{2\sqrt{3}}=\frac{3^2}{2\sqrt{3}}=\frac{3\sqrt{3}}{2}$$

$$\Rightarrow P^2-\frac{3}{4}\prod(3-2\lambda)\leqslant\left[1-\frac{1}{9}\prod(3-2\lambda)\right]P^2$$

$$\Rightarrow 2\lambda\mu\nu\sum\lambda\cos(B-C)\leqslant\left[1-\frac{1}{9}\prod(3-2\lambda)\right]P^2$$

$$\Rightarrow 18\lambda\mu\nu\sum\lambda\cos(B-C)\leqslant[9-\prod(3-2\lambda)](\sum\mu\nu\sin A)^2$$

即式(A_5)成立,等号成立仅当 $\lambda=\mu=\nu=1$ 及 $\triangle ABC$ 为正三角形.

特别地,应用不等式

$$P=\sum\mu\nu\sin A\leqslant\frac{3\sqrt{3}}{2}$$

可得式(A_1)的系数推广

$$\begin{aligned}&36\lambda\mu\nu\sum\lambda\cos(B-C)\\&\leqslant 3\sqrt{3}[9-\prod(3-2\lambda)](\sum\mu\nu\sin A)\end{aligned}\tag{A_6}$$

注意到

$$\begin{aligned}\sum\mu\nu\sin A&\leqslant\sqrt{(\sum\mu\nu)(\sum\mu\nu\sin^2 A)}\\&\leqslant\sqrt{\frac{1}{3}(\sum\lambda)^2(\sum\mu\nu\sin^2 A)}\\&=\sqrt{3\sum\mu\nu\sin^2 A}\leqslant\frac{3\sqrt{3}}{2}\end{aligned}$$

知式(A_4)自然可推广为

$$\begin{aligned}36\lambda\mu\nu\sum\lambda\cos(B-C)&\leqslant m(\sum\mu\nu\sin A)^2\\&\leqslant 3\sqrt{3}m(\sum\mu\nu\sin A)\\&\leqslant 9m\sqrt{\sum\mu\nu\sin^2 A}\leqslant\frac{27}{2}m\end{aligned}\tag{A_7}$$

其中

$$m=9-\prod(3-2\lambda)$$

我们来建立不等式

$$9\sum\cos(B-C)\leqslant 4(\sum\sin A)^2\tag{C}$$

的指数推广,并设 $\triangle ABC$ 为锐角三角形.

为此,特设 $0<k\leqslant 1$,那么

$$\begin{aligned}&(\sum\sin^k A)^2+(\sum\cos^k A)^2-3\\&=2\sum(\cos^k B\cos^k C+\sin^k B\sin^k C)+\sum(\sin^{2k}A+\cos^{2k}A)-3\\&\geqslant 2\sum(\cos B\cos C+\sin B\sin C)+\sum(\sin^2 A+\cos^2 A)-3\\&=2\sum\cos(B-C)\\&\Rightarrow 2\sum\cos(B-C)\leqslant x^2+y^2-3\end{aligned}$$

其中 $x=\sum\sin^k A,y=\sum\cos^k A$.

应用幂平均不等式有

$$\frac{y}{3}=\frac{\sum\cos^k A}{3}\leqslant\left(\frac{\sum\cos A}{3}\right)^k\leqslant\left(\frac{1}{2}\right)^k$$

$$\Rightarrow y^2\leqslant 9\left(\frac{1}{4}\right)^k$$

$$\frac{x}{3}=\frac{\sum\sin^k A}{3}\leqslant\left(\frac{\sum\sin A}{3}\right)^k\leqslant\left(\frac{\sqrt{3}}{2}\right)^k$$

$$\Rightarrow x^2\leqslant 9\left(\frac{3}{4}\right)^k$$

现设 $m>0$ 为待定系数,满足

$$x^2+y^2-3\leqslant x^2+\frac{9}{4^k}-3\leqslant mx^2$$

等号成立仅当

$$x^2=9\left(\frac{3}{4}\right)^k$$

$$\Rightarrow 9\left(\frac{3}{4}\right)^k+\frac{9}{4^k}-3=9\left(\frac{3}{4}\right)^k m$$

$$\Rightarrow m=1-\frac{4^k-3}{3^{1+k}}$$

$$\Rightarrow 2\sum\cos(B-C)\leqslant x^2+y^2-3$$

$$\leqslant mx^2=\left(1-\frac{4^k-3}{3^{1+k}}\right)\left(\sum\sin^k A\right)^2$$

$$\Rightarrow 2\sum\cos(B-C)\leqslant\left(1-\frac{4^k-3}{3^{1+k}}\right)\left(\sum\sin^k A\right)^2 \qquad (A_8)$$

显然,当取 $k=1$ 时,式(A_8)化为式(C)因此式(A_8)等号成立仅当 $k=1$ 及 $\triangle ABC$ 为正三角形.

特别地,当取 $k=\frac{1}{2}$时得推论

$$2\sum\cos(B-C)<\left(1+\frac{1}{3\sqrt{3}}\right)\left(\sum\sqrt{\sin A}\right)^2$$

对于一个不等式而言,越强劲就意味着越好,那么较强的不等式

$$9\sum\cos(B-C)\leqslant 4\left(\sum\sin A\right)^2 \qquad (C)$$

还能加强吗?如果能,那么必形如

$$2\sum\cos(B-C)\leqslant p\left(\sum\sin A\right)^3$$

等号成立仅当

$$A=B=C=60^\circ$$
$$\Rightarrow 2\times 3=\left(\frac{3\sqrt{3}}{2}\right)^3 p\Rightarrow p=\frac{16}{27\sqrt{3}}$$

则需要证明：当 $0<x\leqslant\frac{3}{2}\sqrt{3}$ 时

$$x^2-\frac{3}{4}\leqslant\frac{16}{27\sqrt{3}}x^3 \qquad (***)$$

设

$$f(x)=x^3-\frac{27\sqrt{3}}{16}x^2+\frac{81\sqrt{3}}{64}$$
$$=\left(x-\frac{3}{2}\sqrt{3}\right)g(x)$$

其中

$$g(x)=x^2-\frac{3\sqrt{3}}{16}x-\frac{27}{32}$$
$$=\left(x-\frac{3\sqrt{3}}{32}\right)^2-\left(\frac{9\sqrt{11}}{32}\right)^2$$
$$=\left(x-\frac{9\sqrt{11}+3\sqrt{3}}{32}\right)\left(x-\frac{9\sqrt{11}-3\sqrt{3}}{32}\right)$$

易知

$$0<\frac{9\sqrt{11}-3\sqrt{3}}{32}<\frac{9\sqrt{11}+3\sqrt{3}}{32}<\frac{3\sqrt{3}}{2}$$

这表明，只有当

$$\frac{9\sqrt{11}-3\sqrt{3}}{32}\leqslant x\leqslant\frac{9\sqrt{11}+3\sqrt{3}}{32}<\frac{3}{2}\sqrt{3}$$

时，才有

$$g(x)\leqslant 0\Rightarrow f(x)\geqslant 0$$

式（$***$）才成立. 即式（$***$）不一定成立. 尽管如此，若设 $\triangle A_iB_iC_i$（$1\leqslant i\leqslant n, 1\leqslant n\in\mathbf{N}$）均为锐角三角形，$\{A_i, B_i, C_i\}$（$1\leqslant i\leqslant n$）均大小同序，不妨设

$$\frac{\pi}{2}>A_i\geqslant B_i\geqslant C_i>0 \quad (1\leqslant i\leqslant n)$$
$$\Rightarrow \sin A_i\geqslant\sin B_i\geqslant\sin C_i \quad (\text{应用切比雪夫不等式})$$
$$\Rightarrow\left(\prod_{i=1}^{n}\sin A_i+\prod_{i=1}^{n}\sin B_i+\prod_{i=1}^{n}\sin C_i\right)^2$$
$$\geqslant\left[\frac{1}{3^{n-1}}\prod_{i=1}^{n}(\sin A_i+\sin B_i+\sin C_i)\right]^2$$
$$\geqslant\frac{1}{9^{n-1}}\left\{\prod_{i=1}^{n}k[\cos(B_i-C_i)+\cos(C_i-A_i)+\cos(A_i-B_i)]\right\} \quad \left(k=\frac{9}{4}\right)$$

$$=\frac{\left(\frac{9}{4}\right)^n}{9^{n-1}}\prod_{i=1}^{n}[\cos(B_i-C_i)+\cos(C_i-A_i)+\cos(A_i-B_i)]$$

(应用赫尔德不等式)

$$\geqslant\frac{9}{4^n}\left[\sqrt[n]{\prod_{i=1}^{n}\cos(B_i-C_i)}+\sqrt[n]{\prod_{i=1}^{n}\cos(C_i-A_i)}+\sqrt[n]{\prod_{i=1}^{n}\cos(A_i-B_i)}\right]^n$$

$$\Rightarrow\left(\prod_{i=1}^{n}\sin A_i+\prod_{i=1}^{n}\sin B_i+\prod_{i=1}^{n}\sin C_i\right)^2$$

$$\geqslant\frac{9}{4^n}\left[\sqrt[n]{\prod_{i=1}^{n}\cos(B_i-C_i)}+\sqrt[n]{\prod_{i=1}^{n}\cos(C_i-A_i)}+\sqrt[n]{\prod_{i=1}^{n}\cos(A_i-B_i)}\right]^n \quad (A_9)$$

特别地,当取 $n=1$ 时式(A_9)等价于式(C).

更有趣的是,注意到

$$\sum\sin^3A\cos^2(B-C)\leqslant\sum\sin^3A\cos(B-C)$$
$$=3\prod\sin A\leqslant\frac{1}{9}\left(\sum\sin A\right)^3$$
$$\Rightarrow 9\sum\sin^3A\cos^2(B-C)\leqslant\left(\sum\sin A\right)^3$$

应用赫尔德不等式有

$$4\left(\sum x^3\right)\left(\sum\sin A\right)^5=4\left(\sum x^3\right)\left(\sum\sin A\right)^2\cdot\left(\sum\sin A\right)^3$$
$$\geqslant 81\left(\sum x^3\right)\sum\cos(B-C)\cdot\sum\sin^3A\cos^2(B-C)$$
$$\geqslant 81\left[\sum x\sin A\cos(B-C)\right]^3$$

再取 $x=y=z$ 得到

$$4\left(\sum\sin A\right)^5\geqslant\left[3\sum\sin A\cos(B-C)\right]^3 \quad (A_{10})$$

可见,这又是一个奇特的推论.

此外,对于 $\triangle ABC$,设 $|B-C|,|C-A|,|A-B|\in\left(0,\frac{\pi}{2}\right)$,再设 $\lambda,\mu,\nu\in\left(0,\frac{3}{2}\right)$ 及 $\lambda+\mu+\nu=3$.

记

$$P_\lambda=\sum\frac{(\mu\nu\sin A)^2}{\lambda\cos(B-C)}$$
$$m=9-\prod(3-2\lambda)$$

应用前面的推广式

$$m\left(\sum \mu\nu\sin A\right)^2 \geqslant 18\lambda\mu\nu \sum \lambda\cos(B-C) \qquad (A_5)$$

及柯西不等式有

$$\begin{aligned} & m\left(\sum \mu\nu\sin A\right)^2 P_\lambda \\ \geqslant & 18\lambda\mu\nu\left[\sum \lambda\cos(B-C)\right]\left[\sum \frac{(\mu\nu\sin A)^2}{\lambda\cos(B-C)}\right] \\ \geqslant & 18\lambda\mu\nu\left(\sum \mu\nu\sin A\right)^2 \end{aligned}$$

$$\Rightarrow P_\lambda \geqslant \frac{18\lambda\mu\nu}{m} \qquad (A_{11})$$

这样,我们又得到了一个漂亮的不等式. 特别地,当取 $\lambda=\mu=\nu=1$ 时,有

$$\frac{\sin^2 A}{\cos(B-C)}+\frac{\sin^2 B}{\cos(C-A)}+\frac{\sin^2 C}{\cos(A-B)} \geqslant \frac{9}{4} \qquad (A_{12})$$

更令人兴奋的是,若设指数 $k\geqslant 1$,应用权方和不等式有

$$\begin{aligned} P_\lambda(k) &= \sum \frac{(\mu\nu\sin A)^{1+k}}{[\lambda\cos(B-C)]^k} \\ &\geqslant \frac{\left(\sum \mu\nu\sin A\right)^{1+k}}{\left[\sum \lambda\cos(B-C)\right]^k} \\ &\geqslant \left(\frac{18\lambda\mu\nu}{m}\right)^k\left(\sum \mu\nu\sin A\right)^{(1-k)} \\ &\geqslant \left(\frac{18\lambda\mu\nu}{m}\right)^k\left(\frac{3\sqrt{3}}{2}\right)^{1-k} \end{aligned}$$

$$\Rightarrow \sum \frac{(\mu\nu\sin A)^{1+k}}{[\lambda\cos(B-C)]^k} \geqslant \left(\frac{18\lambda\mu\nu}{m}\right)^k \cdot \left(\frac{3\sqrt{3}}{2}\right)^{1-k} \qquad (A_{13})$$

其中 $m=9-\prod(3-2\lambda)$,$k\geqslant 1$.

特别地,当取 $\lambda=\mu=\nu$ 时,得精致的不等式

$$\frac{(\sin A)^{1+k}}{\cos^k(B-C)}+\frac{(\sin B)^{1+k}}{\cos^k(C-A)}+\frac{(\sin C)^{1+k}}{\cos^k(A-B)} \geqslant 3\left(\frac{\sqrt{3}}{2}\right)^k \qquad (A_{14})$$

这与传统结论

$$(\sin A)^{1+k}+(\sin B)^{1+k}+(\sin C)^{1+k} \leqslant 3\left(\frac{\sqrt{3}}{2}\right)^{1+k} \qquad (A_{15})$$

互相配对,交相辉映.

例 7 设正数 u,v,w 满足

$$u+v+w+\sqrt{uvw}=4 \qquad (1)$$

求证

$$\sqrt{\frac{uv}{w}}+\sqrt{\frac{vw}{u}}+\sqrt{\frac{uw}{v}}\geqslant u+v+w \tag{D}$$

分析　这是一个已知条件较特别的题目，设 $u+v+w=3S$，$\sqrt[6]{uvw}=t$，应用均值不等式有

$$\begin{aligned} t=3S+t^3\geqslant 3t^2+t^3 \\ \Rightarrow (t+2)^2(t-1)\leqslant 0\Rightarrow t\leqslant 1 \\ \Rightarrow uvw\leqslant 1 \end{aligned}$$

又

$$4=3S+\sqrt{uvw}\leqslant 3S+S^{\frac{3}{2}}$$

记 $S=x^2$，得

$$\begin{aligned} 4\leqslant 3x^2+x^3 &\Rightarrow (x+2)^2(x-1)\geqslant 0 \\ &\Rightarrow x\geqslant 1\Rightarrow S\geqslant 1 \\ &\Rightarrow u+v+w\geqslant 3 \end{aligned}$$

所以从已知条件暂时可得到

$$u+v+w\geqslant 3\geqslant 3uvw>0 \tag{2}$$

再记

$$P=\sqrt{\frac{uv}{w}}+\sqrt{\frac{vw}{u}}+\sqrt{\frac{uw}{v}}$$

$$\begin{aligned} \Rightarrow P^2 &=\frac{vw}{u}+\frac{uw}{v}+\frac{uv}{w}+2(u+v+w) \\ &\geqslant u+v+w+2(u+v+w) \\ \Rightarrow P &\geqslant \sqrt{3(u+v+w)} \end{aligned}$$

但

$$P\geqslant \sqrt{3(u+v+w)}=\frac{\sqrt{3}(u+v+w)}{\sqrt{u+v+w}}$$

从式(2)知，由此不能推出式(D)

$$P\geqslant u+v+w$$

这表明应用上述思路不能证明本题，得另觅新路. 我们不妨作变量代换将条件式(1)与结论有理化(消去根式)，再用函数思想处理.

证法1　作代换，令

$$(x,y,z)=\left(\sqrt{\frac{uv}{w}},\sqrt{\frac{vw}{u}},\sqrt{\frac{wu}{v}}\right)$$

$$\Rightarrow xy+yz+zx+xyz=4$$

式(D)化为

$$x+y+z\geqslant xy+yz+zx \tag{3}$$

由对称性不妨设

$$x\geqslant y\geqslant z>0$$

$$\Rightarrow\begin{cases}4=xy+yz+zx+xyz\leqslant 3x^2+x^3\\4=xy+yz+zx+xyz\geqslant 3z^2+z^3\end{cases}$$

$$\Rightarrow\begin{cases}(x+2)^2(x-1)\geqslant 0\Rightarrow x\geqslant 1\\(z+2)^2(x-1)\leqslant 0\Rightarrow z\leqslant 1\end{cases}$$

$$\Rightarrow x\geqslant 1\geqslant z>0$$

又由条件

$$xy+yz+zx+xyz=4$$

$$\Rightarrow y=\frac{4-zx}{x+z+zx}$$

$$\Rightarrow x+y+z\geqslant xy+yz+zx$$

$$\Leftrightarrow x+\frac{4-zx}{x+z+zx}+z$$

$$\geqslant(x+z)\frac{4-zx}{x+z+xz}+zx$$

$$\Leftrightarrow(x+z-2)^2+xz(x-1)(1-z)\geqslant 0$$

这表明式(3)成立,所以等价的式(D)成立,等号成立仅当

$$\begin{cases}x+z-2=0\\x=z=1\end{cases}$$

$$\Rightarrow x=y=z=1$$

$$\Rightarrow u=v=w=1$$

证法2 作代换,令

$$(u,v,w)=(4a_1^2,4b_1^2,4c_1^2)\quad(a_1,b_1,c_1>0)$$

则已知条件式(1)转化为

$$a_1^2+b_1^2+c_1^2+2a_1b_1c_1=1\tag{4}$$

式(D)转化为

$$\frac{b_1c_1}{a_1}+\frac{c_1a_1}{b_1}+\frac{a_1b_1}{c_1}\geqslant 2(a_1^2+b_1^2+c_1^2)\tag{5}$$

观察式(4)的外形结构,联想到在$\triangle ABC$中有恒等式

$$\cos^2A+\cos^2B+\cos^2C+2\cos A\cos B\cos C=1$$

再作代换

$$(a_1,b_1,c_1)=(\cos A,\cos B,\cos C)$$

其中A,B,C为锐角$\triangle ABC$的三内角,这样,式(5)自然转化成为三角不等式

$$\frac{\cos B\cos C}{\cos A}+\frac{\cos C\cos A}{\cos B}+\frac{\cos A\cos B}{\cos C}$$

$$\geqslant 2(\cos^2A+\cos^2B+\cos^2C)\tag{6}$$

再联想到我们常用的三角母不等式

$$x^2+y^2+z^2\geqslant 2yz\cos A+2zx\cos B+2xy\cos C$$

等号成立仅当

$$\frac{x}{\sin A}=\frac{y}{\sin B}=\frac{z}{\sin C}$$

因此,再作代换,令

$$x=\sqrt{\frac{\cos B\cos C}{\cos A}},y=\sqrt{\frac{\cos C\cos A}{\cos B}},z=\sqrt{\frac{\cos A\cos B}{\cos C}}$$

即得式(6),从而式(D)成立,等号成立仅当

$$\sin A\cos A=\sin B\cos B=\sin C\cos C$$
$$\Rightarrow \sin 2A=\sin 2B=\sin 2C$$
$$\Rightarrow A=B=C=60^\circ$$
$$\Rightarrow a_1=b_1=c_1=\frac{1}{2}$$
$$\Rightarrow u=v=w=1$$

评注　有的不等式题目,并非很难,但应用常规思路却并不奏效,显得奇异而不平凡,本题就是这样.

一个优美的不等式,应当有一个漂亮的推广. 回首反顾,发现从前面的证法1我们得不到什么暗示与启发,但是,漂亮的证法2却启发我们,式(D)应当有推广式.

为了将式(D)推广到"彩云间",自然我们应将三角母不等式推广为:

定理1　设指数 $0\leqslant k\leqslant 1,\theta_i\in(0,1)(1\leqslant i\leqslant n,n\geqslant 1,n\in\mathbf{N})$, $\sum_{i=1}^{n}\theta_i=1$, 系数 $x,y,z>0$, $\triangle A_iB_iC_i(1\leqslant i\leqslant n)$ 均为锐角三角形,则有

$$yz\prod_{i=1}^{n}(\cos^k A_i)^{\theta_i}+zx\prod_{i=1}^{n}(\cos^k B_i)^{\theta_i}+xy\prod_{i=1}^{n}(\cos^k C_i)^{\theta_i}\leqslant\frac{x^2+y^2+z^2}{2^k}\quad(\mathrm{E})$$

当 $k=0$ 时,式(E)化为代数不等式

$$yz+zx+xy\leqslant x^2+y^2+z^2$$

成立,当 $n=1$ 或 $\triangle A_1B_1C_1\backsim\triangle A_2B_2C_2\backsim\cdots\backsim\triangle A_nB_nC_n$ 时,式(E)等价于

$$yz\cos^k A+zx\cos^k B+xy\cos^k C\leqslant\frac{x^2+y^2+z^2}{2^k}\quad(\mathrm{F})$$

当 $k=1$ 时,式(C)即为脍炙人口的三角母不等式,自然成立. 因此,我们下面只需证明当指数 $0<k<1$ 时式(E)成立即可.

证明　应用加权幂平均不等式有

$$\frac{\sum yz(\cos A)^k}{\sum yz}\leqslant\left(\frac{\sum yz\cos A}{\sum yz}\right)^k\leqslant\left(\frac{\sum x^2}{2\sum yz}\right)^k$$

$$\Rightarrow \sum yz\cos^k A \leqslant \left(\frac{\sum x^2}{2}\right)\left(\sum yz\right)^{1-k}$$

$$\leqslant \left(\frac{\sum x^2}{2}\right)^k \cdot \left(\sum x^2\right)^{1-k}$$

$$\Rightarrow \sum yz\cos^k A_i \leqslant \frac{\sum x^2}{2^k}\ (i=1,2,\cdots,n)$$

$$\Rightarrow \sum yz\prod_{i=1}^{n}(\cos^k A_i)^{\theta_i} = \sum \prod_{i=1}^{n}(yz\cos^k A_i)^{\theta_i}\text{（应用赫尔德不等式）}$$

$$\leqslant \prod_{i=1}^{n}\left(\sum yz\cos^k A_i\right)^{\theta_i} \leqslant \prod_{i=1}^{n}\left(\frac{\sum x^2}{2^k}\right)^{\theta_i}$$

$$= \left(\frac{\sum x^2}{2^k}\right)^{\sum_{i=1}^{n}\theta_i} = \frac{\sum x^2}{2^k}$$

即式(E)成立. 等号成立仅当:

当 $k=0$ 时, $x=y=z$;

当 $k=1$ 时, $\triangle A_1B_1C_1 \backsim \triangle A_2B_2C_2 \backsim \cdots \backsim \triangle A_nB_nC_n$, 且

$$x\csc A_1 = y\csc B_1 = z\csc C_1$$

当 $0<k<1$ 时, $x=y=z$ 及

$$A_i = B_i = C_i = 60° \quad (1\leqslant i\leqslant n)$$

下面,我们应用定理中的式(E),从指数、系数、组数三个方面建立式(D)的完美推广.

推广 5 设正数 $u_i,v_i,w_i(1\leqslant i\leqslant n)$ 满足

$$u_i+v_i+w_i+\sqrt{u_iv_iw_i}=4 \quad (i=1,2,\cdots,n\geqslant 1,n\in \mathbf{N}) \tag{1}$$

指数 $0\leqslant k\leqslant \frac{1}{2}$, $\theta_i\in(0,1)$ 且 $\sum_{i=1}^{n}\theta_i=1$; 系数 $p,q,r>0$, 则有

$$p\prod_{i=1}^{n}\left(\frac{v_iw_i}{u_i}\right)^{k\theta_i} + q\prod_{i=1}^{n}\left(\frac{w_iu_i}{v_i}\right)^{k\theta_i} + r\prod_{i=1}^{n}\left(\frac{u_iv_i}{w_i}\right)^{k\theta_i}$$

$$\geqslant \sqrt{qr}\left(\prod_{i=1}^{n}u_i^{2k\theta_i}\right) + \sqrt{rp}\left(\prod_{i=1}^{n}v_i^{\theta_i}\right)^{2k} + \sqrt{pq}\left(\prod_{i=1}^{n}w_i^{\theta_i}\right)^{2k} \tag{G}$$

特别地,当取 $n=1$ 时,式(G)等价于

$$p\left(\frac{vw}{u}\right)^k + q\left(\frac{wu}{v}\right)^k + r\left(\frac{uv}{w}\right)^k \geqslant \sqrt{qr}u^{2k} + \sqrt{rp}v^{2k} + \sqrt{pq}w^{2k} \tag{H}$$

证明 在式(1)中令

$$(u_i,v_i,w_i) = (4\cos^2 A_i, 4\cos^2 B_i, 4\cos^2 C_i)$$

$$\Rightarrow \cos^2 A_i+\cos^2 B_i+\cos^2 C_i+2\cos A_i\cos B_i\cos C_i=1$$

其中 $A_i,B_i,C_i\in\left(0,\frac{\pi}{2}\right)(i=1,2,\cdots,n)$.

在式(E)中令(并作置换 $k\to 2k$)

$$\begin{cases}x=\sqrt{p}\prod_{i=1}^{n}\left(\dfrac{\cos B_i\cos C_i}{\cos A_i}\right)^{k\theta_i}\\ y=\sqrt{q}\prod_{i=1}^{n}\left(\dfrac{\cos C_i\cos A_i}{\cos B_i}\right)^{k\theta_i}\\ z=\sqrt{r}\prod_{i=1}^{n}\left(\dfrac{\cos A_i\cos B_i}{\cos C_i}\right)^{k\theta_i}\end{cases}$$

$$\Rightarrow \sum p\prod_{i=1}^{n}\left(\frac{\cos B_i\cos C_i}{\cos A_i}\right)^{2k\theta_i}\geqslant 2^{2k}\sum\sqrt{qr}\prod_{i=1}^{n}(\cos^{4k}A_i)^{\theta_i}$$

$$\Rightarrow \sum p\prod_{i=1}^{n}\left(\frac{v_iw_i}{4u_i}\right)^{k\theta_i}\geqslant 2^{2k}\sum\sqrt{qr}\prod_{i=1}^{n}\left(\frac{u_i}{4}\right)^{2k\theta_i}$$

$$\Rightarrow \sum p\prod\left(\frac{v_iw_i}{u_i}\right)^{k\theta_i}\geqslant\sum\sqrt{qr}\prod_{i=1}^{n}u_i^{2k\theta_i}$$

即式(G)成立,等号成立仅当:

当 $k=0$ 时,$p=q=r$;

当 $k=\frac{1}{2}$时,$u_1=u_2=\cdots=u_n;v_1=v_2=\cdots=v_n;w_1=w_2=\cdots=w_n$ 及 $u_i=v_i=w_i=1,p=q=r$;

当 $0<k\leqslant\frac{1}{2}$时同上.

最后,我们应用本题的已知条件

$$u+v+w+\sqrt{uvw}=4$$

建立一个漂亮的相关结论:

结论 5 设正数 u,v,w 满足

$$u+v+w+\sqrt{uvw}=4$$

指数

$$\alpha,\beta,\gamma\in\left(\frac{1}{3},3\right),\alpha+\beta+\gamma=3$$

则有

$$u^{\alpha}v^{\beta}w^{\gamma}\geqslant\frac{1}{4}m^{\frac{1}{3}} \tag{I}$$

其中

$$m=(3\alpha-1)^{3\alpha-1}\cdot(3\beta-1)^{3\beta-1}\cdot(3\gamma-1)^{3\gamma-1}$$

证明 令

$$(u,v,w)=(u_1^2,v_1^2,w_1^2)$$
$$\Rightarrow u_1^2+v_1^2+w_1^2+u_1v_1w_1=4$$

设
$$\alpha_1,\beta_1,\gamma_1\in\left(0,\frac{4}{3}\right),\alpha_1+\beta_1+\gamma_1=3$$

注意到

$$(4-3\alpha_1)+(4-3\beta_1)+(4-3\gamma_1)+1=4$$

应用加权不等式有

$$4=\sum(4-3\alpha_1)\left(\frac{u_1^2}{4-3\alpha_1}\right)+u_1v_1w_1$$
$$\geqslant 4\left[\prod\left(\frac{u_1^2}{4-3\alpha_1}\right)^{4-3\alpha_1}\cdot u_1v_1w_1\right]^{\frac{1}{4}}$$
$$\Rightarrow\left(\prod u_1^{3-2\alpha_1}\right)^3\geqslant m_1=\prod(4-3\alpha_1)^{4-3\alpha_1}$$

令
$$(\alpha,\beta,\gamma)=(3-2\alpha_1,3-2\beta_1,3-2\gamma_1)$$
$$\Rightarrow\begin{cases}\alpha,\beta,\gamma\in\left(\frac{1}{3},3\right)\\ \alpha+\beta+\gamma=3\end{cases}$$
$$\Rightarrow m_1=\prod(4-3\alpha_1)^{4-3\alpha_1}$$
$$=\prod\left(\frac{3\alpha-1}{2}\right)^{\frac{3\alpha-1}{2}}$$
$$\Rightarrow\left[\prod u^{\frac{1}{2}(3-2\alpha_1)}\right]^3\geqslant m$$
$$\Rightarrow u^{\alpha}v^{\beta}w^{\gamma}\geqslant\frac{1}{4}m^{\frac{1}{3}}$$

这即是式(I),等号成立仅当 $u=v=w=1,\alpha=\beta=\gamma=1$.

观察上述证明,引发出一个新问题:

问题1 设 $k_1,k_2,k_3,\lambda,\mu,\nu$ 均为已知正常数,且满足

$$\lambda x+\mu y+\nu z+x^{k_1}y^{k_2}z^{k_3}=m\quad(m\text{ 为正常数})$$

求 $x^{k_1}y^{k_2}z^{k_3}$ 的最大值.

解 应用加权不等式有

$$m=k_1\left(\frac{\lambda x}{k_1}\right)+k_2\left(\frac{\mu y}{k_2}\right)+k_3\left(\frac{\nu z}{k_3}\right)+x^{k_1}y^{k_2}z^{k_3}$$
$$\geqslant S\left[\left(\frac{\lambda x}{k_1}\right)^{k_1}\cdot\left(\frac{\mu y}{k_2}\right)^{k_2}\cdot\left(\frac{\nu z}{k_3}\right)^{k_3}\cdot x^{k_1}y^{k_2}z^{k_3}\right]^{\frac{1}{S}}$$

$$= S(pt^2)^{1/S}$$

$$\Rightarrow t \leqslant \frac{1}{\sqrt{p}}\left(\frac{m}{S}\right)^{\frac{S}{2}} \tag{1}$$

其中

$$t = x^{k_1}y^{k_2}z^{k_3}$$

$$S = k_1 + k_2 + k_3 + 1$$

$$p = \left(\frac{\lambda}{k_1}\right)^{k_1} \cdot \left(\frac{\mu}{k_2}\right)^{k_2} \cdot \left(\frac{\nu}{k_3}\right)^{k_3}$$

即 t 的最大值为式(1)右边之值,记为 t_0,即

$$t_{\max} = t_0 = \frac{1}{\sqrt{p}}\left(\frac{m}{S}\right)^{\frac{S}{2}}$$

等号成立仅当

$$\frac{\lambda x}{k_1} = \frac{\mu y}{k_2} = \frac{\nu z}{k_3} = t_0$$

$$\Rightarrow (x, y, z) = \left(\frac{k_1 t_0}{\lambda}, \frac{k_2 t_0}{\mu}, \frac{k_3 t_0}{\nu}\right)$$

十五　一类三角不等式的补证与探讨

(一)

我们知道,对于任意$\triangle ABC$,有基本的不等式

$$\sin A+\sin B+\sin C\leqslant\frac{3}{2}\sqrt{3} \tag{1}$$

$$\sin\frac{A}{2}+\sin\frac{B}{2}+\sin\frac{C}{2}\leqslant\frac{3}{2} \tag{2}$$

$$\sin^2 A+\sin^2 B+\sin^2 C\leqslant\frac{9}{4} \tag{3}$$

$$\sin^2\frac{A}{2}+\sin^2\frac{B}{2}+\sin^2\frac{C}{2}\geqslant\frac{3}{4} \tag{4}$$

$$\cos A+\cos B+\cos C\leqslant\frac{3}{2} \tag{5}$$

$$\cos\frac{A}{2}+\cos\frac{B}{2}+\cos\frac{C}{2}\leqslant\frac{3}{2}\sqrt{3} \tag{6}$$

$$\cos^2 A+\cos^2 B+\cos^2 C\geqslant\frac{3}{4} \tag{7}$$

$$\cos^2\frac{A}{2}+\cos^2\frac{B}{2}+\cos^2\frac{C}{2}\leqslant\frac{9}{4} \tag{8}$$

$$\tan\frac{A}{2}+\tan\frac{B}{2}+\tan\frac{C}{2}\geqslant\sqrt{3} \tag{9}$$

$$\tan^2\frac{A}{2}+\tan^2\frac{B}{2}+\tan^2\frac{C}{2}\geqslant 1 \tag{10}$$

在《数学奥林匹克与数学文化年第三辑(竞赛卷)》第401页笔者的《三角“母不等式”漫谈》(以下简称文[1]),第430页笔者的《正弦和不等式初探》(以下简称文[2]),文[1]与文[2]虽然长达81页,但毕竟是漫谈,毕竟是初探,虽然文[1]、文[2]建立了正弦和不等式(1)、余弦和不等式(5)及半正切和不等式(9)的一系列相关结论,但毕竟不够彻底. 最近,笔者利用业余时间再度探索,再次反思,结果如“雨后春笋”——又得

到了一些精彩漂亮的小结论,虽然从形式上显得有点散,但由于它们意思互相关联,因此从整体上讲,它们是形散而神聚.

(二)

在文[1]中,我们简介了三角不等式

$$\sin 3A+\sin 3B+\sin 3C\leqslant\frac{3}{2}\sqrt{3} \tag{A}$$

其中$\triangle ABC$是任意三角形.

分析　观察式(A),结构对称,使我们联想到传统的优美结论

$$\sin A+\sin B+\sin C\leqslant\frac{3}{2}\sqrt{3} \tag{1}$$

$$\sin 2A+\sin 2B+\sin 2C\leqslant\frac{3}{2}\sqrt{3} \tag{2}$$

且式(1)、(2)等号成立仅当$A=B=C=\frac{\pi}{3}$.

但当$A=B=C=\frac{\pi}{3}$时,式(A)左边为0、式(A)虽然成立,但等号都不成立.这表明,式(A)、式(1)、式(2)三个不等式的结构均称且相似,但式(A)等号成立的条件应当与众不同,别具一格.其实,经试探,当

$$(A,B,C)=(20°,20°,140°)$$

(及轮换)时,式(A)等号确实成立.

那么,我们又将怎样证明它呢?

证法1　由于式(A)关于A,B,C对称,故不妨设$A\leqslant B\leqslant C$,则$A+B\leqslant 120°,0<B<\frac{\pi}{2},60°\leqslant C<180°$,于是有

$$0<\frac{3}{2}(A+B)<180°,\ -\frac{3}{4}\pi<\frac{3}{2}(A-B)<0$$

又令$\theta=\frac{3}{2}(A+B)\in(0,\pi)$,那么

$$\begin{aligned}&\sin 3A+\sin 3B+\sin 3C\\&=2\sin\frac{3}{2}(A+B)\cos\frac{3}{2}(A-B)+\sin 3(A+B)\\&=2\sin\frac{3}{2}(A+B)\left[\cos\frac{3}{2}(A+B)+\cos\frac{3}{2}(A+B)\right]\\&\leqslant 2\sin\theta(1+\cos\theta)\end{aligned}$$

$$
\begin{aligned}
&=8\sin\frac{\theta}{2}\cos^3\frac{\theta}{2}\\
&=\frac{8}{\sqrt{3}}\sqrt{3\sin^2\frac{\theta}{2}\cdot\left(\cos^2\frac{\theta}{2}\right)^3}\\
&\leqslant\frac{8}{\sqrt{3}}\left(\frac{3\sin^2\frac{\theta}{2}+3\cos^2\frac{\theta}{2}}{4}\right)^2\\
&=\frac{3}{2}\sqrt{3}
\end{aligned}
$$

即式(A)对称成立,等号成立仅当

$$
\begin{cases}\cos\dfrac{3}{2}(A-B)=1\\ \cos^2\dfrac{\theta}{2}=3\sin\dfrac{2\theta}{2}\end{cases}\Rightarrow\begin{cases}A=B=20^\circ\\ C=140^\circ\end{cases}
$$

证法 2 由于式(A)关于 A,B,C 对称,故不妨设 $0<C\leqslant B\leqslant A<\pi$,

(1°)当 $\frac{\pi}{3}\leqslant A\leqslant\frac{2}{3}\pi$ 时

$$
\begin{aligned}
&\pi\leqslant 3A\leqslant 2\pi\Rightarrow\sin 3A\leqslant 0\\
&\Rightarrow\sin 3A+\sin 3B+\sin 3C\\
&\leqslant\sin 3B+\sin 3C\leqslant 2<\frac{3}{2}\sqrt{3}
\end{aligned}
$$

此时式(A)成立.

(2°)当 $\frac{2}{3}\pi<A<\pi$ 时

令
$$A=A_0+\frac{2}{3}\pi\Rightarrow\sin 3A=\sin 3A_0$$

且
$$3A_0+3B+3C=\pi$$
$$3A_0,3B,3C\in(0,\pi)$$

即 $3A_0,3B,3C$ 恰好能构成一个三角形的三内角,于是,应用前面的式(1)有

$$
\begin{aligned}
&\sin 3A+\sin 3B+\sin 3C\\
&=\sin 3A_0+\sin 3B+\sin 3C\leqslant\frac{3}{2}\sqrt{3}
\end{aligned}
$$

即此时式(A)也成立,且等号成立仅当

$$3A_0=3B=3C=60^\circ$$
$$\Rightarrow(A,B,C)=(140^\circ,20^\circ,20^\circ)$$

从上述两种证法我们感到:证法 1 显得自然,巧;证法 2 显得新奇,妙;并且,如果我们设 $K=1$,或 2,或 3,那么我们有统一的推广式

$$\sin KA+\sin KB+\sin KC\leqslant\frac{3}{2}\sqrt{3} \qquad (A_1)$$

(三)

我们在文[2]中,建立了

引理1　设 x,y,z,λ,μ,ν 均为正数,则对锐角 $\triangle ABC$ 有

$$x\sin A+y\sin B+z\sin C \leqslant\left(\frac{\lambda+\mu+\nu}{2}\right)\sqrt{\frac{x^2}{\mu\nu}+\frac{y^2}{\nu\lambda}+\frac{z^2}{\lambda\mu}} \qquad (A_2)$$

证明　由于对任意 $\triangle A'B'C'$,有三角母不等式

$$2(\mu\nu\cos A'+\nu\lambda\cos B'+\lambda\mu\cos C') \leqslant\lambda^2+\mu^2+\nu^2 \qquad (1)$$

等号成立仅当

$$\frac{\lambda}{\sin A'}=\frac{\mu}{\sin B'}=\frac{\nu}{\sin C'} \qquad (2)$$

那么,对于锐角 $\triangle ABC$,可作代换

$$(A',B',C')=(\pi-2A,\pi-2B,\pi-2C)$$

$$\Rightarrow -2\sum\mu\nu\cos 2A\leqslant\sum\lambda^2$$

$$\Rightarrow -2\sum\mu\nu(1-2\sin^2 A)\leqslant\left(\sum\lambda^2\right)$$

$$\Rightarrow 4\sum\mu\nu\sin^2 A\leqslant\left(\sum\lambda\right)^2 \text{(应用柯西不等式)}$$

$$\Rightarrow\left(\sum\lambda\right)^2\left(\sum\frac{x^2}{\mu\nu}\right)\geqslant 4\left(\sum\frac{x^2}{\mu\nu}\right)\sum\mu\nu\sin^2 A \geqslant 4\left(\sum x\sin A\right)^2$$

$$\Rightarrow\sum x\sin A\leqslant\left(\frac{\sum\lambda}{2}\right)\sqrt{\sum\frac{x^2}{\mu\nu}}$$

即式(A_2)成立,等号成立仅当

$$\begin{cases}\dfrac{\lambda}{\sin 2A}=\dfrac{\mu}{\sin 2B}=\dfrac{\nu}{\sin 2C}\\ \dfrac{\frac{x}{\mu\nu}}{\sin A}=\dfrac{\frac{y}{\nu\lambda}}{\sin B}=\dfrac{\frac{z}{\lambda\mu}}{\sin C}\end{cases}$$

$$\Rightarrow\begin{cases}\lambda:\mu:\nu=\sin 2A:\sin 2B:\sin 2C\\ x:y:z=\sec A:\sec B:\sec C\end{cases}$$

在文[2]中，我们建立了正弦和不等式的好几个加权推广，今天我们建立不等式

$$\sin 3A+\sin 3B+\sin 3C\leqslant\frac{3}{2}\sqrt{3}$$

与

$$\sin 2A+\sin 2B+\sin 2C\leqslant\frac{3}{2}\sqrt{3}$$

的加权推广.

结论1 设 x,y,z,λ,μ,ν 均为正常数，且 $\sqrt{3}x\geqslant(2-\sqrt{3})(y+z)$，在 $\triangle ABC$ 中 $A\geqslant B\geqslant C$，则有

$$x\sin 3A+y\sin 3B+z\sin 3C\leqslant\left(\frac{\lambda+\mu+\nu}{2}\right)\sqrt{\frac{x^2}{\mu\nu}+\frac{y^2}{\nu\lambda}+\frac{z^2}{\lambda\mu}}\tag{A_3}$$

其实，式(A_2)就是正弦和不等式的一个漂亮的加权推广，但式(A_2)与式(A_3)相比较，左右两边的外形与结构完全一样，只是已知中多了两个约束条件，这表明式(A_3)有其自身的特色.

证明 (i)当 $\frac{\pi}{3}\leqslant A\leqslant\frac{2}{3}\pi$ 时

$$\pi\leqslant 3A\leqslant 2\pi\Rightarrow\sin 3A\leqslant 0\Rightarrow\sum x\sin 3A\leqslant y\sin 3B+z\sin 3C\leqslant y+z$$

又

$$\left(\frac{\sum\lambda}{2}\right)\sqrt{\sum\frac{x^2}{\mu\nu}}\geqslant\frac{1}{2}\sqrt{\left(3\sum\mu\nu\right)\sum\frac{x^2}{\mu\nu}}\geqslant\frac{\sqrt{3}}{2}\left(\sum x\right)=\frac{1}{2}\left[\sqrt{3}x+\sqrt{3}(y+z)\right]\geqslant\frac{1}{2}\left[(2-\sqrt{3})(y+z)+\sqrt{3}(y+z)\right]=y+z\geqslant\sum x\sin 3A$$

即此时式(A_3)成立，等号成立仅当

$$(A,B,C)=(120^\circ,30^\circ,30^\circ)$$

$$\begin{cases}\sqrt{3}x=(2-\sqrt{3})(y+z)\\ \lambda=\mu=\nu\\ \dfrac{x}{\mu\nu}=\dfrac{y}{\nu\lambda}=\dfrac{z}{\lambda\mu}\end{cases}$$

$$\Rightarrow\begin{cases}\lambda=\mu=\nu\\ x=y=z=0\end{cases}$$

（ii）当$\frac{2}{3}\pi<A<\pi$时

令
$$A=A_0+\frac{2\pi}{3}\Rightarrow\sin 3A=\sin 3A_0$$

且
$$\begin{cases}3A_0+3B+3C=\pi\\ 3A_0,3B,3C\in(0,\pi)\end{cases}$$

应用式(A_2)有

$$\begin{aligned}\sum x\sin 3A&=x\sin 3A_0+y\sin 3B+z\sin 3C\\ &\leqslant\left(\frac{\sum\lambda}{2}\right)\sqrt{\sum\frac{x^2}{\mu\nu}}\end{aligned}$$

即此时式(A_3)也成立，等号成立仅当

$$\begin{cases}\lambda:\mu:\nu=\sin(4\pi-6A):\sin 6B:\sin 6C\\ x:y:z=\sec(3A-2\pi):\sin 3B:\sin 3C\end{cases}$$

结论 2 设x,y,z,λ,μ,ν均为正系数，$\triangle ABC$为锐角三角形，则有

$$x\sin 2A+y\sin 2B+z\sin 2C\leqslant\frac{1}{2}pqr\qquad(A_4)$$

其中

$$\begin{cases}p=\dfrac{\lambda+\mu+\nu}{x+y+z}\\ q=\dfrac{yz}{x}+\dfrac{zx}{y}+\dfrac{xy}{z}\\ r=\sqrt{\dfrac{x^2}{\mu\nu}+\dfrac{y^2}{\nu\lambda}+\dfrac{z^2}{\lambda\mu}}\end{cases}$$

证明 我们应用切比雪夫不等式的加权推广，并设

$$A\leqslant B\leqslant C\in\left(0,\frac{\pi}{2}\right)$$

$$\Rightarrow\begin{cases}\sin A\leqslant\sin B\leqslant\sin C\\ \cos A\geqslant\cos B\geqslant\cos C\end{cases}$$

$$\Rightarrow \sum x\sin 2A = 2\sum x\sin A\cos A$$
$$\leqslant \frac{2}{\sum x}\left(\sum x\sin A\right)\left(\sum x\cos A\right)$$

应用式(A_2)和三角母不等式有

$$\sum x\sin 2A \leqslant \frac{1}{2}pqr$$

等号成立仅当

$$\begin{cases} x=y=z \\ \lambda=\mu=\nu \\ A=B=C=\dfrac{\pi}{3} \end{cases}$$

其实,由于$\triangle ABC$为锐角三角形,即

$$A,B,C\in\left(0,\frac{\pi}{2}\right)$$
$$\Rightarrow \begin{cases} (\pi-2A),(\pi-2B),(\pi-2C)\in(0,\pi) \\ (\pi-2A)+(\pi-2B)+(\pi-2C)=\pi \end{cases}$$

又

$$(\sin 2A,\sin 2B,\sin 2C)$$
$$=(\sin(\pi-2A),\sin(\pi-2B),\sin(\pi-2C))$$
$$\Rightarrow \sum x\sin 2A = \sum x\sin(\pi-2A)$$
$$\leqslant \left(\frac{\lambda+\mu+\nu}{2}\right)\sqrt{\frac{x^2}{\mu\nu}+\frac{y^2}{\nu\lambda}+\frac{z^2}{\lambda\mu}} \qquad (A_5)$$

显然,式(A_5)比式(A_4)来得轻松巧妙,形式也更加简洁,等号成立仅当

$$\begin{cases} \lambda:\mu:\nu=\sin(2\pi-4A):\sin(2\pi-4B):\sin(2\pi-4C) \\ x:y:z=\sec(\pi-2A):\sec(\pi-2B):\sec(\pi-2C) \end{cases}$$

回顾前面的引理与结论,我们有和谐统一的结论:

结论3 设x,y,z,λ,μ,ν均为正系数,$K\in\{1,2\}$,$\triangle ABC$为锐角三角形,则有不等式

$$x\sin KA+y\sin KB+z\sin KC$$
$$\leqslant\left(\frac{\lambda+\mu+\nu}{2}\right)\sqrt{\frac{x^2}{\mu\nu}+\frac{y^2}{\nu\lambda}+\frac{z^2}{\lambda\mu}}$$

但当$K=3$时,还需要补充结论1中的已知条件:且当K分别取1,2,3时,等号成立的条件各不相同(分别见引理,结论1,结论2).

（四）

我们知道，仅就三角不等式这一片“小天地”，也是风光绝美的“人间仙景”，让人陶醉，使人流连. 自然，这些三角不等式个个“如花似玉，貌若天仙”，个个“亭亭玉立，楚楚动人”，现在我们欣赏另一种风采的：

结论 4 设正数 λ,μ,ν 满足 $\lambda\mu\nu\geqslant 1$，则对任意 $\triangle ABC$ 有

$$\sin^2\frac{A}{2}+\sin^2\frac{B}{2}+\sin^2\frac{C}{2}\leqslant\frac{\sqrt{3}}{8}(\lambda\csc A+\mu\csc B+\nu\csc C) \qquad (\mathrm{B})$$

证明 应用平均值不等式有

$$\begin{aligned}
&\frac{\sqrt{3}}{8}\sum\lambda\csc A+2\prod\sin\frac{A}{2}\\
\geqslant&3\cdot\frac{\sqrt{3}}{8}\left(\prod\lambda\csc A\right)^{\frac{1}{3}}+2\prod\sin\frac{A}{2}\\
=&\frac{3\sqrt{3}}{8}\sqrt[3]{\lambda\mu\nu}\left(\prod\csc A\right)^{\frac{1}{3}}+2\prod\sin\frac{A}{2}\\
\geqslant&\frac{3\sqrt{3}}{8}\left(\prod\csc A\right)^{\frac{1}{3}}+2\prod\sin\frac{A}{2}\\
\geqslant&4\left(\frac{\sqrt{3}}{8}\right)^3\left[\prod(\sin A)^1\cdot 2\prod\sin\frac{A}{2}\right]^{\frac{1}{4}}\\
=&\left(\frac{\sqrt{3}}{2}\right)^{\frac{3}{4}}\left(\prod\sec\frac{A}{2}\right)^{\frac{1}{4}}\geqslant 1\\
\Rightarrow&\frac{\sqrt{3}}{8}\sum\lambda\csc A\geqslant 1-2\prod\sin\frac{A}{2}\\
&=\frac{3}{2}-\frac{1}{2}\sum\cos A=\sum\sin^2\frac{A}{2}
\end{aligned}$$

因此式(B)成立，等号成立仅当 $\lambda=\mu=\nu=1$，且 $\triangle ABC$ 为正三角形.

观察式(B)，它是一个不错的三角不等式，但感觉它的左边没有权系数，右边也没有指数，因此略显美中不足，如果我们给它梳妆打扮，让它“穿金戴玉”，就显得“珠光宝气”了！

结论 5 设 $\triangle ABC$ 为锐角三角形，指数 $\theta\geqslant 1$，系数 $\lambda,\mu,\nu\in(0,3)$，且

满足

$$\lambda+\mu+\nu=3$$

$$\lambda(\sec A)^{\theta}+\mu(\sec B)^{\theta}+\nu(\sec C)^{\theta}$$
$$\geqslant Q+2^{2+\theta}\left(\lambda\sin^2\frac{A}{2}+\mu\sin^2\frac{B}{2}+\nu\sin^2\frac{C}{2}\right) \quad (B_1)$$

其中

$$\begin{cases}Q=3\times 2^{1+\theta}(\sqrt{e^{1-\theta}}-1)\\ e=\dfrac{1}{3}\left(\dfrac{\mu\nu}{\lambda}+\dfrac{\nu\lambda}{\mu}+\dfrac{\lambda\mu}{\nu}\right)\end{cases}$$

特别地,当 $\theta=1$ 时,式(B_1)简化为

$$\lambda\sec A+\mu\sec B+\nu\sec C$$
$$\geqslant 8\left(\lambda\sin^2\frac{A}{2}+\mu\sin^2\frac{B}{2}+\nu\sin^2\frac{C}{2}\right) \quad (B_2)$$

显然此式与式(B)互为配对,交相辉映,因此式(B)"脱胎换骨"后配对推广为式(B_1),倍显娇美迷人.

证明 简记 $S=\sum\lambda\sec A$,应用权方和不等式有

$$\sum\lambda(\sec A)^{\theta}=\sum\frac{\lambda^{1+\theta}}{(\lambda\cos A)^{\theta}}$$
$$\geqslant\frac{(\lambda+\mu+\nu)^{1+\theta}}{(\sum\lambda\cos A)^{\theta}}=\frac{3^{1+\theta}}{S^{\theta}}$$

等号成立仅当

$$\frac{\lambda(\sec A)^{\theta}}{\lambda\cos A}=\frac{\mu(\sec B)^{\theta}}{\mu\cos B}=\frac{\nu(\sec C)^{\theta}}{\nu\cos C}$$
$$\Rightarrow(\sec A)^{1+\theta}=(\sec B)^{1+\theta}=(\sec C)^{1+\theta}$$
$$\Rightarrow A=B=C=\frac{\pi}{3}$$

于是

$$\sum\lambda(\sec A)^{\theta}+2^{1+\theta}\sum\lambda\cos A$$
$$\geqslant\frac{3^{1+\theta}}{S^{\theta}}+2^{1+\theta}\cdot S$$
$$\geqslant 2\sqrt{\left(\frac{3^{1+\theta}}{S^{\theta}}\right)\cdot 2^{1+\theta}S}=2\sqrt{\frac{6^{1+\theta}}{S^{\theta-1}}} \quad (1)$$

等号成立仅当

$$\frac{3^{1+\theta}}{S^{\theta}}=2^{1+\theta}\cdot S\Rightarrow S=\frac{3}{2}\text{ 及 }A=B=C=\frac{\pi}{3}$$

现在对数列 $\theta\geqslant1$ 分两种情况讨论：

（ⅰ）当 $\theta=1$ 时，式（1）化为

$$\sum\frac{\lambda}{\cos A}+4\sum\lambda\cos A\geqslant12$$

$$\Leftrightarrow\sum\lambda\sec A+4\sum\lambda(1-2\sin^2\frac{A}{2})\geqslant12$$

$$\Rightarrow\sum\lambda\sec A+4\sum\lambda-12\geqslant\sum8\lambda\sin^2\frac{A}{2}$$

$$\Rightarrow\sum\lambda\sec A\geqslant8\sum\lambda\sin^2\frac{A}{2}$$

此时 $\theta=0$，式（B_1）成立.

（ⅱ）当 $\theta>1$ 时，由三角母不等式有

$$\sum yz\cos A\leqslant\frac{1}{2}\sum x^2$$

其中 $x,y,z>0$，令

$$\begin{cases}yz=\lambda\\zx=\mu\\xy=\nu\end{cases}\Rightarrow\begin{cases}x^2=\dfrac{\mu\nu}{\lambda}\\y^2=\dfrac{\nu\lambda}{\mu}\\z^2=\dfrac{\lambda\mu}{\nu}\end{cases}$$

$$\Rightarrow S=\sum\lambda\cos A\leqslant\frac{3}{2}e$$

且

$$\frac{1}{3}\sum\frac{\mu\nu}{\lambda}\geqslant\sqrt{\frac{\lambda^2+\mu^2+\nu^2}{3}}$$

$$\geqslant\frac{\lambda+\mu+\nu}{3}=1$$

$$\Rightarrow e\geqslant1$$

此时结合式（1）有

$$2\sqrt{\frac{6^{1+\theta}}{S^{\theta-1}}}\geqslant2\sqrt{\frac{6^{1+\theta}}{\left(\frac{3}{2}e\right)^{\theta-1}}}$$

$$=3\times2^{1+\theta}\cdot\sqrt{e^{1-\theta}}$$

$$\Rightarrow\sum\lambda(\sec A)^{\theta}+2^{1+\theta}\sum\lambda(1-2\sin^2\frac{A}{2})$$

$$\geqslant3\times2^{1+\theta}\cdot\sqrt{e^{1-\theta}}$$

$$\Rightarrow \sum \lambda(\sec A)^{\theta} \geqslant Q + 2^{2+\theta} \sum \lambda \sin^2 \frac{A}{2}$$

其中

$$\begin{aligned} Q &= (3\sqrt{e^{1-\theta}} - \sum \lambda) 2^{1+\theta} \\ &= 3 \times 2^{1+\theta}(\sqrt{e^{1-\theta}} - 1) \leqslant 0 \end{aligned}$$

即此时式(B_1)成立,等号成立仅当

$$\begin{cases} A = B = C = \dfrac{\pi}{3} \\ \lambda + \mu + \nu = 3 \\ S = \dfrac{3}{2}e = \dfrac{3}{2} \\ e = \dfrac{1}{3}\sum \dfrac{\mu\nu}{\lambda} \end{cases} \Rightarrow \begin{cases} A = B = C = \dfrac{\pi}{3} \\ \lambda = \mu = \nu = 1 \end{cases}$$

综合(ⅰ)和(ⅱ),式(B_1)成立,等号成立仅当

$$\begin{cases} A = B = C = \dfrac{\pi}{3} \\ \lambda = \mu = \nu = 1 \end{cases}$$

注　从上述证明中,若记 $K = \left(\dfrac{2}{e}\right)^{1+\theta}$ 那么

$$\begin{aligned} &\sum \lambda(\sec A)^{\theta} + K \sum \lambda \cos A \\ &\geqslant \frac{3^{1+\theta}}{S^{\theta}} + KS \\ &\geqslant 2\left(\frac{3^{1+\theta}}{S^{\theta}} \cdot KS\right)^{\frac{1}{2}} = 2\left(\frac{KS^{1+\theta}}{S^{\theta-1}}\right)^{\frac{1}{2}} \\ &\geqslant 2\left[\frac{K \cdot 3^{1+\theta}}{\left(\frac{3}{2}e\right)^{\theta-1}}\right] = 6 \times 2^{\theta} \sqrt{e^{1-\theta}} \\ &\Rightarrow \sum \lambda(\sec A)^{\theta} + K \sum \lambda(1 - 2\sin^2 \frac{A}{2}) \\ &\geqslant 6 \times 2^{\theta} \sqrt{e^{1-\theta}} \\ &\Rightarrow \sum \lambda(\sec A)^{\theta} \geqslant \theta' + 2\left(\frac{2}{e}\right)^{1+\theta} \sum \lambda \sin^2 \frac{A}{2} \end{aligned} \qquad (B_3)$$

其中

$$\theta' = 6 \times 2^{\theta}(\sqrt{e^{1-\theta}} - e^{-(1+\theta)})$$

显然,式(B_3)比式(B_1)更精确,且等号成立的条件一致.

（五）

众所周知的正弦和不等式

$$\sin A+\sin B+\sin C\leqslant\frac{3}{2}\sqrt{3} \tag{1}$$

如果增设条件："$\triangle ABC$ 为锐角三角形"，那么式(1)就可完善成一个漂亮的双向不等式

$$2<\sin A+\sin B+\sin C\leqslant\frac{3}{2}\sqrt{2} \tag{C}$$

分析　设关于 $x\in\left(0,\frac{\pi}{2}\right)$ 的函数为

$$f(x)=\frac{\sin x}{x}$$

求导得

$$\begin{aligned}f'(x)&=\frac{\cos x}{x}-\frac{\sin x}{x^2}\\&=\frac{\cos x}{x}\left(1-\frac{\tan x}{x}\right)<0\end{aligned}$$

因此，在 $\left(0,\frac{\pi}{2}\right)$ 内 $f(x)$ 是单调减函数，设

$$\begin{aligned}&\frac{\pi}{2}>A\geqslant B\geqslant C>0\\&\Rightarrow\sum f(A)\geqslant 3f(A)>3f\left(\frac{\pi}{2}\right)\\&\qquad=3\sin\frac{\pi}{2}\div\frac{\pi}{2}=\frac{6}{\pi}\\&\Rightarrow\sum f(A)>\frac{6}{\pi}\end{aligned} \tag{2}$$

另外，由

$$\begin{aligned}&\frac{\pi}{2}>A\geqslant B\geqslant C>0\\&\Rightarrow\begin{cases}\sin A\geqslant\sin B\geqslant\sin C\\ \dfrac{1}{A}\leqslant\dfrac{1}{B}\leqslant\dfrac{1}{C}\end{cases}\quad\text{（应用切比雪夫不等式）}\\&\Rightarrow\sum f(A)=\sum\frac{\sin A}{A}\leqslant\frac{1}{3}\left(\frac{1}{A}+\frac{1}{B}+\frac{1}{C}\right)\sum\sin A\end{aligned} \tag{3}$$

记
$$\frac{1}{\theta}=\frac{1}{A}+\frac{1}{B}+\frac{1}{C}\geqslant\frac{9}{A+B+C}=\frac{9}{\pi}$$
$$\Rightarrow \sum \sin A\geqslant 3\theta \sum f(A)>\frac{18}{\pi}\theta \tag{4}$$

但
$$\theta\leqslant\frac{\pi}{9}\Rightarrow\frac{18}{\pi}\theta\leqslant 2$$

因此式(4)要比式(C)弱,即应用上述方法不奏效.

此外,对函数$f(x)=\frac{\sin x}{x}(0<x<\frac{\pi}{2})$求导知
$$f'(x)=\frac{x\cos x-\sin x}{x^2}$$
$$f''(x)=\frac{2\sin x-x^2\sin x-2x\cos x}{x^3}$$

令
$$g(x)=2\sin x-x^2\sin x-2x\cos x$$
$$\Rightarrow g'(x)=-x^2\cos x<0$$
$$\Rightarrow g(x)<g(0)=0$$
$$\Rightarrow f''(x)=x^{-3}g(x)<0\text{(应用琴生不等式)}$$
$$\Rightarrow \sum f(A)\leqslant 3f\left(\frac{A+B+C}{3}\right)=3f\left(\frac{\pi}{3}\right)$$
$$=\frac{9}{\pi}\sin\frac{\pi}{3}=\frac{9\sqrt{3}}{2\pi}$$
$$\Rightarrow\frac{6}{\pi}<\frac{\sin A}{A}+\frac{\sin B}{B}+\frac{\sin C}{C}\leqslant\frac{9\sqrt{3}}{2\pi} \tag{C_1}$$

分析至此,我们虽然未找出证明式(C)的方法,却阴错阳差地意外得到了式(C_1),显然,这式(C_1)又是一个漂亮的双向不等式.

其实,应用初等的方法,我们过去证明了对于任意$\triangle ABC$,有不等式
$$\sin A+\sin B+\sin C\leqslant\frac{3}{2}\sqrt{3}$$

自然,式(C)可完善成“燕双飞”型的双向不等式
$$\frac{3}{2}\sqrt{3}\geqslant\sin A+\sin B+\sin C>2$$
$$\Leftrightarrow 2<\sin A+\sin B+\sin C\leqslant\frac{3}{2}\sqrt{3} \tag{C_2}$$

且,当$A=B=C=\frac{\pi}{3}$时式(C_2)右边取等号,当$A\to\frac{\pi}{2},B\to\frac{\pi}{2}$时
$$\sum \sin A\to 2$$
因此2是最佳常数.

证法 1　令$f(A,B,C)=\sum \sin A$,下面我们用调整法证明

$$f(A,B,C)>f\left(\frac{\pi}{2},A+B-\frac{\pi}{2},C\right)$$
$$>f\left(\frac{\pi}{2},\frac{\pi}{2},0\right)=2$$

因为

$$f(A,B,C)>f\left(\frac{\pi}{2},A+B-\frac{\pi}{2},C\right)$$
$$\Leftrightarrow \sin A+\sin B>\sin\frac{\pi}{2}+\sin\left(A+B-\frac{\pi}{2}\right)$$
$$\Leftrightarrow 2\sin\frac{A+B}{2}\cos\frac{A-B}{2}>2\sin\frac{A+B}{2}\cos\left(\frac{A+B}{2}-\frac{\pi}{2}\right)$$
$$\Leftrightarrow 2\left[\cos\frac{A-B}{2}-\cos\left(\frac{A+B}{2}-\frac{\pi}{2}\right)\right]\cos\frac{C}{2}>0$$
$$\Leftrightarrow \cos\frac{A-B}{2}-\cos\left(\frac{A+B}{2}-\frac{\pi}{2}\right)>0$$
$$\Leftrightarrow \sin\left(\frac{\pi}{4}-\frac{A}{2}\right)\sin\left(\frac{\pi}{4}-\frac{B}{2}\right)>0$$

而

$$A,B\in\left(0,\frac{\pi}{2}\right)\Rightarrow\frac{\pi}{4}-\frac{A}{2},\frac{\pi}{4}-\frac{B}{2}\in\left(0,\frac{\pi}{2}\right)$$
$$\Rightarrow \sin\left(\frac{\pi}{4}-\frac{A}{2}\right)\sin\left(\frac{\pi}{4}-\frac{B}{2}\right)>0$$
$$\Rightarrow f(A,B,C)>f\left(\frac{\pi}{2},A+B-\frac{\pi}{2},C\right)$$

又

$$A+B-\frac{\pi}{2},C\in\left(0,\frac{\pi}{2}\right)$$

于是再作一次调整,有

$$f\left(\frac{\pi}{2},A+B-\frac{\pi}{2},C\right)>f\left(\frac{\pi}{2},\frac{\pi}{2},0\right)$$
$$\Rightarrow f(A,B,C)>f\left(\frac{\pi}{2},A+B-\frac{\pi}{2},C\right)$$
$$>f\left(\frac{\pi}{2},\frac{\pi}{2},0\right)=2$$
$$\Rightarrow \sin A+\sin B+\sin C>2$$

所以式(C_2)成立.

证法 2　由于

$$\sum \sin A-\sum \cos A$$

$$=(\sin A+\sin B)-(\cos A+\cos B)+(\sin C-\cos C)$$
$$=2\sin\frac{A+B}{2}\cos\frac{A-B}{2}-2\cos\frac{A+B}{2}\cos\frac{A-B}{2}+2\sin\frac{C}{2}\cos\frac{C}{2}-2\cos^2\frac{C}{2}+1$$
$$=1+2\cos\frac{A-B}{2}\left(\sin\frac{A+B}{2}-\cos\frac{A+B}{2}\right)+2\cos\frac{C}{2}\left(\sin\frac{C}{2}-\cos\frac{C}{2}\right)$$
$$=1+2\cos\frac{A-B}{2}\left(\cos\frac{C}{2}-\sin\frac{C}{2}\right)+2\cos\frac{C}{2}\left(\sin\frac{C}{2}-\cos\frac{C}{2}\right)$$
$$=1+2\left(\sin\frac{C}{2}-\cos\frac{C}{2}\right)\left(\cos\frac{C}{2}-\cos\frac{A-B}{2}\right)$$
$$=1+4\sqrt{2}\sin\left(\frac{\pi}{4}-\frac{C}{2}\right)\sin\left(\frac{A+C-B}{4}\right)\sin\left(\frac{B+C-A}{4}\right)$$
$$=1+4\sqrt{2}\sin\left(\frac{\pi}{4}-\frac{C}{2}\right)\sin\left(\frac{\pi}{4}-\frac{B}{2}\right)\sin\left(\frac{\pi}{4}-\frac{A}{2}\right)$$

由于
$$A,B,C\in\left(0,\frac{\pi}{2}\right)$$
$$\Rightarrow\frac{\pi}{4}-\frac{A}{2},\frac{\pi}{4}-\frac{B}{2},\frac{\pi}{4}-\frac{C}{2}\in\left(0,\frac{\pi}{4}\right)$$
$$\Rightarrow\sum\sin A-\sum\cos A>1$$
$$\Rightarrow\sum\sin A>1+\sum\cos A$$
$$=2+4\prod\sin\frac{A}{2}>2$$
$$\Rightarrow\sum\sin A>2$$

故式(C_2)成立.

证法 3　由于$\triangle ABC$为锐角三角形,且

$$\sin A,\sin B,\sin C\in(0,1)$$
$$\Rightarrow\sum\sin A>\sum\sin^2 A$$
$$=2+2\prod\cos A>2$$
$$\Rightarrow\sum\sin A>2$$

即式(C_2)成立.

证法 4　设$\triangle ABC$的三边长为a,b,c,外接圆半径为R,应用正弦定理将式(C_1)转化为

$$a+b+c>4R \tag{1}$$

如图1所示,作出$\triangle ABC$及其外接圆,不妨设$a=BC$为最大边.平移$\triangle ABC$及其外接圆为$\triangle A_1B_1C_1$及其外接圆(右),使点B_1重合于点C,点C_1在BC的延长线上,记两等圆的另一交点为D,则$\angle BDC=\angle C_1DC$,且$BC=CC_1$.故

$DB=DC_1$, $DC\perp BC_1$, DB 和 DC_1 分别为两圆的直径，再由 $\triangle ABC$ 为锐角三角形可知，点 D 在凸四边形 ABC_1A_1 内，于是

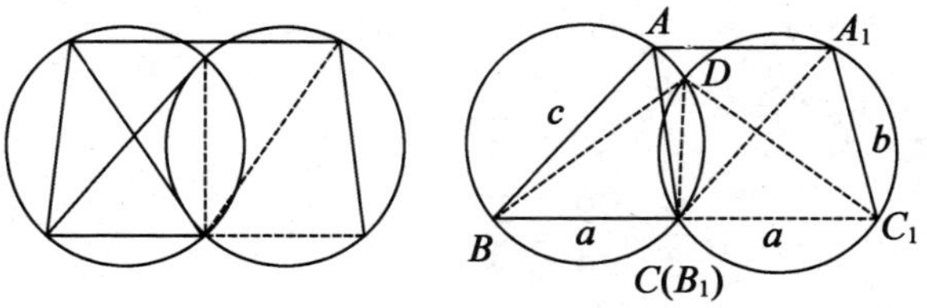

图 1

$$AB+AA_1+A_1C_1>DB+DC_1$$
$$\Rightarrow a+b+c>4R$$

故式(C_2)成立.

注　(ⅰ)从上面的证法 2 有

$$\begin{aligned}\sum\sin A-\sum\cos A&=1+4\sqrt{2}\prod\sin\left(\frac{\pi}{4}-\frac{A}{2}\right)\\&\leqslant 1+4\sqrt{2}\left[\frac{\sum\sin\left(\frac{\pi}{4}-\frac{A}{2}\right)}{3}\right]^3\\&\leqslant 1+4\sqrt{2}\left[\sin\frac{\sum\left(\frac{\pi}{4}-\frac{A}{2}\right)}{3}\right]^3\\&=1+4\sqrt{2}\sin^3\left(\frac{\pi}{4}-\frac{\pi}{6}\right)=\frac{3}{2}(\sqrt{3}-1)\end{aligned}$$

$$\Rightarrow 1<\sum\sin A-\sum\cos A\leqslant\frac{3}{2}(\sqrt{3}-1)\qquad(C_3)$$

$$\Leftrightarrow\frac{\sqrt{2}}{2}<\sum\sin\left(A-\frac{\pi}{4}\right)\leqslant\frac{3(\sqrt{6}-\sqrt{2})}{4}\qquad(C_4)$$

这样，我们又得到了式(C_1)、式(C_2)，这是我们意外得到的两个漂亮的副产品.

其实，我们还可将式(C_2)推广成一个较强的不等式链

$$\begin{aligned}\frac{3}{2}\sqrt{3}\geqslant\sqrt{\frac{9}{2}+\sum\sin^2A}\geqslant\sum\sin A\\>1+\sum\cos A>\sum\sin^2A>2\end{aligned}\qquad(C_5)$$

因为

$$\begin{aligned}\left(\sum\sin A\right)^2-\sum\sin^2A&=\sum 2\sin B\sin C\\&=\sum\left[\cos(B-C)-\cos(B+C)\right]\end{aligned}$$

$$\leqslant \sum (1+\cos A)=3+\sum \cos A$$

$$\leqslant 3+\frac{3}{2}=\frac{9}{2}$$

$$\Rightarrow (\sum \sin A)^2 \leqslant \frac{9}{2}+\sum \sin^2 A$$

$$\leqslant \frac{9}{2}+\frac{9}{4}=\frac{27}{4}$$

$$\Rightarrow (\sum \sin A)^2 \leqslant \frac{9}{2}+\sum \sin^2 A \leqslant \frac{27}{4}$$

$$\Rightarrow \frac{3}{2}\sqrt{3} \geqslant \sqrt{\frac{9}{2}+\sum \sin^2 A} \geqslant \sum \sin A \tag{2}$$

再证

$$1+\sum \cos A > \sum \sin^2 A$$

$$\Leftrightarrow 1+\sum \cos A+\sum \cos^2 A > 3$$

$$\Leftrightarrow \sum \cos A+\frac{1}{2}\sum (1+\cos^2 A) > 2$$

$$\Leftrightarrow 2\sum \cos A+\sum \cos 2A > 1$$

$$\Leftrightarrow (\sum \cos A-1)+\sum \cos A+\sum \cos 2A > 0$$

但

$$\cos A+\frac{1}{2}(\cos 2B+\cos 2C)$$

$$=\cos A+\cos(B+C)\cos(B-C)$$

$$=[1-\cos(B-C)]\cos A > 0$$

$$\left.\begin{aligned} &\Rightarrow \cos A+\frac{1}{2}(\cos 2B+\cos 2C) > 0 \\ &\text{同理}\begin{cases} \cos B+\frac{1}{2}(\cos 2C+\cos 2A) > 0 \\ \cos C\ \frac{1}{2}(\cos 2A+\cos 2B) > 0 \end{cases} \end{aligned}\right\}$$

$$\Rightarrow \sum \cos A+\frac{1}{2}\sum (\cos 2B+\cos 2C) > 0$$

$$\left.\begin{aligned} \Rightarrow &\sum \cos A+\sum \cos 2A > 0 \\ &\sum \cos A-1 > 0 \end{aligned}\right\}$$

$$\Rightarrow (2\sum \cos A-1)+\sum \cos 2A > 0$$

$$\Rightarrow 1+\sum \cos A > \sum \sin^2 A \tag{3}$$

将式(2)、式(3)、式(C_2)结合即得式(C_5).

(ⅱ)如果我们再设 λ,μ,ν 为正系数,应用柯西不等式有

$$\sum \lambda\sin A\leqslant\sqrt{\left(\sum\lambda\right)\left(\sum\lambda\sin^2 A\right)} \tag{4}$$

但是,应用三角母不等式有

$$\begin{aligned}&\left(\sum\lambda\sin A\right)^2-\sum(\lambda\sin A)^2\\ =&2\sum\mu\nu\sin B\sin C\\ =&\sum\mu\nu[\cos(B-C)-\cos(B+C)]\\ =&\sum\mu\nu co(B-C)+\sum\mu\nu\cos A\\ \leqslant&\sum\mu\nu+\frac{1}{2}\sum\lambda^2=\frac{1}{2}\left(\sum\lambda\right)^2\end{aligned}$$

$$\Rightarrow\sum\lambda\sin A\leqslant\sqrt{\sum(\lambda\sin A)^2+\frac{1}{2}\left(\sum\lambda\right)^2} \tag{5}$$

可见,式(4)与式(5)是两个相似又相异的结果.

(ⅲ)由于$\triangle ABC$为锐角三角形,故可设

$$0<A\leqslant B\leqslant C<\frac{\pi}{2}$$

$$\Rightarrow\begin{cases}\sin A\leqslant\sin B\leqslant\sin C\\ \sec A\leqslant\sec B\leqslant\sec C\end{cases}\text{(应用切比雪夫不等式的加权推广)}$$

$$\begin{aligned}\Rightarrow\sum\lambda\tan A=\sum\lambda\sin A\sec A&\geqslant\frac{\left(\sum\lambda\sin A\right)\left(\sum\lambda\sec A\right)}{\sum\lambda}\\ &=\frac{\sum\lambda\sin A}{\sum\lambda}\cdot\sum\frac{\lambda^2}{\lambda\cos A}\\ &\text{(应用柯西不等式)}\\ &\geqslant\frac{\sum\lambda\sin A}{\sum\lambda}\cdot\frac{\left(\sum\lambda\right)^2}{\sum\lambda\cos A}\\ &\Rightarrow\frac{\sum\lambda\sin A}{\sum\lambda\cos A}\leqslant\frac{\sum\lambda\tan A}{\sum\lambda}\end{aligned}$$

(ⅳ)我们在前面建立了式

$$1<\sum\sin A-\sum\cos A\leqslant\frac{3}{2}(\sqrt{3}-1) \tag{C_3}$$

现在,作置换

$$(A,B,C)\to\left(\frac{\pi}{2}-\frac{A}{2},\frac{\pi}{2}-\frac{B}{2},\frac{\pi}{2}-\frac{C}{2}\right)$$

$$\Rightarrow A,B,C\in\left(0,\frac{\pi}{2}\right)$$

$$\Rightarrow\sum\cos\frac{A}{2}\leqslant\sum\sin\frac{A}{2}+\frac{3}{2}(\sqrt{3}-1)\tag{C_6}$$

其中$\triangle ABC$为锐角三角形.

现设

$$A,B,C\in\left(\frac{\pi}{4},\frac{\pi}{2}\right)$$

$$\Rightarrow\pi-2A,\pi-2B,\pi-2C\in\left(0,\frac{\pi}{2}\right)$$

再在式(C_3)中作置换

$$(A,B,C)\to(\pi-2A,\pi-2B,\pi-2C)$$

$$\Rightarrow\sum\sin(\pi-2A)\leqslant\sum\cos(\pi-2A)+\frac{3}{2}(\sqrt{3}-1)$$

$$\Rightarrow\sum\sin 2A+\sum\cos 2A\leqslant\frac{3}{2}(\sqrt{3}-1)\tag{C_7}$$

$$\Rightarrow 4\prod\sin A-1-4\prod\cos A\leqslant\frac{3}{2}(\sqrt{3}-1)$$

$$\Rightarrow\prod\sin A\leqslant\prod\cos A+\frac{3\sqrt{3}-1}{8}\tag{C_8}$$

其中式(C_7)与式(C_8)的约束条件均是

$$A,B,C\in\left(\frac{\pi}{4},\frac{\pi}{2}\right)$$

而且,式(C_3)又等价于

$$\prod\cos\frac{A}{2}\leqslant\prod\sin\frac{A}{2}+\frac{3\sqrt{3}-1}{8}$$

下面,我们再建立一个相关配对结论:

结论6 对于任意$\triangle ABC$,有不等式

$$\sin A+\sin B+\sin C<2(\cos A+\cos B+\cos C)\tag{D}$$

显然,当$A\to\frac{\pi}{2},B\to\frac{\pi}{2},C\to 0$时,$\frac{\sum\sin A}{\sum\cos A}\to 2$.

其实,若我们令$A=\frac{\pi}{2},B=\frac{\pi}{2}-\theta,C=\theta,\theta\in\left(0,\frac{\pi}{2}\right)$,则

$$\frac{\sum\sin A}{\sum\cos A}=\frac{1+\cos\theta+\sin\theta}{\sin\theta+\cos\theta}$$

$$=1+\frac{\sqrt{2}}{2}\csc\left(\theta+\frac{\pi}{4}\right)\to 2\quad(\text{当 }\theta\to 0\text{ 时})$$

所以式(D)中的系数2是最佳的.

证法1　我们作代换

$$(x,y,z)=\left(\tan\frac{A}{2},\tan\frac{B}{2},\tan\frac{C}{2}\right)$$

$$\Rightarrow\begin{cases}x,y,z>0\\xy+yz+zx=1\end{cases}$$

于是式(D)等价于

$$\sum\frac{2x}{1+x^2}<2\sum\frac{1-x^2}{1+x^2}$$

$$\Leftrightarrow\sum\left(\frac{x}{xy+yz+zx+x^2}\right)<\sum\left(\frac{1-x^2}{xy+yz+zx+x^2}\right)$$

$$\Leftrightarrow\sum\frac{x}{(x+y)(x+z)}<\sum\frac{1-x^2}{(x+y)(x+z)}$$

$$\Leftrightarrow\sum x(y+z)<\sum(1-x^2)(y+z)$$

$$\Leftrightarrow 2<\sum(y+z)-\sum x^2(y+x)$$

$$\Leftrightarrow 2<\sum(y+z)(yz+zx+xy)\sum x^2(y+z)$$

$$\Leftrightarrow 2<\sum x^2y+\sum xy^2+6xyz$$

$$\Leftrightarrow 4\left(\sum xy\right)^3<\left(\sum x^2y+\sum xy^2+6xyz\right)^2\tag{1}$$

注意到

$$4(xy+yz+zx)^3=4\left(\sum x^3y^3+3\sum x^3y^3z+3\sum x^2y^3z+6x^2y^2z^2\right)$$

$$\left(\sum x^2y+\sum xy^2+6xyz\right)^2$$

$$=\sum x^4y^2+\sum x^2y^4+36x^2y^2z^2+12\sum x^3y^2z+$$

$$12\sum x^2y^3z+2\sum x^3y^3+f(x,y,z)$$

其中$f(x,y,z)>0$.

$$\sum x^4y^2+\sum x^2y^4=\sum(x^4y^2+x^2y^4)$$

$$\geqslant 2\sum x^3y^3$$

所以式(1)成立,从而式(D)成立.

证法2　根据对称性不妨设

$$A\geqslant B\geqslant C$$

$$\Rightarrow\frac{\pi}{3}\leqslant A<\pi$$

$$\Rightarrow 0<\cot\frac{A}{2}\leqslant\sqrt{3}$$

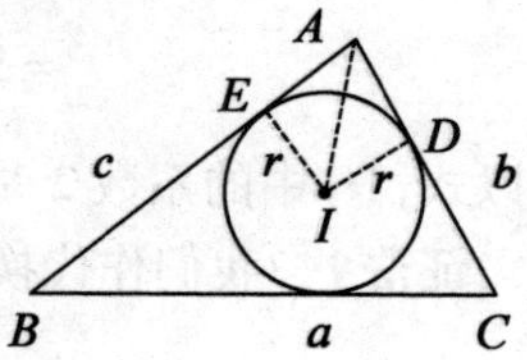

图 2

如图 2 所示

$$r=ID=AD\tan\frac{A}{2}$$

$$=\frac{1}{2}(b+c-a)\tan\frac{A}{2}$$

$$\left.\begin{array}{r}\Rightarrow\frac{1}{2}(b+c-a)=r\cot\frac{A}{2}\leqslant\sqrt{3}r\\ a=2R\sin A\leqslant 2R\end{array}\right\}$$

$$\Rightarrow\frac{b+c-a}{2}+a\leqslant 2R+\sqrt{3}r<2R+2r$$

$$\Rightarrow\frac{a+b+c}{2R}<2+2\frac{r}{R}$$

$$\Rightarrow\sum\sin A<2\sum\cos A$$

从结构上讲,式(D)有一个非常优雅迷人的配对

结论 7　如果△*ABC* 为非钝角三角形,则有

$$(\cos A+\cos B+\cos C)^2\leqslant\sin^2A+\sin^2B+\sin^2C\leqslant\frac{9}{4}\qquad(\mathrm{E})$$

证法 1　当△*ABC* 为直角三角形时,由对称性不妨设 $A=\frac{\pi}{2}\Rightarrow\sum\sin^2A=2$

$$\left(\sum\cos A\right)^2=(\cos B+\sin B)^2$$

$$=2\cos^2\left(B-\frac{\pi}{4}\right)\leqslant 2=\sum\sin^2A$$

此时式(E)成立.

当△*ABC* 为锐角三角形时,式(E)等价于

$$\sum(\cos A+\cos B)^2\leqslant 3\qquad(\mathrm{E}_1)$$

令

$$\begin{cases}x=b^2+c^2-a^2\\ y=c^2+a^2-b^2\\ z=a^2+b^2-c^2\end{cases}\Rightarrow\begin{cases}a=\sqrt{\dfrac{y+z}{2}}\\ b=\sqrt{\dfrac{z+x}{2}}\\ c=\sqrt{\dfrac{x+y}{2}}\end{cases}$$

于是,式(E)化为

$$\sum\left(\frac{x}{2bc}+\frac{y}{2ca}\right)^2\leqslant 3\qquad(1)$$

$$\Leftrightarrow (ax+by)^2+(by+cz)^2+(cz+ax)^2\leqslant 12a^2b^2c^2 \qquad (2)$$

而

$$\begin{aligned}\sum(ax+by)^2 &= \sum 2a^2x^2+2\sum bcyz\\ &=\sum x^2(y+z)+\sum yz\sqrt{(x+y)(x+z)}\\ &\leqslant \sum x^2(y+x)+\frac{1}{2}\sum yz(2x+y+z)\\ &=\frac{3}{2}\sum x^2(y+z)+3xyz\\ &=\frac{3}{2}(x+y)(y+z)(z+x)\\ &=12a^2b^2c^2\end{aligned}$$

即式(2)成立，因此式(E_1)成立，所以式(E)成立，等号成立仅当

$$x=y=z\Rightarrow a=b=c$$

或 $a=b=\frac{\sqrt{2}}{2}c$(及其轮换).

证法2　由于

$$\sum \cos^2 A=1-2\prod \cos A$$

因此式(E)等价于

$$\sum \cos B\cos C\leqslant \frac{1}{2}+2\prod \cos A \qquad (E_2)$$

当△ABC 为直角三角形时，$\prod \cos A=0$，由对称性不妨设 $\angle A=\frac{\pi}{2}\Rightarrow \cos A=0$.

$$\begin{aligned}\sum \cos B\cos C &= \cos B\cos C\\ &=\cos B\sin B=\frac{1}{2}\sin 2B\leqslant \frac{1}{2}\end{aligned}$$

此时式(E_2)成立.

当△ABC 为锐角三角形时，由于式(E_2)中 A,B,C 完全对称，不妨设

$$C\leqslant B\leqslant A\Rightarrow \frac{\pi}{3}\leqslant A<\frac{\pi}{2}\Rightarrow \cos A>0$$

于是

$$\begin{aligned}&\sum \cos B\cos C-2\prod \cos A\\ &=\cos A(\cos B+\cos C)+\cos B\cos C(1-2\cos A)\\ &=2\cos A\cos\frac{B+C}{2}\cos\frac{B-C}{2}+\\ &\quad\frac{1}{2}[\cos(B+C)-\cos(B-C)](1-2\cos A)\end{aligned}$$

$$\leqslant 2\cos A\sin\frac{A}{2}+\frac{1}{2}(1-\cos A)(1-2\cos A)$$

$$=2\cos A\sin\frac{A}{2}+\frac{1}{2}(1-3\cos A-2\cos^2 A)$$

$$=\frac{1}{2}+\cos A(-2\sin^2\frac{A}{2}+2\sin\frac{A}{2}-\frac{1}{2})$$

$$=\frac{1}{2}-2\cos A(\sin\frac{A}{2}-\frac{1}{2})^2\leqslant\frac{1}{2}$$

$$\Rightarrow \sum \cos B\cos C\leqslant\frac{1}{2}+2\prod\cos A$$

$$\Rightarrow \sum \sin^2 A\geqslant(\sum\cos A)^2$$

即此时式(E)成立,等号成立仅当$\triangle ABC$为正三角形.

综合上述,式(E)成立,等号成立仅当$\triangle ABC$为正三角形或等腰三角形.

(七)

从上述两种证法可知,不等式(E)"天生爱美",喜欢"梳妆打扮"——具有如下漂亮的外形

$$(\cos A+\cos B+\cos C)^2\leqslant\sin^2 A+\sin^2 B+\sin^2 C\leqslant\frac{9}{4} \tag{E}$$

$$(\cos A+\cos B)^2+(\cos B+\cos C)^2+(\cos C+\cos A)^2 \tag{E_1}$$

$$\leqslant 3\cos B\cos C+\cos C\cos A+\cos A\cos B$$

$$\leqslant\frac{1}{2}+2\cos A\cos B\cos C \tag{E_2}$$

$$\left(\sin\frac{A}{2}\cos\frac{B-C}{2}\right)^2+\left(\sin\frac{B}{2}\cos\frac{C-A}{2}\right)^2+\left(\sin\frac{C}{2}\cos\frac{A-B}{2}\right)^2$$

$$\leqslant\frac{3}{4}\leqslant\sin^2\frac{A}{2}+\sin^2\frac{B}{2}+\sin^2\frac{C}{2} \tag{E_3}$$

特别地,若设$x,y,z>0$,那么对于非钝角$\triangle ABC$,利用式(E_1)与柯西不等式,有

$$3\sum x^2\geqslant(\sum x^2)\sum(\cos B+\cos C)^2$$

$$\geqslant[\sum x(\cos B+\cos C)]^2$$

$$=[\sum(y+z)\cos A]^2$$

$$\Rightarrow\sum(y+z)\cos A\leqslant\sqrt{3\sum x^2} \tag{E_4}$$

等号成立仅当 $x=y=z$ 且 $\triangle ABC$ 为正三角形.

观察式(E_4)那迷人的外观,使我们立刻联想到"亲爱的"三角母不等式

$$2\sum yz\cos A\leqslant\sum x^2 \tag{*}$$

等号成立仅当

$$\frac{x}{\sin A}=\frac{y}{\sin B}=\frac{z}{\sin C}$$

在式(*)中,若令

$$(\lambda,\mu,\nu)=(yz,zx,xy)$$
$$\Rightarrow(x^2,y^2,z^2)=\left(\frac{\mu\nu}{\lambda},\frac{\nu\lambda}{\mu},\frac{\lambda\mu}{\nu}\right)$$
$$\Rightarrow\sum\lambda\cos A\leqslant\frac{1}{2}\sum\frac{\mu\nu}{\lambda}$$

在式(E_4)中,若令

$$(2\lambda,2\mu,2\nu)=(y+z,z+x,x+y)$$
$$\Rightarrow(x,y,z)=(\mu+\nu-\lambda,\nu+\lambda-\mu,\lambda+\mu-\nu)$$
$$\Rightarrow 2\sum\lambda\cos A\leqslant\sqrt{3\sum(\mu+\nu-\lambda)^2}$$
$$=\sqrt{3[3\sum\lambda^2-2\sum\mu\nu]}$$
$$=\sqrt{3[4\sum\lambda^2-(\sum\lambda^2)]}$$
$$\Rightarrow\sum\lambda\cos A\leqslant\frac{1}{2}\sqrt{3[4\sum\lambda^2-(\sum\lambda)^2]} \tag{E_5}$$

等号成立仅当 $\lambda=\mu-\nu$ 且 $\triangle ABC$ 为正三角形.

过去,我们利用三角母不等式巧妙地建立了正弦和不等式

$$\sin A+\sin B+\sin C\leqslant\frac{3}{2}\sqrt{3}$$

的一系列加权推广.

现在,如果我们视式(E_5)为三角母不等式的双胞胎之一,那么,利用式(E_5)我们同样可以建立正弦和不等式的新推广:

结论 8　设 $0<k<1,x,y,z,\lambda,\mu,\nu$ 均为正数,$\theta_i\in(0,1)$ 且 $\sum_{i=1}^{n}\theta_i=1$,$\triangle A_iB_iC_i(i=1,2,\cdots,n,n\in\mathbf{N}_+)$为锐角三角形,则有

$$P_n(\lambda)=\lambda\prod_{i=1}^{n}(\sin A_i)^{2k\theta_i}+\mu\prod_{i=1}^{n}(\sin B_i)^{2k\theta_i}+\nu\prod_{i=1}^{n}(\sin C_i)^{2k\theta_i}\leqslant M \tag{E_6}$$

其中

$$M=p^{k}q^{1-k}$$

$$\begin{cases}p=\frac{3}{2}\sqrt{3(x^2+y^2+z^2)}\\ q=\left[\frac{\lambda}{(y+z)^k}\right]^{\frac{1}{1-k}}+\left[\frac{\mu}{(z+x)^k}\right]^{\frac{1}{1-k}}+\left[\frac{\nu}{(x+y)^k}\right]^{\frac{1}{1-k}}\end{cases}$$

特别,当取 $k=\frac{1}{2}$,$n=1$ 时,得到漂亮的特例

$$\lambda\sin A+\mu\sin B+\nu\sin C\leqslant\sqrt{p_1q_1} \qquad (E_7)$$

其中

$$\begin{cases}p_1=p=\frac{3}{2}\sqrt{3(x^2+y^2+z^2)}\\ q_1=\frac{\lambda^2}{y+z}+\frac{u^2}{z+x}+\frac{v^2}{x+y}\end{cases}$$

证明 对于锐角$\triangle ABC$,我们在式(E_4)中作置换

$$(A,B,C)\longrightarrow(\pi-2A,\pi-2B,\pi-2C)$$

$$\Rightarrow-\sum(y+z)\cos 2A\leqslant\sqrt{3\sum x^2}$$

$$\Rightarrow-\sum(y+z)(1-2\sin^2A)\leqslant\sqrt{3\sum x^2}$$

$$\Rightarrow 2\sum(y+z)\sin^2A\leqslant 2\sum x+\sqrt{\left(\sum x^2\right)\times 3}$$

$$\leqslant 2\sqrt{3\sum x^2}+\sqrt{3\sum x^2}$$

$$\Rightarrow\sum(y+z)\sin^2A\leqslant p$$

注意

$$k\in(0,1)\Rightarrow\begin{cases}k,1-k\in(0,1)\\ k+(1-k)=1\end{cases}$$

及

$$\prod_{i=1}^{n}M^{\theta_i}=M^{\sum_{i=1}^{n}\theta_i}=M$$

应用赫尔德不等式有

$$\sum\lambda(\sin A)^{2k}\leqslant q^{1-k}\left[\sum(y+z)\sin^2A\right]^k$$

$$\leqslant p^Kq^{1-k}=M$$

$$\Rightarrow\sum\lambda(\sin A_i)^{2k}\leqslant M\quad(i=1,2,\cdots,n)$$

再次应用赫尔德不等式,有

$$P_n(\lambda)=\sum\lambda\prod_{i=1}^{n}(\sin A_i)^{2k\theta_i}$$

$$=\sum\prod_{i=1}^{n}(\lambda_i\sin^{2k}A_i)^{\theta_i}$$

$$\leqslant \prod_{i=1}^{n}\left(\sum \lambda \sin^{2k} A_i\right)^{\theta_i}$$

$$\leqslant \prod_{i=1}^{n} M^{\theta_i} = M$$

$$\Rightarrow P_n(\lambda) \leqslant M$$

即式(E_6)成立,等号成立仅当

$$\begin{cases}\lambda = \mu = \nu \\ x = y = z \\ A_i = B_i = C_i = \dfrac{\pi}{3} \quad (1 \leqslant i \leqslant n)\end{cases}$$

从外形结构上讲,式

$$\left(\sum \cos A\right)^2 \leqslant \sum \sin^2 A \tag{E}$$

最简洁紧凑,自然显得美观漂亮,令人偏爱,那么我们能从系数方面建立它的加权推广吗?

分析　应用式(E)并结合三角母不等式的变形,再应用柯西不等式有

$$\begin{cases}\sum \sin^2 A \geqslant \left(\sum \cos A\right)^2 \\ \dfrac{1}{2}\sum \left(\dfrac{\mu\nu}{\lambda}\right)^2 \geqslant \sum \lambda^2 \cos A\end{cases}$$

$$\Rightarrow \frac{1}{2}\sum \left(\frac{\mu\nu}{\lambda}\right)^2 \cdot \left(\sum \sin^2 A\right)^{\frac{1}{2}}$$

$$\geqslant \left(\sum \lambda^2 \cos A\right)\left(\sum \cos A\right)$$

$$\geqslant \left(\sum \lambda \cos A\right)^2 \tag{1}$$

观察式(1),其右边是我们希望的结构,但左边 $\sum \sin^2 A$ 多个指数$\frac{1}{2}$,消不掉,且不含权系数 λ,μ,ν,不尽如人意.

若再联想到我们在过去得到的不等式

$$\sum \cos A = 1 + 4\prod \sin \frac{A}{2} > 1$$

$$\left.\begin{aligned}\Rightarrow \sum \sin^2 A \geqslant \left(\sum \cos A\right)^2 > \sum \cos A \\ \frac{1}{2}\sum \left(\frac{\mu\nu}{\lambda}\right)^2 \geqslant \sum \lambda^2 \cos A\end{aligned}\right\}$$

$$\Rightarrow \frac{1}{2}\sum \left(\frac{\mu\nu}{\lambda}\right)^2 \cdot \sum \sin^2 A > \left(\sum \lambda^2 \cos A\right)\left(\sum \cos A\right)$$

$$\geqslant \left(\sum \lambda \cos A\right)^2 \tag{2}$$

可见,式(2)也不是我们所追求的加权推广式,至此,我们已宣告失败两

次，难道就真的“无路可走吗?”

结论 9 设$\triangle ABC$为锐角三角形，λ,μ,ν为正系数，则有

$$\lambda^4\sin^2A+\mu^4\sin^2B+\nu^4\sin^2C\geqslant(\mu\nu\cos A+\nu\lambda\cos B+\lambda\mu\cos C)^2 \qquad (E_8)$$

显然，当$\triangle ABC$为正三角形时，式(E_8)化为代数不等式

$$3(\lambda^4+\mu^4+\nu^4)\geqslant(\mu\nu+\nu\lambda+\lambda\mu)^2$$

当$\lambda=\mu=\nu$时，式(E_8)简化为式(E).

而且从结构上讲，式(E_8)不复杂；从外形上讲，式(E_8)不庞大，恰似我们苦苦求来的“佛”.

证明 首先联想到三角恒等式

$$\sin 2A+\sin 2B+\sin 2C=4\sin A\sin B\sin C$$

及三角母不等式

$$x^2+y^2+z^2\geqslant 2(yz\cos A+zx\cos B+xy\cos C)$$

等号成立仅当

$$\frac{x}{\sin A}=\frac{y}{\sin B}=\frac{z}{\sin C}$$

取

$$(x^2,y^2,z^2)=(\lambda^4\sin^2A,\mu^4\sin^2B,\nu^4\sin^2C)$$

$$\Rightarrow \sum\lambda^4\sin^2A\geqslant 2\sum(\mu^2\nu^2\sin B\sin C\cos A)$$

$$=(2\prod\sin A)\left(\sum\mu^2\nu^2\frac{\cos A}{\sin A}\right)$$

$$=\frac{1}{2}(\sum\sin 2A)\left(\sum\mu^2\nu^2\frac{\cos A}{\sin A}\right)$$

$$=(\sum\sin A\cos A)\left(\sum\mu^2\nu^2\frac{\cos A}{\sin A}\right)$$

$$\geqslant(\sum\mu\nu\cos A)^2\text{（应用柯西不等式）}$$

$$\Rightarrow \sum\lambda^4\sin^2A\geqslant(\sum\mu\nu\cos A)^2$$

即式(E_8)成立，等号成立仅当

$$\frac{\lambda^4\sin^2A}{\sin^2A}=\frac{\mu^4\sin^2B}{\sin^2B}=\frac{\nu^4\sin^2C}{\sin^2C}$$

$$\Rightarrow\lambda=\mu=\nu$$

及

$$\frac{\mu^2\nu^2\cot A}{\sin 2A}=\frac{\nu^2\lambda^2\cot B}{\sin 2B}=\frac{\lambda^2\mu^2\cot C}{\sin 2C}$$

$$\Rightarrow\sin A=\sin B=\sin C$$

$$\Rightarrow A=B=C=\frac{\pi}{3}$$

即式(E_8)等号成立仅当$\lambda=\mu=\nu$且$\triangle ABC$为正三角形.

其实,从另一个角度讲,式(E_8)再结合三角不等式的变形有

$$\begin{cases}\sum \lambda^4\sin^2 A\geqslant\left(\sum \mu\nu\cos A\right)^2 \\ \left[\sum\left(\frac{yz}{\lambda x}\right)^2\right]^2\geqslant 4\left(\sum \frac{x^2}{\mu\nu}\cos A\right)^2\end{cases}$$

$$\Rightarrow\left[\sum\left(\frac{yz}{\lambda x}\right)^2\right]^2\left(\sum \lambda^4\sin^2 \mathrm{A}\right)$$

$$\geqslant 4\left[\left(\sum \frac{x^2}{\mu\nu}\cos A\right)\left(\sum \mu\nu\cos A\right)\right]^2\text{(应用柯西不等式)}$$

$$\geqslant 4\left(\sum x\cos A\right)^4$$

$$\Rightarrow\left[\sum\left(\frac{yz}{\lambda x}\right)^2\right]^2\left(\sum \lambda^4\sin^2 A\right)$$

$$\geqslant 4\left(\sum x\cos A\right)^4 \qquad (E_9)$$

等号成立仅当

$$\begin{cases}x=y=z\\ \lambda=\mu=\nu\\ A=B=C=\frac{\pi}{3}\end{cases}$$

这就是我们意外得到的漂亮推论.

(八)

百尺竿头,更进一步,下面我们再从指数方面推广不等式(E_8)

结论 10　设$\triangle ABC$为锐角三角形,λ,μ,ν为正系数,指数$0\leqslant k\leqslant 1$,则有

$$f(k)=3^{1-k}\left[\lambda^4(\sin A)^{2k}+\mu^4(\sin B)^{2k}+\nu^4(\sin C)^{2k}\right]$$
$$\geqslant\left[\mu\nu(\cos A)^k+\nu\lambda(\cos B)^k+\lambda\mu(\cos C)^k\right]^2 \qquad (E_{10})$$

显然,当$k=0$时,式(E_{10})化为代数不等式$3(\lambda^4+\mu^4+\nu^4)\geqslant(\mu\nu+\nu\lambda+\lambda\mu)^2$,$k=1$时,式$(E_{10})$化为式$(E_8)$,因此下面我们只需证明当指数$0<k<1$时的情形即可.

证明　设 $x,y,z>0$,应用加权幂平均不等式和三角母不等式,对锐角 $\triangle ABC$ 有

$$\frac{\sum yz\cos^k A}{\sum yz} \leqslant \left(\frac{\sum yz\cos A}{\sum yz}\right)^k \leqslant \left(\frac{\sum x^2}{2\sum yz}\right)^k$$

$$\Rightarrow 2^k \sum yz\cos^k A \leqslant (\sum x^2)^k(\sum yz)^{1-k}$$

$$\leqslant (\sum x^2)^k(\sum x^2)^{1-k} = \sum x^2$$

$$\Rightarrow \sum x^2 \geqslant 2^k \sum yz\cos^k A$$

在上式中取

$$\begin{cases} x=\lambda^2\sin^k A \\ y=\mu^2\sin^k B \\ z=\nu^2\sin^k C \end{cases}$$

$$\Rightarrow \sum \lambda^4(\sin A)^{2k}$$

$$\geqslant 2^k \sum \mu^2\nu^2(\sin B\sin C\cos A)^k$$

$$=(2\prod \sin A)^k(\sum \mu^2\nu^2\cot^k A)$$

$$=\left(\frac{1}{2}\sum \sin 2A\right)^k(\sum \mu^2\nu^2\cot^k A)$$

$$\geqslant \left(\frac{3}{2}\right)^k \frac{\sum(\sin 2A)^k}{3}(\sum \mu^2\nu^2\cot^k A)$$

$$=3^{k-1}\sum(\sin A\cos A)^k \sum u^2v^2\left(\frac{\cos A}{\sin A}\right)^k \text{(应用柯西不等式)}$$

$$\geqslant 3^{k-1}\left[\sum \mu\nu(\cos A)^k\right]^2$$

$$\Rightarrow 3^{1-k}\sum \lambda^4(\sin A)^{2k} \geqslant (\sum \mu\nu\cos^k A)^2$$

这即为式(E_{10}),等号成立仅当 $\lambda=\mu=\nu$,且 $\triangle ABC$ 为正三角形.

让我们展开飞翔的翅膀,去九天揽月,去拥抱太阳.

结论 11　设 λ,μ,ν 为正系数,指数 $0\leqslant k\leqslant 1$,$\theta_i\in(0,1)$ $(1\leqslant i\leqslant n,n\in \mathbf{N}_+)$ 且 $\sum_{i=1}^{n}\theta_i=1$,$\triangle A_iB_iC_i(1\leqslant i\leqslant n)$ 为锐角三角形,则有

$$F_n(\lambda)=3^{1-k}\sum\left[\lambda^4\prod_{i=1}^{n}(\sin A_i)^{2k\theta_i}\right]$$

$$\geqslant\left[\sum \mu\nu\prod_{i=1}^{n}(\cos A_i)^{k\theta_i}\right]^2 \qquad (E_{11})$$

显然，当 $n=1$ 时式(E_{11})等价于式(E_{10})，即式(E_{11})将式(E_{10})从一个三角形推广到了多个三角形.

证明　对于正数 t，注意到

$$\prod_{i=1}^{n} t^{\theta_i} = t^{\sum\limits_{i=1}^{n}\theta_i} = 1$$

应用赫尔德不等式和三角母不等式，有

$$\begin{aligned}
&2^k \sum \left[yz\prod_{i=1}^{n} (\cos^k A_i)^{\theta_i} \right] \\
= &\sum \prod_{i=1}^{n} (2^k yz\cos^k A_i)^{\theta_i} \\
\leqslant &\prod_{i=1}^{n} \left(\sum 2^k yz\cos^k A_i \right)^{\theta_i} \\
\leqslant &\prod_{i=1}^{n} \left(\sum x^2 \right)^{\theta_i} = \sum x^2 \\
\Rightarrow &\sum x^2 \geqslant 2^k \sum \left[yz\prod_{i=1}^{n} (\cos^k A_i)^{\theta_i} \right]
\end{aligned}$$

令

$$\begin{cases}
x = \lambda^2 \prod\limits_{i=1}^{n} (\sin^k A_i)^{\theta_i} \\
y = \mu^2 \prod\limits_{i=1}^{n} (\sin^k B_i)^{\theta_i} \\
z = \nu^2 \prod\limits_{i=1}^{n} (\sin^k C_i)^{\theta_i}
\end{cases}$$

$$\begin{aligned}
&\Rightarrow 2^k \sum \left[yz\sum_{i=1}^{n} (\cos^k A_i)^{\theta_i} \right] \\
&= 2^k \sum \left[\mu^2\nu^2 \prod_{i=1}^{n} (\sin B_i \sin C_i \cos A_i)^{k\theta_i} \right] \\
&= 2^k \prod_{i=1}^{n} (\sin A_i \sin B_i \sin C_i)^{k\theta_i} \cdot \left[\sum \mu^2\nu^2 \prod_{i=1}^{n} (\cot^k A_i)^{\theta_i} \right] \\
&= 2^k \prod_{i=1}^{n} \left(\frac{1}{4} \sum \sin 2A_i \right)^{k\theta_i} \cdot \left[\sum \mu^2\nu^2 \prod_{i=1}^{n} (\cot^k A_i)^{\theta_i} \right] \\
&= \prod_{i=1}^{n} \left(\sum \sin A_i \cos A_i \right)^{k\theta_i} \cdot \left[\sum u^2 v^2 \prod_{i=1}^{n} (\cot^k A_i)^{\theta_i} \right] \\
&= \prod_{i=1}^{n} 3^{k\theta_i} \left(\frac{\sum \sin A_i \cos A_i}{3} \right)^{k\theta_i} \cdot \left[\sum \mu^2\nu^2 \prod_{i=1}^{n} (\cot A_i)^{k\theta_i} \right]
\end{aligned}$$

（应用幂平均不等式）

$$\geqslant \prod_{i=1}^{n} \left(3^{k\theta_i} \cdot \left[\frac{\sum (\sin A_i \cos A_i)^k}{3} \right]^{\theta_i} \right) \cdot \left[\sum \mu^2\nu^2 \prod_{i=1}^{n} (\cot A_i)^{k\theta_i} \right]$$

$$= 3^{k-1}\prod_{i=1}^{n}\left[\sum(\sin A_i\cos A_i)^k\right]^{\theta_i}\cdot\left[\sum\mu^2\nu^2\prod_{i=1}^{n}(\cot A_i)^{k\theta_i}\right]$$

（应用赫尔德不等式）

$$\geqslant 3^{k-1}\left[\sum\prod_{i=1}^{n}(\sin A_i\cos A_i)^{k\theta_i}\right]\cdot\left[\sum\mu^2\nu^2\prod_{i=1}^{n}\left(\frac{\cos A_i}{\sin A_i}\right)^{k\theta_i}\right]$$

（应用柯西不等式）

$$\geqslant 3^{k-1}\left[\sum\mu\nu\prod_{i=1}^{n}(\cos A_i)^{k\theta_i}\right]^2$$

$$\Rightarrow F_n(\lambda) = 3^{1-k}\sum\left[\lambda^4\prod_{i=1}^{n}(\sin A_i)^{2k\theta_i}\right]$$

$$\geqslant\left[\sum\mu\nu\prod_{i=1}^{n}(\cos A_i)^{k\theta_i}\right]^2$$

即式（E_{11}成立），等号成立仅当 $\lambda=\mu=\nu$ 且 $\triangle A_iB_iC_i(i=1,2,\cdots,n)$ 均为正三角形.

此外，对于锐角 $\triangle A_iB_iC_i$，我们过去建立了不等式

$$\sum yz\sin^2 A_i\leqslant\left(\frac{\sum x}{2}\right)^2\quad(i=1,2,\cdots,n,n\in\mathbf{N}_+)$$

令

$$(yz,zx,xy)=(\lambda^4,\mu^4,\nu^4)$$

$$\Rightarrow(x,y,z)=\left(\frac{\mu^2\nu^2}{\lambda^2},\frac{\nu^2\lambda^2}{\mu^2},\frac{\lambda^2\mu^2}{\nu^2}\right)$$

$$\Rightarrow\sum\lambda^4\sin^2 A_i\leqslant\frac{1}{4}\left(\sum\frac{\mu^2\nu^2}{\lambda^2}\right)^2$$

由于 $0\leqslant k\leqslant 1$，应用加权幂平均不等式有

$$\frac{\sum yz(\sin^2 A_i)^k}{\sum yz}\leqslant\left(\frac{\sum yz\sin^2 A_i}{\sum yz}\right)^k\leqslant\left[\frac{(\sum x)^2}{4\sum yz}\right]^k$$

$$\Rightarrow\sum yz(\sin A_i)^{2k}\leqslant\left(\frac{\sum x}{2}\right)^{2k}\left(\sum yz\right)^{1-k}$$

$$\leqslant\left(\frac{\sum x}{2}\right)^{2k}\cdot\left[\frac{(\sum x)^2}{3}\right]^{1-k}$$

$$\Rightarrow\sum yz(\sin A_i)^{2k}\leqslant\frac{1}{3}\left(\frac{3}{4}\right)^k\left(\sum x\right)^2$$

$$\Rightarrow\sum\lambda^4(\sin A_i)^{2k}\leqslant\frac{1}{3}\left(\frac{3}{4}\right)^k\left(\sum\frac{\mu^2\nu^2}{\lambda^2}\right)^2$$

应用赫尔德不等式

$$\sum \lambda^4 \prod_{i=1}^{n} (\sin A_i)^{2k\theta_i} = \sum \prod_{i=1}^{n} (\lambda^4 \sin^{2k} A_i)^{\theta_i}$$
$$\leqslant \prod_{i=1}^{n} \left[\sum \lambda^4 (\sin A_i)^{2k} \right]^{\theta_i}$$
$$\leqslant \prod_{i=1}^{n} \left[\frac{1}{3}\left(\frac{3}{4}\right)^k \sum \left(\frac{\mu^2\nu^2}{\lambda^2}\right)^2 \right]^{\theta_i}$$
$$= \frac{1}{3}\left(\frac{3}{4}\right)^k \left(\sum \frac{\mu^2\nu^2}{\lambda^2} \right)^2$$
$$\Rightarrow \left(\frac{1}{2^k} \sum \frac{\mu^2\nu^2}{\lambda^2} \right)^2 \geqslant 3^{1-k} \sum \left[\lambda^4 \prod_{i=1}^{n} (\sin A_i)^{2k\theta_i} \right]$$
$$\geqslant \left[\sum \mu\nu \prod_{i=1}^{n} (\cos A_i)^{k\theta_i} \right]^2 \qquad (\mathrm{E}_{12})$$

即通过上述复杂的推导，我们终于将式(E_{11})完善成一个奇妙的双向三角不等式.

（九）

春天到，百花开. 令人欣喜的是，式(E_{12})还有一个相关的配对结论：

结论 12　设 λ,μ,ν 为正系数，指数 $0\leqslant k\leqslant 1$，$\theta_i \in (0,1)$ 且 $\sum\limits_{i=1}^{n} \theta_i$，$\triangle A_iB_iC_i(i=1,2,\cdots,n,n\in\mathbf{N}^+)$为锐角三角形，则有

$$P_\lambda = 3\left(\frac{\sqrt{3}}{2}\right)^{3k} \left\{ \sum \lambda^2 \prod_{i=1}^{n} \left[\frac{\sin A_i}{\cos(B_i - C_i)} \right]^{k\theta_i} \right\}$$
$$\geqslant \left[\sum \lambda \prod_{i=1}^{n} (\sin A_i)^{2k\theta_i} \right]^2 \qquad (\mathrm{E}_{13})$$

证明　第一步：先证明在$\triangle ABC$中有恒等式

$$\sin^3 A\cos(B-C) + \sin^3 B\cos(C-A) + \sin^3 C\cos(A-B) = 3\sin A\sin B\sin C \qquad (1)$$

事实上

$$\sin^3 A\cos(B-C)$$
$$= \sin^2 A\sin(B+C)\cos(A-B)$$
$$= \frac{1}{2}\sin^2 A(\sin 2B + \sin 2C)$$
$$= \frac{1}{4}(1-\cos 2A)(\sin 2B + \sin 2C)$$

$$=\frac{1}{4}[(\sin 2B+\sin 2C)-\sin 2B\cos 2A-\sin 2C\cos 2A]$$

同理可得

$$\sin^3 B\cos(C-A)$$
$$=\frac{1}{4}[(\sin 2C+\sin 2A)-\sin 2C\cos 2B-\sin 2A\cos 2B]$$
$$\sin^3 C\cos(A-B)$$
$$=\frac{1}{4}[(\sin 2A+\sin 2B)-\sin 2A\cos 2C-\sin 2B\cos 2C]$$

将以上三式相加,得

$$\sum \sin^3 A\cos(B-C)$$
$$=\frac{3}{4}\sum \sin 2A$$
$$=3\sin A\sin B\sin C$$

即式(1)得证.

第二步:应用三角不等式

$$\prod \sin A\leqslant\left(\frac{\sqrt{3}}{2}\right)^3$$
$$\Rightarrow\left(\frac{\sqrt{3}}{2}\right)^{3k}\geqslant\left(\prod \sin A\right)^k$$
$$=\left[\frac{\sum \sin^3 A\cos(B-C)}{3}\right]^k$$
$$\geqslant\frac{1}{3}\sum \sin^{3k} A\cos^k(B-C)$$
$$\Rightarrow\left(\frac{\sqrt{3}}{2}\right)^{3k}=\left(\frac{\sqrt{3}}{2}\right)^{3k\sum_{i=1}^{n}\theta_i}=\prod_{i=1}^{n}\left(\frac{\sqrt{3}}{2}\right)^{3k\theta_i}$$
$$\geqslant\prod_{i=1}^{n}(\sin A_i\sin B_i\sin C_i)^{k\theta_i}$$
$$\geqslant\prod_{i=1}^{n}\left[\frac{\sum \sin^{3k} A_i\cos^k(B_i-C_i)}{3}\right]^{\theta_i}\text{(应用赫尔德不等式)}$$
$$\geqslant\frac{1}{3}\sum\prod_{i=1}^{n}[\sin^3 A_i\cos(B_i-C_i)]^{k\theta_i}$$

第三步:应用赫尔德不等式有

$$3\left(\frac{\sqrt{3}}{2}\right)^{3k}P_\lambda\geqslant\sum\prod_{i=1}^{n}[\sin^3 A_i\cos(B_i-C_i)]^{k\theta_i}\sum\lambda^2\prod_{i=1}^{n}\left[\frac{\sin A_i}{\cos(B_i-C_i)}\right]^{k\theta_i}$$

$$\geqslant\left[\sum \lambda \prod_{i=1}^{n} (\sin A_i)^{2k\theta_i}\right]^2$$

$$\Rightarrow 3\left(\frac{\sqrt{3}}{2}\right)^{3k} P_\lambda \geqslant \left[\sum \lambda \prod_{i=1}^{n} (\sin A_i)^{2k\theta_i}\right]^2$$

即式(E_{13})成立,等号成立仅当

$$\begin{cases} \lambda=\mu=\nu \\ A_i=B_i=C_i=\dfrac{\pi}{3} \quad (1\leqslant i\leqslant n) \end{cases}$$

特别地,当取 $n=1$ 时,式(E_{13})等价于

$$3\left(\frac{\sqrt{3}}{2}\right)^{3k} \sum \lambda^2\left[\frac{\sin A}{\cos(B-C)}\right] \geqslant \left(\sum \lambda \sin^{2k} A\right)^2 \tag{E_{14}}$$

当取 $k=0$ 时,式(E_{14})化为代数不等式

$$3(\lambda^2+\mu^2+\nu^2)\geqslant(\lambda+\mu+\nu)^2$$

当取 $k=1$ 时,式(E_{14})又简化为

$$\frac{9}{8}\sqrt{3} \sum \frac{\lambda^2 \sin A}{\cos(B-C)} \geqslant \left(\sum \lambda \sin^2 A\right)^2 \tag{E_{15}}$$

再令 $\lambda=\mu=\nu$ 又有

$$\frac{9}{8}\sqrt{3} \sum \frac{\sin A}{\cos(B-C)} \geqslant \left(\sum \sin^2 A\right)^2 \tag{E_{16}}$$

再结合前面的式(E),我们又得到漂亮的双向不等式

$$\frac{9}{8}\sqrt{3} \sum \frac{\sin A}{\cos(B-C)} \geqslant \left(\sum \sin^2 A\right)^2 \geqslant \left(\sum \cos A\right)^4 \tag{E_{17}}$$

这真是春意盎然,趣味无穷,快乐无比的妙事!

其实,更振奋人心的是,我们还可以再从指数上推广式(E_{13}),使之更优美奇妙:

结论 13　设 λ,μ,ν 为正系数,正指数 p,q,k 满足 $p+3q\geqslant 2k(1+q)$, $\theta_i\in(0,1)$,且 $\sum\limits_{i=1}^{n}\theta_i=1$, $\triangle A_iB_iC_i(i=1,2,\cdots,n,n\in\mathbf{N}_+)$为锐角三角形,则有

$$P_\lambda = \sum \lambda^2 \prod_{i=1}^{n}\left[\frac{(\sin A_i)^p}{\cos^q(B_i-C_i)}\right]^{\theta_i}$$

$$\geqslant m\left[\sum \lambda^{\frac{2}{1+q}} \prod_{i=1}^{n} (\sin^{2k} A_i)^{\theta_i}\right]^{\varphi} \tag{E_{18}}$$

其中
$$m=\left[\frac{1}{3}\left(\frac{2}{\sqrt{3}}\right)\right]^q S^{1+q-\varphi}$$

$$S=\sum\lambda^{\frac{2}{1+q}}=\lambda^{\frac{2}{1+q}}+u^{\frac{2}{1+q}}+v^{\frac{2}{1+q}}$$

$$\varphi=\frac{p+3q}{2k}$$

$$m=\left[\frac{1}{3}\left(\frac{2}{\sqrt{3}}\right)^3\right]^q S^{1+q-\varphi}$$

特别地，当 $n=1$ 或 $\triangle A_1B_1C_1\backsim\triangle A_2B_2C_2\backsim\cdots\backsim\triangle A_nB_nC_n$ 时，式(E_{18})等价于

$$\sum\frac{\lambda^2(\sin A)^p}{\cos^q(B-C)}\geqslant m\left(\sum\lambda^{\frac{2}{1+q}}\sin^{2k}A\right)^{\varphi}\qquad(E_{19})$$

当取 $p=q=k$ 时，有

$$k+3k\geqslant 2k(1+k)\Rightarrow 0<k\leqslant 1\Rightarrow\varphi=2$$

此时式(E_{19})化为

$$\sum\lambda^2\left[\frac{\sin A}{\cos(B-C)}\right]^k\geqslant m\left(\sum\lambda^{\frac{2}{1+k}}\sin^{2k}A\right)^2\qquad(E_{20})$$

此时

$$S=\sum\lambda^{\frac{2}{1+k}}$$

$$m=\left[\frac{1}{3}\left(\frac{2}{\sqrt{3}}\right)^3\right]^k S^{k-1}$$

证明 我们设

$$\beta=\frac{p+3q}{2k(1+q)}\geqslant 1$$

记

$$\begin{aligned}M&=\sum\prod_{i=1}^{n}\left[\sin^3A_i\cos(B_i-C_i)\right]^{\theta_i}\\&=\prod_{i=1}^{n}(3\sin A_i\sin B_i\sin C_i)^{\theta_i}\\&\leqslant\prod_{i=1}^{n}\left[3\left(\frac{\sqrt{3}}{2}\right)\right]^{\theta_i}=\left[3\left(\frac{\sqrt{3}}{2}\right)^3\right]^{\sum_{i=1}^{n}\theta_i}\\&\Rightarrow M\leqslant 3\left(\frac{\sqrt{3}}{2}\right)^3\end{aligned}$$

$$\begin{aligned}P_\lambda&=\sum\lambda^2\prod_{i=1}^{n}\left[\frac{(\sin A_i)^q}{\cos^q(B_i-C_i)}\right]^{\theta_i}\\&=\sum\prod_{i=1}^{n}\left[\frac{(\lambda^2(\sin A_i)^{p+3q})^{\theta_i}}{(\sin^3A_i\cos(B_i-C_i))^{q\theta_i}}\right]\\&=\sum\left[\frac{\left\{\prod_{i=1}^{n}\left[\lambda^{\frac{2}{1+q}}(\sin A_i)^{2k\beta}\right]^{\theta_i}\right\}^{1+q}}{\left\{\prod_{i=1}^{n}\left[\sin^3A_i\cos(B_i-C_i)\right]^{\theta_i\beta}\right\}^q}\right]\text{(应用权方和不等式)}\end{aligned}$$

$$\geqslant\frac{e^{1+q}}{M^q}\geqslant\left[\frac{1}{3}\left(\frac{2}{\sqrt{3}}\right)^3\right]^q e^{1+q}$$

其中

$$e=\sum\prod_{i=1}^{n}\left[\lambda^{\frac{2}{1+q}}(\sin A_i)^{2k\beta}\right]^{\theta_i}$$

$$=\sum\left\{\lambda^{\frac{2}{1+q}}\left[\prod_{i=1}^{n}(\sin^{2k}A_i)^{\theta_i}\right]^{\beta}\right\}\text{(应用加权幂平均不等式)}$$

$$\geqslant S\left[\frac{\sum\lambda^{\frac{2}{1+q}}\prod_{i=1}^{n}(\sin^{2k}A_i)^{\theta_i}}{S}\right]^{\beta}$$

$$=S^{1-\beta}\left[\sum\lambda^{\frac{2}{1+q}}\prod_{i=1}^{n}(\sin^{2k}A_i)^{\theta_i}\right]^{\beta}$$

$$\Rightarrow e^{1+q}\geqslant S^{(1-\beta)(1+q)}\left[\sum\lambda^{\frac{2}{1+q}}\prod_{i=1}^{n}(\sin^{2k}A_i)^{\theta_i}\right]^{\beta(1+q)}$$

$$=S^{1+q-\varphi}\left[\sum\lambda^{\frac{2}{1+q}}\prod_{i=1}^{n}(\sin^{2k}A_i)^{\theta_i}\right]^{\varphi}$$

$$\Rightarrow P_{\lambda}\geqslant m\left[\sum\lambda^{\frac{2}{1+q}}\prod_{i=1}^{n}(\sin^{2k}A_i)^{\theta_i}\right]^{\varphi}$$

即式(E_{18})得证,等号成立仅当 $\lambda=\mu=\nu$,$\triangle A_iB_iC_i(1\leqslant i\leqslant n)$ 均为正三角形.

十六　由此及彼

结论 1　对任意$\triangle ABC$,成立不等式

$$\sin\frac{3A}{2}+\sin\frac{3B}{2}+\sin\frac{3C}{2}$$
$$\leqslant\cos\frac{A-B}{2}+\cos\frac{B-C}{2}+\cos\frac{C-A}{2}\tag{A}$$

分析　观察式(A)的左边,如果

$$\max\left\{\frac{3A}{2},\frac{3B}{2},\frac{3C}{2}\right\}<\pi$$
$$\Leftrightarrow\max\{A,B,C\}<\frac{2\pi}{3}$$

那么,我们就可应用琴生不等式

$$\sum\sin\frac{3A}{2}\leqslant3\sin\frac{\pi}{2}=3$$

但
$$\sum\cos\frac{A-B}{2}\leqslant3$$

况且,当

$$\max\{A,B,C,\}\in\left(\frac{2}{3}\pi,\pi\right)$$
$$\Leftrightarrow\max\left\{\frac{3A}{2},\frac{3B}{2},\frac{3C}{2}\right\}\in\left(\pi,\frac{3}{2}\pi\right)$$

时,连琴生不等式都不能用,就更不能证明式(A)了,可见,式(A)是一个较强劲奇特的三角不等式,欲证明它,得另觅新路.

证明　我们作代换

$$(\alpha,\beta,\gamma)=\left(\frac{A}{2},\frac{B}{2},\frac{C}{2}\right)$$
$$\Rightarrow\begin{cases}\alpha,\beta,\gamma\in\left(0,\frac{\pi}{2}\right)\\ \alpha+\beta+\gamma=\frac{\pi}{2}\end{cases}$$
$$\Rightarrow\sin\frac{3A}{2}-\cos\frac{B-C}{2}$$

$$=\sin 3\alpha-\cos(\beta-\gamma)$$
$$=\sin 3\alpha-\sin(\alpha+2\gamma)$$
$$=2\cos(2\alpha+\gamma)\sin(\alpha-\gamma)$$
$$=-2\sin(\alpha-\beta)\sin(\alpha-\gamma)$$

同理可得

$$\sin\frac{3B}{2}-\cos\frac{C-A}{2}=-2\sin(\beta-\alpha)\sin(\beta-\gamma)$$
$$\sin\frac{3C}{2}-\cos\frac{A-B}{2}=-2\sin(\gamma-\alpha)\sin(\gamma-\beta)$$

将以上三式相加,知式(A)等价于

$$f(\alpha,\beta,\gamma)=\sin(\alpha-\gamma)\sin(\alpha-\beta)+\sin(\beta-\alpha)\sin(\beta-\gamma)+\sin(\gamma-\alpha)\sin(\gamma-\beta)\geqslant 0 \tag{1}$$

由于$f(\alpha,\beta,\gamma)$关于α,β,γ对称,故可设

$$0<\alpha\leqslant\beta\leqslant\gamma<\frac{\pi}{2}$$
$$\Rightarrow\sin(\gamma-\alpha)-\sin(\beta-\alpha)\geqslant 0$$
$$\Rightarrow f(\alpha,\beta,\gamma)=\sin(\alpha-\beta)\sin(\alpha-\gamma)+\sin(\gamma-\beta)[\sin(\gamma-\alpha)-\sin(\beta-\alpha)]\geqslant 0$$

即式(1)成立,因此式(A)成立,等号成立仅当

$$\alpha=\beta=\gamma=\frac{\pi}{6}$$
$$\Rightarrow A=B=C=\frac{\pi}{3}$$

(二)

结论 2　在$\triangle ABC$中,有不等式

$$\cos\frac{A}{2}+\cos\frac{B}{2}+\cos\frac{C}{2}\geqslant\frac{\sqrt{3}}{2}\left(\cos\frac{B-C}{2}+\cos\frac{C-A}{2}+\cos\frac{A-B}{2}\right) \tag{B}$$

显然,从三角意义与外形结构上讲,式(B)与式(A)互相配对,美不胜收.

证明　因为

$$\cos\frac{B-C}{2}+\cos\frac{C-A}{2}+\cos\frac{A-B}{2}$$

$$=\frac{1}{2}\left[(\sum\sin\frac{A}{2})^2+(\sum\cos\frac{A}{2})^2-3\right]$$

$$\leqslant\frac{1}{2}\left[(\sum\cos\frac{A}{2})^2+\left(\frac{3}{2}\right)^2-3\right]$$

令
$$t=\sum\cos\frac{A}{2}\leqslant\frac{3}{2}\sqrt{3}$$

因此,只需证明

$$t\geqslant\frac{\sqrt{3}}{2}\left(\frac{t^2}{2}-\frac{3}{8}\right) \tag{1}$$

$$\Leftrightarrow f(t)=t^2-\frac{4}{\sqrt{3}}t-\frac{3}{4}\leqslant 0$$

$$\Leftrightarrow f(t)=\left(t+\frac{\sqrt{3}}{6}\right)\left(t-\frac{3\sqrt{3}}{2}\right)\leqslant 0 \tag{2}$$

显然,式(2)成立,从而式(1)成立,所以式(B)成立,其中等号成立仅当

$$\begin{cases}\sin\frac{A}{2}+\sin\frac{B}{2}+\sin\frac{C}{2}=\frac{3}{2}\\ \cos\frac{A}{2}+\cos\frac{B}{2}+\cos\frac{C}{2}=\frac{3\sqrt{3}}{2}\end{cases}$$

$$\Rightarrow A=B=C=60^\circ$$

其实,由于

$$0<t\leqslant\frac{3\sqrt{3}}{2}\Leftrightarrow\frac{t^2}{2}-\frac{3}{8}\leqslant\frac{4t^2}{9}$$

$$\Rightarrow\left(\sum\cos\frac{A}{2}\right)^2\geqslant\frac{9}{4}\sum\cos\frac{B-C}{2} \tag{3}$$

这表明式(B)可以加强为式(3).

于是,我们可用“红丝线”将式(B)与式(4)串联成一条“闪光的金项链”

$$\frac{9}{4}\sum\cos\frac{B-C}{2}\leqslant\left(\sum\cos\frac{A}{2}\right)^2$$

$$\leqslant\frac{3\sqrt{3}}{2}\sum\cos\frac{A}{2}\leqslant\frac{9}{2}\sqrt{\sum\cos^2\frac{A}{2}}\leqslant\frac{27}{4} \tag{C}$$

自然,若再设$\triangle ABC$是锐角三角形,并在式(C)中作置换

$$(A,B,C)\to(\pi-2A,\pi-2B,\pi-2C)$$

$$\Rightarrow\frac{9}{4}\sum\cos(B-C)\leqslant(\sum\sin A)^2$$

$$\leqslant\frac{3\sqrt{3}}{2}\sum\sin A\leqslant\frac{9}{2}\sqrt{\sum\sin^2 A}\leqslant\frac{27}{4} \tag{D}$$

因此,式(C)是式(D)的配对式,其实,它们彼此配对,并驾齐驱“双龙入海”.

也许,好奇之士会问:“式(B)有配对式

$$\left(\sum \sin\frac{A}{2}\right)^2 \geqslant \frac{3}{4}\sum \cos\frac{B-C}{2} \tag{4}$$

与

$$\sum \sin\frac{A}{2} \geqslant \frac{1}{2}\sum \cos\frac{B-C}{2} \tag{5}$$

吗?”

分析:我们设

$$y=\sum \sin\frac{A}{2} \leqslant \frac{3}{2}$$

由于

$$\begin{aligned}\sum \cos\frac{B-C}{2} &= \frac{1}{2}\left[\left(\sum \sin\frac{A}{2}\right)^2+\left(\sum \cos\frac{A}{2}\right)^2-3\right]\\ &\leqslant \frac{1}{2}\left[y^2+\left(\frac{3\sqrt{3}}{2}\right)^2-3\right]=\frac{1}{2}\left(y^2+\frac{15}{4}\right)\end{aligned}$$

因此,若式(4)成立,那么应有

$$\frac{4}{3}y^2 \geqslant \frac{1}{2}\left(y^2+\frac{15}{4}\right) \Leftrightarrow y^2 \geqslant \frac{9}{4}$$

这与 $y^2 \leqslant \frac{9}{4}$ 相矛盾,说明式(4)不成立.

另外,若式(5)成立,那么应有

$$\begin{aligned}&2y \geqslant \frac{1}{2}\left(y^2+\frac{15}{4}\right)\\ \Leftrightarrow &\left(y-\frac{3}{2}\right)\left(y-\frac{5}{2}\right) \leqslant 0\\ \Leftrightarrow &\frac{3}{2} \leqslant y \leqslant \frac{5}{2}\end{aligned}$$

这与 $y \leqslant \frac{3}{2}$ 相违,因此式(5)也不成立.

所以,综合上述分析:式(B)没有形如式(4)与(5)的配对式.

(三)

现在,我们在式(D)中轴出强劲的

$$\frac{9}{4}\sum \cos(B-C) \leqslant \left(\sum \sin A\right)^2 \tag{D_1}$$

我们能建立式(D_1)的系数推广吗? 风雨过后,必见彩虹,精彩的时刻已经到来:

结论 3 设系数 $\lambda,\mu,\nu\in\left(0,\frac{3}{2}\right)$,满足 $\lambda+\mu+\nu=3$,则在 $\triangle ABC$ 中有

$$\lambda\cos(B-C)+\mu\cos(C-A)+\nu\cos(A-B)$$
$$\leqslant m(\mu\nu\sin A+\nu\lambda\sin B+\lambda\mu\sin C)^2 \qquad (E)$$

其中

$$m=\frac{9-(3-2\lambda)(3-2\mu)(3-2\nu)}{18\lambda\mu\nu}$$

显然,当取 $\lambda=\mu=\nu=1$ 时,式(E)立刻简化为式(D_1).

当 $A=B=C=\frac{\pi}{3}$时,式(E)又化为代数不等式

$$m(\sum\mu\nu)^2\geqslant 4$$

证明 在恒等式

$$2[yz\cos(B-C)+zx\cos(C-A)+xy\cos(A-B)]$$
$$=(x\sin A+y\sin B+z\sin C)^2+(x\cos A+y\cos B+z\cos C)^2-(\lambda^2+\mu^2+\nu^2)$$

令

$$(x,y,z)=(\mu\nu,\nu\lambda,\lambda\mu)$$
$$\Rightarrow 2\lambda\mu\nu\sum\lambda\cos(B-C)$$
$$=(\sum\mu\nu\sin A)^2+(\sum\mu\nu\cos A)^2-\sum(\mu\nu)^2 \qquad (2)$$

(应用三角母不等式)

$$\leqslant(\sum\mu\nu\sin A)^2+\frac{1}{4}(\sum\lambda^2)^2-\sum(\mu\nu)^2$$
$$=(\sum\mu\nu\sin A)^2-\frac{1}{4}(2\sum\mu^2\nu^2-\sum\lambda^4)$$

(令 $P=\sum\mu\nu\sin A$)

$$=P^2-\frac{1}{4}(\sum\lambda)\prod(\mu+\nu-\lambda)$$
$$=P^2-\frac{3}{4}\prod(3-2\lambda)$$
$$\Rightarrow 2\lambda\mu\nu\sum\lambda\cos(B-C)\leqslant P^2-\frac{3}{4}\prod(3-2\lambda)$$

由于

$$4P^2=4(\sum\mu\nu\sin A)^2$$
$$\leqslant 4(\sum\mu\nu)(\sum\mu\nu\sin^2 A)$$
$$\leqslant(\sum\mu\nu)(\sum\lambda)^2\leqslant\frac{1}{3}(\sum\lambda)^2(\sum\lambda)^2$$

$$\Rightarrow P\leqslant \frac{(\sum \lambda)^2}{2\sqrt{3}}=\frac{3\sqrt{3}}{2}$$

$$\Rightarrow P^2-\frac{3}{4}\prod (3-2\lambda)\leqslant\left[1-\frac{1}{9}\prod (3-2\lambda)\right]P^2$$

$$\Rightarrow 2\lambda\mu\nu\sum \lambda\cos(B-C)\leqslant\left[1-\frac{1}{9}\prod(3-2\lambda)\right]P^2$$

$$\Rightarrow \sum \lambda\cos(B-C)\leqslant m(\sum \mu\nu\sin A)^2$$

这即为式(E),等号成立仅当 $\lambda=\mu=\nu$ 及 $\triangle ABC$ 为正三角形.

我们应用刚才的小结果

$$P=\sum \mu\nu\sin A\leqslant\frac{3\sqrt{3}}{2}$$

立刻得到推论

$$\sum \lambda\cos(B-C)\leqslant\frac{3\sqrt{3}}{2}m\sum \mu\nu\sin A \tag{E_1}$$

并且,我们还能建立式

$$\sum \cos(B-C)\leqslant\frac{4}{9}(\sum \sin A)^2 \tag{D_1}$$

的指数推广:

结论 4　设 $\triangle ABC$ 为锐角三角形,指数 $0<k\leqslant1$,则有不等式

$$2\sum \cos(B-C)\leqslant m(k)(\sum \sin^k A)^2 \tag{F}$$

其中

$$m(k)=1-\frac{4^k-3}{3^{1+k}}$$

特别地,当 $k=1$ 时,$m(1)=\frac{8}{9}$,式(F)化为式(D_1).

证明　由于当 $0<k\leqslant1$ 时,对于锐角 $\triangle ABC$ 有

$$\begin{aligned}&(\sum \sin^k A)^2+(\sum \cos^k A)^2-3\\=&2\sum (\cos^k B\cos^k C+\sin^k B\sin^k C)+\sum (\sin^{2k}A+\cos^{2k}A)-3\\\geqslant&2\sum (\cos B\cos C+\sin B\sin C)+\sum (\sin^2A+\cos^2A)-3\\=&2\sum \cos(B-C)\\\Rightarrow&2\sum \cos(B-C)\leqslant x^2+y^2-3\end{aligned}$$

其中

$$x=\sum \sin^k A,y=\sum \cos^k A$$

应用幂平均不等式有

$$\frac{y}{3}=\frac{\sum\cos^k A}{3}\leqslant\left(\frac{\sum\cos A}{3}\right)^k\leqslant\left(\frac{1}{2}\right)^k$$

$$\Rightarrow y^2\leqslant 9\left(\frac{1}{4}\right)^k$$

$$\frac{x}{3}=\frac{\sum\sin^k A}{3}\leqslant\left(\frac{\sum\sin A}{3}\right)^k\leqslant\left(\frac{\sqrt{3}}{2}\right)^k$$

$$\Rightarrow x^2\leqslant 9\left(\frac{3}{4}\right)^k$$

现设 $m>0$ 为待定系数,满足不等式

$$x^2+y^2-3\leqslant x^2+\frac{9}{4^k}-3\leqslant mx^2$$

等号成立仅当

$$x^2=9\left(\frac{3}{4}\right)^k$$

$$\Rightarrow 9\left(\frac{3}{4}\right)^k+\frac{9}{4^k}-3=9\left(\frac{3}{4}\right)^k m$$

$$\Rightarrow m=m(k)=1-\frac{4^k-3}{3^{1+k}}$$

$$\Rightarrow 2\sum\cos(B-C)\leqslant x^2+y^2-3$$

$$\leqslant mx^2=m(k)\left(\sum\sin^k A\right)^2$$

$$\Rightarrow 2\sum\cos(B-C)\leqslant m(k)\left(\sum\sin^k A\right)^2$$

即式(F)得证,等号成立仅当 $k=1$ 且 $\triangle ABC$ 为正三角形.

特别地,当取 $k=\frac{1}{2}$ 时有推论

$$2\sum\cos(B-C)<\left(1+\frac{\sqrt{3}}{9}\right)\left(\sum\sqrt{\sin A}\right)^2$$

此外,对于满足 $\lambda+\mu+\nu=3$ 的正系数 λ,μ,ν,仍简记

$$x=\sum\lambda\sin^k A,\ y=\sum\lambda\cos^k A\ (\text{其中 } 0<k\leqslant 1)$$

那么,应用加权幂平均不等式和三角母不等式有

$$\frac{y}{\sum\lambda}=\frac{\sum\lambda\cos^k A}{\sum\lambda}\leqslant\left(\frac{\sum\lambda\cos A}{\sum\lambda}\right)^k\leqslant\left(\frac{\sum\frac{\mu\nu}{\lambda}}{2\sum\lambda}\right)^k$$

$$\Rightarrow y\leqslant\frac{1}{2^k}\left(\sum\frac{\mu\nu}{\lambda}\right)^k\left(\sum\lambda\right)^{1-k}=\frac{3}{6^k}\left(\sum\frac{\mu\nu}{\lambda}\right)^k$$

$$\Rightarrow y^2 \leqslant \frac{9}{36^k}\left(\sum \frac{\mu\nu}{\lambda}\right)^{2k}$$

$$\Rightarrow x^2 \geqslant 2\sum \mu\nu\cos(B-C) + \sum \lambda^2 - y^2$$

$$\geqslant 2\sum \mu\nu\cos(B-C) + \sum \lambda^2 - \frac{9}{36^k}\left(\sum \frac{\mu\nu}{\lambda}\right)^{2k}$$

记

$$M(k) = \frac{9}{36^k}\left(\sum \frac{\mu\nu}{\lambda}\right)^{2k}$$

并注意到

$$\sum \lambda^2 \geqslant \sum \mu\nu \geqslant \sum \mu\nu\cos(B-C)$$

于是得到一个新的三角不等式

$$3\sum \mu\nu\cos(B-C) \leqslant M(k) + \left(\sum \lambda\sin^k A\right)^2 \tag{E}$$

现在,对于锐角$\triangle ABC$,我们能否奢望将式

$$\sum \cos(B-C) \leqslant \frac{4}{9}\left(\sum \sin A\right)^2 \tag{D_1}$$

再加强为

$$\sum \cos(B-C) \leqslant \frac{8}{27\sqrt{3}}\left(\sum \sin A\right)^3 \tag{D_2}$$

即需证明当$0 < x \leqslant \frac{3}{2}\sqrt{3}$时,有不等式

$$x^2 - \frac{3}{4} \leqslant \frac{16x^3}{27\sqrt{3}}$$

设函数

$$f(x) = x^3 - \frac{27\sqrt{3}}{16}x^2 + \frac{81\sqrt{3}}{64}$$

$$= \left(x - \frac{3}{2}\sqrt{3}\right)g(x)$$

其中

$$g(x) = x^2 - \frac{3\sqrt{3}}{16}x - \frac{37}{32}$$

$$= \left(x - \frac{3\sqrt{3}}{32}\right)^2 - \left(\frac{9\sqrt{11}}{32}\right)^2$$

$$= \left(x - \frac{9\sqrt{11} - 3\sqrt{3}}{32}\right)\left(x - \frac{9\sqrt{11} + 3\sqrt{3}}{32}\right)$$

易知

$$0 < \frac{9\sqrt{11} - 3\sqrt{3}}{32} < \frac{9\sqrt{11} + 3\sqrt{3}}{32} < \frac{3\sqrt{3}}{2}$$

这表明只有当

$$\frac{9\sqrt{11}-3\sqrt{3}}{32}\leqslant x\leqslant\frac{9\sqrt{11}+3\sqrt{3}}{32}<\frac{3}{2}\sqrt{3}$$

时,才有

$$g(x)\leqslant 0\Rightarrow f(x)\geqslant 0$$

式(D_2)才成立,即式(D_2)不能普通成立.

(四)

尽管如此,但我们又希望将式

$$\sum\cos(B-C)\leqslant\frac{4}{9}(\sum\sin A)^2 \qquad (D_1)$$

从一个三角形推广到多个三角形中去.

结论 5 设$\triangle A_iB_iC_i$均为锐角三角形$\{A_i,B_i,C_i\}$($i=1,2,\cdots,n,n\in \mathbf{N}^+$)均大小同序,则有

$$\left(\prod_{i=1}^n\sin A_i+\prod_{i=1}^n\sin B_i+\prod_{i=1}^n\sin C_i\right)^2$$

$$\geqslant\frac{9}{4^n}\left[\sqrt[n]{\prod_{i=1}^n\cos(B_i-C_i)}+\sqrt[n]{\prod_{i=1}^n\cos(C_i-A_i)}+\sqrt[n]{\prod_{i=1}^n\cos(A_i-B_i)}\right]^n \qquad (G)$$

当$n=1$时,式(G)等价于式(D_1).

证明 由于$\{A_i,B_i,C_i\}$($i=1,2,\cdots,n$)大小同序,不妨设

$$\frac{\pi}{2}>A_i\geqslant B_i\geqslant C_i>0 \quad (1\leqslant i\leqslant n)$$

$$\Rightarrow\sin A_i\geqslant\sin B_i\geqslant\sin C_i \quad (1\leqslant i\leqslant n)$$

$$\Rightarrow\left(\prod_{i=1}^n\sin A_i+\prod_{i=1}^n\sin B_i+\prod_{i=1}^n\sin C_i\right)^2$$

$$\geqslant\left[3\prod_{i=1}^n\left(\frac{\sin A_i+\sin B_i+\sin C_i}{3}\right)\right]^2\text{(应用切比雪夫不等式)}$$

$$=\frac{1}{3^{2n-2}}\left[\prod_{i=1}^n(\sin A_i+\sin B_i+\sin C_i)\right]^2\text{(应用式(}D_1\text{))}$$

$$\geqslant\frac{1}{9^{n-1}}\left\{\prod_{i=1}^n\frac{9}{4}[\cos(B_i-C_i)+\cos(C_i-A_i)+\cos(A_i-B_i)]\right\}$$

$$=\frac{9}{4^n}\prod_{i=1}^n[\cos(B_i-C_i)+\cos(C_i-A_i)+\cos(A_i-B_i)]\text{(应用赫尔德不等式)}$$

$$\geqslant \frac{9}{4^n}\left[\sqrt[n]{\prod_{i=1}^{n}\cos(B_i - C_i)} + \sqrt[n]{\prod_{i=1}^{n}\cos(C_i - A_i)} + \sqrt[n]{\prod_{i=1}^{n}\cos(A_i - B_i)}\right]^n$$

$$\Rightarrow \left(\sum \prod_{i=1}^{n} \sin A_i\right)^2 \geqslant \frac{9}{4^n}\left[\sum \sqrt[n]{\prod_{i=1}^{n}\cos(B_i - C_i)}\right]^n$$

因此式(G)成立，等号成立仅当$\triangle A_iB_iC_i(1\leqslant i\leqslant n)$为正三角形.

让我们心情格外愉快的是，式(D_1)还可从三角形推广到凸多边形：

结论 6　设$A_1A_2\cdots A_n$为平面凸n边形，且$A_i\in\left(0,\frac{(n-2)\pi}{2}\right)(i=1,2,\cdots,n,n\geqslant 3,n\in\mathbf{N}_+)$则有

$$2n\sum_{1\leqslant i<j\leqslant n}\left[\cos\left(\frac{A_i-A_j}{n-2}\right)\right] \leqslant \left(\csc\frac{\pi}{n}\right)^2\left(\sum_{i=1}^{n}\sin\frac{A_i}{n-2}\right)^2(n-1) \tag{H}$$

特别地，当$n=3$时，式(H)等价于式(D_1)

证明　由于设

$$\theta_i=\frac{A_i}{n-2}$$

$$A_i\in\left(0,\frac{(n-2)\pi}{2}\right)\Rightarrow\theta_i=\frac{A_i}{n-2}\in\left(0,\frac{\pi}{2}\right)\quad(i=1,2,\cdots,n)$$

$$\Rightarrow x=\sum_{i=1}^{n}\sin\theta_i\leqslant n\sin\left(\frac{\sum_{i=1}^{n}\theta_i}{n}\right)=n\sin\frac{\pi}{n}$$

且

$$y=\sum_{i=1}^{n}\cos\theta_i\leqslant n\cos\left(\frac{\sum_{i=1}^{n}\theta_i}{n}\right)=n\cos\frac{\pi}{n}$$

再记

$$e=\sum_{1\leqslant i<j\leqslant n}\cos(\theta_i-\theta_j)$$

那么

$$x^2+y^2=\left(\sum_{i=1}^{n}\sin\theta_i\right)^2+\left(\sum_{i=1}^{n}\cos\theta_i\right)^2 = \sum_{i=1}^{n}(\sin^2\theta_i+\cos^2\theta_i)+ 2\sum_{1\leqslant i<j\leqslant n}(\cos\theta_i\cos\theta_j+\sin\theta_i\sin\theta_j)$$

$$=n+3z$$

$$\Rightarrow 2z=x^2+y^2-n$$

$$\leqslant x^2+\left(n\cos\frac{\pi}{n}\right)^2-n$$

又因为

$$x^2+\left(n\cos\frac{\pi}{n}\right)^2-n\leqslant\frac{(n-1)x^2}{n\left(\sin\frac{\pi}{n}\right)^2}$$

$$\Leftrightarrow x\leqslant n\sin\frac{\pi}{n}$$

$$\Rightarrow 2z\leqslant x^2+\left(n\cos\frac{\pi}{n}\right)^2-n$$

$$\leqslant\frac{n-1}{n}x^2\left(\csc\frac{\pi}{n}\right)^2$$

$$\Rightarrow 2nz\leqslant(n-1)\left(\csc\frac{\pi}{n}\right)^2\left(\sum_{i=1}^{n}\sin\theta_i\right)^2$$

这即为式(H),等号成立仅当 $A_1A_2\cdots A_n$ 为正 n 边形.

(五)

更有趣的是,注意到

$$\sum\sin^3A\cos^2(B-C)\leqslant\sum\sin^3A\cos(B-C)$$

$$=3\prod\sin A\leqslant\frac{1}{9}\left(\sum\sin A\right)^3$$

$$\Rightarrow 9\sum\sin^3A\cos^2(B-C)\leqslant\left(\sum\sin A\right)^3$$

设 $x,y,z>0$,应用赫尔德不等式

$$4\left(\sum x^3\right)\left(\sum\sin A\right)^2\left(\sum\sin A\right)^3$$

$$\geqslant 81\sum\cos(B-C)\cdot\sum\sin^3A\cos^2(B-C)$$

$$\geqslant 81\left[\sum x\sin A\cos(B-C)\right]^3$$

再取 $x=y=z=1$ 就得到

$$4\left(\sum\sin A\right)^5\geqslant\left[3\sum\sin A\cos(B-C)\right]^3 \quad\text{(I)}$$

可见,这又是一个奇特的结论.

此外,对于$\triangle ABC$,设 $|B-C|,|C-A|,|A-B|\in\left(0,\frac{\pi}{2}\right)$,再设系数 λ,μ,

$\nu \in \left(0,\frac{3}{2}\right)$,满足 $\lambda+\mu+\nu=3$.

记
$$P_\lambda=\sum\frac{(\mu\nu\sin A)^2}{\lambda\cos(B-C)}$$
$$m=q-\prod(3-2\lambda)$$

应用结论 3 中的推广式
$$m\left(\sum\mu\nu\sin A\right)^2\geqslant 18\lambda\mu\nu\sum\lambda\cos(B-C) \tag{E}$$

及柯西不等式有
$$\begin{aligned}&m\left(\sum\mu\nu\sin A\right)^2\cdot P_\lambda\\ \geqslant&18\lambda\mu\nu\sum\lambda\cos(B-C)\cdot\sum\frac{(\mu\nu\sin A)^2}{\lambda\cos(B-C)}\\ \geqslant&18\lambda\mu\nu\left(\sum\mu\nu\sin A\right)^2\\ \Rightarrow&P_\lambda\geqslant\frac{18\lambda\mu\nu}{m}\\ \Rightarrow&\sum\frac{(\mu\nu\sin A)^2}{\lambda\cos(B-C)}\geqslant\frac{18\lambda\mu\nu}{9-\prod(3-2\lambda)}\end{aligned} \tag{J}$$

等号成立仅当 $\lambda=\mu=\nu=1$ 及 $\triangle ABC$ 为正三角形.

这样,我们又新生了一个漂亮的不等式,特别地,当取 $\lambda=\mu=\nu=1$ 时,有
$$\frac{\sin^2A}{\cos(B-C)}+\frac{\sin^2B}{\cos(C-A)}+\frac{\sin^2C}{\cos(A-B)}\geqslant\frac{9}{4} \tag{J_1}$$

更令人兴奋的是,若设函数 $k\geqslant1$,应用权方和不等式有
$$\begin{aligned}&\sum\frac{(\mu\nu\sin A)^{1+k}}{[\lambda\cos(B-C)]^k}\geqslant\frac{\left(\sum\mu\nu\sin A\right)^{1+k}}{\left[\sum\lambda\cos(B-C)\right]^k}\\ \geqslant&\left(\frac{18\lambda\mu\nu}{m}\right)^k\left(\sum\mu\nu\sin A\right)^{1-k}\geqslant\left(\frac{18\lambda\mu\nu}{m}\right)^k\left(\frac{3\sqrt{3}}{2}\right)^{1-k}\\ \Rightarrow&\sum\frac{(\mu\nu\sin A)}{[\lambda\cos(B-C)]^k}\geqslant\left(\frac{18\lambda\mu\nu}{m}\right)^k\left(\frac{3\sqrt{3}}{2}\right)^{1-k}\end{aligned} \tag{J_2}$$

其中 $k\geqslant1$,$m=9-\prod(3-2\lambda)$.

显然,当取 $\lambda=\mu=\nu$ 时,得到精致的不等式
$$\frac{(\sin A)^{1+k}}{\cos^k(B-C)}+\frac{(\sin B)^{1+k}}{\cos^k(C-A)}+\frac{(\sin C)^{1+k}}{\cos^k(A-B)}\geqslant3\left(\frac{\sqrt{3}}{2}\right)^{1+k} \tag{J_3}$$

这与传统的结论
$$(\sin A)^{1+k}+(\sin B)^{1+k}+(\sin C)^{1+k}\leqslant3\left(\frac{\sqrt{3}}{2}\right)^{1+k}$$

互相配对,交相辉映.

(六)

科技在发展,人类在进步,比如最近几年,国内外许多研究人士,创新了许多不等式,它们与传统的不等式相比较,显得奇妙独特,标新立异,我们在前面就研究了一些这类新奇不等式,下面我们再创新几例.

结论 7　设指数 $k\geqslant 0$,系数 $\lambda,\mu,\nu>0$,则对锐角$\triangle ABC$有

$$P_\lambda=(\lambda+2\mu)\left(\frac{\cos B}{\cos C}\right)^{2k}+(\mu+2\nu)\left(\frac{\cos C}{\cos A}\right)^{2k}+(\nu+2\lambda)\left(\frac{\cos A}{\cos B}\right)^{2k}$$
$$\geqslant 3\times 4^k[\lambda(\cos A)^{2k}+\mu(\cos B)^{2k}+\nu(\cos C)^{2k}]\tag{K}$$

显然,当 $k=0$ 时,式(K)成为等式

$$3(\lambda+\mu+\nu)=3(\lambda+\mu+\nu)$$

因此,下面我们只需证明当 $k>0$ 时的情形.

证明　对于锐角$\triangle ABC$,应用平均值不等式有

$$m=\left(\prod\cos A\right)^{\frac{2k}{3}}\leqslant\left(\frac{\cos A\cos B\cos C}{3}\right)^{\frac{2k}{3}}$$
$$\leqslant\left(\frac{\cos A+\cos B+\cos C}{3}\right)^{2k}$$
$$\leqslant\left(\cos\frac{A+B+C}{3}\right)^{2k}=\left(\cos\frac{\pi}{3}\right)^{2k}$$
$$\Rightarrow m\leqslant\left(\frac{1}{4}\right)^k\tag{1}$$

于是

$$2\left(\frac{\cos A}{\cos B}\right)^{2k}+\left(\frac{\cos B}{\cos C}\right)^{2k}\geqslant 3\left[\left(\frac{\cos A}{\cos B}\right)^{4k}\cdot\left(\frac{\cos B}{\cos C}\right)^{2k}\right]^{\frac{1}{3}}$$
$$=\frac{3}{m}(\cos A)^{2k}\geqslant 3\times 4^k(\cos A)^{2k}$$
$$\Rightarrow 2\lambda\left(\frac{\cos A}{\cos B}\right)^{2k}+\lambda\left(\frac{\cos B}{\cos C}\right)^{2k}\geqslant 3\times 4^k\lambda(\cos A)^{2k}\tag{2}$$
$$2\mu\left(\frac{\cos B}{\cos C}\right)^{2k}+\mu\left(\frac{\cos C}{\cos A}\right)^{2k}\geqslant 3\times 4^k\mu(\cos B)^{2k}\tag{3}$$
$$2\nu\left(\frac{\cos C}{\cos A}\right)^{2k}+\nu\left(\frac{\cos A}{\cos B}\right)^{2k}\geqslant 3\times 4^k\nu(\cos C)^{2k}\tag{4}$$

(2)+(3)+(4)即得式(K),等号成立的条件是:当 $k=0$ 或 $k>0$ 时,$\triangle ABC$ 为正三角形.

在式(K)中,若设 $x,y,z>0$,并作代换

$$\begin{cases}\lambda+2u=3x\\ \mu+2v=3y\\ \nu+2\lambda=3z\end{cases}\Rightarrow\begin{cases}\lambda=\frac{1}{3}(x-2y+4z)\\ \mu=\frac{1}{3}(y-2z+4x)\\ \nu=\frac{1}{3}(z-2x+4y)\end{cases}$$

这样,式(K)又可化为等价的形式

$$x\left(\frac{\cos B}{\cos C}\right)^{2k}+y\left(\frac{\cos C}{\cos A}\right)^{2k}+z\left(\frac{\cos A}{\cos B}\right)^{k}$$
$$\geqslant\frac{4^k}{3}[(x-2y+4z)(\cos A)^{2k}+(y-2z+4x)(\cos B)^{2k}+(z-2x+4y)(\cos C)^{2k}] \tag{K_1}$$

再令 $x+y+z=3$,式(K_1)又简化为

$$x\left(\frac{\cos B}{\cos C}\right)^{2k}+y\left(\frac{\cos C}{\cos A}\right)^{2k}+z\left(\frac{\cos A}{\cos B}\right)^{k}$$
$$\geqslant 4^k[(1-y+z)(\cos A)^{2k}+(1-z+x)(\cos B)^{2k}+(1-x+y)(\cos C)^{2k}] \tag{K_2}$$

特别地,当取 $x=y=z=1$ 时,得到漂亮的推论

$$\left(\frac{\cos B}{\cos C}\right)^{2k}+\left(\frac{\cos C}{\cos A}\right)^{2k}+\left(\frac{\cos A}{\cos B}\right)^{2k}$$
$$\geqslant 4^k[(\cos A)^{2k}+(\cos B)^{2k}+(\cos C)^{2k}] \tag{K_3}$$

在式(K_3)中作置换

$$(A,B,C)\to\left(\frac{\pi}{2}-\frac{A}{2},\frac{\pi}{2}-\frac{B}{2},\frac{\pi}{2}-\frac{C}{2}\right)$$
$$\Rightarrow\left(\frac{\sin\frac{B}{2}}{\sin\frac{C}{2}}\right)^{2k}+\left(\frac{\sin\frac{C}{2}}{\sin\frac{A}{2}}\right)^{2k}+\left(\frac{\sin\frac{A}{2}}{\sin\frac{B}{2}}\right)^{2k}$$
$$\geqslant 4^k\left[\left(\sin\frac{A}{2}\right)^{2k}+\left(\sin\frac{B}{2}\right)^{2k}+\left(\sin\frac{C}{2}\right)^{2k}\right] \tag{K_4}$$

又设 $\triangle ABC$ 为锐角三角形,当 $k\geqslant1$ 且 $k\in\mathbf{N}_+$ 时,作置换

$$(A,B,C)\longrightarrow(\pi-2A,\pi-2B,\pi-2C)$$
$$\Rightarrow\left(\frac{\cos 2B}{\cos 2C}\right)^{2k}+\left(\frac{\cos 2C}{\cos 2A}\right)^{2k}+\left(\frac{\cos 2A}{\cos 2B}\right)^{2k}$$
$$\geqslant 4^k[(\cos 2A)^{2k}+(\cos 2B)^{2k}+(\cos 2C)^{2k}] \tag{K_5}$$

由于对任意$\triangle ABC$,有

$$e=(\sin A\sin B\sin C)^{\frac{2k}{3}}\leqslant\left(\frac{\sqrt{3}}{2}\right)^{2k}$$

同样可得式(K_3)的配对式

$$\left(\frac{\sin B}{\sin C}\right)^{2k}+\left(\frac{\sin C}{\sin A}\right)^{2k}+\left(\frac{\sin A}{\sin B}\right)^{2k}$$

$$\geqslant\left(\frac{4}{3}\right)^{k}[(\sin A)^{2k}+(\sin B)^{2k}+(\sin C)^{2k}] \qquad (K_6)$$

当$0\leqslant k\leqslant 1$时,式(K_6)较弱,但当$k>1$时却较强.

特别地,当我们联想到应用平均值不等式与三角恒等式时,有

$$1=\tan\frac{B}{2}\tan\frac{C}{2}+\tan\frac{C}{2}\tan\frac{A}{2}+\tan\frac{A}{2}\tan\frac{B}{2}$$

$$\geqslant 3\left(\tan\frac{A}{2}\tan\frac{B}{2}\tan\frac{C}{2}\right)^{\frac{2}{3}}$$

$$\Rightarrow\left(\tan\frac{A}{2}\tan\frac{B}{2}\tan\frac{C}{2}\right)^{\frac{2k}{3}}\leqslant\left(\frac{1}{3}\right)^{k}$$

所以,应用式(K)的证明方法,我们同样可得新的结果

$$x\left(\frac{\tan\frac{B}{2}}{\tan\frac{C}{2}}\right)^{2k}+y\left(\frac{\tan\frac{C}{2}}{\tan\frac{A}{2}}\right)^{2k}+z\left(\frac{\tan\frac{A}{2}}{\tan\frac{B}{2}}\right)^{2k}$$

$$\geqslant 3^{k}\left[(1-y+z)\left(\tan\frac{A}{2}\right)^{2k}+(1-z+x)\left(\tan\frac{B}{2}\right)^{2k}+\right.$$

$$\left.(1-x+y)\left(\tan\frac{C}{2}\right)^{2k}\right] \qquad (K_7)$$

在式(K_7)中取$k=\frac{1}{4}$,并应用我们过去建立的结论

$$\sqrt{\tan\frac{A}{2}}+\sqrt{\tan\frac{B}{2}}+\sqrt{\tan\frac{C}{2}}\geqslant\sqrt[4]{27}$$

并再取$x=y=z=1$,得

$$\sqrt{\frac{\tan\frac{B}{2}}{\tan\frac{C}{2}}}+\sqrt{\frac{\tan\frac{C}{2}}{\tan\frac{A}{2}}}+\sqrt{\frac{\tan\frac{A}{2}}{\tan\frac{B}{2}}}$$

$$\geqslant\sqrt[4]{3}\left(\sqrt{\tan\frac{A}{2}}+\sqrt{\tan\frac{B}{2}}+\sqrt{\tan\frac{C}{2}}\right)\geqslant 3$$

更有趣的是,若取$k=1$,$x=y=z=1$,从式(K_7)我们得到更漂亮的推论

$$\frac{1}{3}\left[\left(\frac{\tan\frac{B}{2}}{\tan\frac{C}{2}}\right)^2+\left(\frac{\tan\frac{C}{2}}{\tan\frac{A}{2}}\right)^2+\left(\frac{\tan\frac{A}{2}}{\tan\frac{B}{2}}\right)^2\right]$$
$$\geqslant\tan^2\frac{A}{2}+\tan^2\frac{B}{2}+\tan^2\frac{C}{2}$$
$$\geqslant 2-8\sin\frac{A}{2}\sin\frac{B}{2}\sin\frac{C}{2}$$

(七)

在本小节,我们建立两个结构新奇优美的结论:

结论 8　在$\triangle ABC$中,如果$a\geqslant b\geqslant c$,则有

$$\frac{\sin(B-C)}{\sin A}+\frac{\sin(C-A)}{\sin B}+\frac{\sin(A-B)}{\sin C}$$
$$\geqslant\frac{\sin B-\sin C}{\sin A}+\frac{\sin C-\sin A}{\sin B}+\frac{\sin A-\sin B}{\sin C}\geqslant 0 \tag{L}$$

证明　应用正弦定理有

$$\frac{a^2-b^2}{c^2}=\frac{\sin^2A-\sin^2B}{\sin^2C}$$
$$=\frac{\cos 2B-\cos 2A}{2\sin^2C}=\frac{\sin(A+B)\sin(A-B)}{\sin(A+B)\sin C}$$
$$\Rightarrow\frac{a^2-b^2}{c^2}=\frac{\sin(A-B)}{\sin C}$$

同理可得

$$\frac{b^2-c^2}{a^2}=\frac{\sin(B-C)}{\sin A}$$
$$\frac{c^2-a^2}{b^2}=\frac{\sin(C-A)}{\sin B}$$

于是,式(L)等价于

$$\frac{b^2-c^2}{a^2}+\frac{c^2-a^2}{b^2}+\frac{a^2-b^2}{c^2}$$
$$\geqslant\frac{b-c}{a}+\frac{c-a}{b}+\frac{a-b}{c}\geqslant 0 \tag{L_1}$$

我们先证明式(L_1)的左边,即

$$\frac{(b-c)(b+c-a)}{a^2}+\frac{(c-a)(c+a-b)}{b^2}+\frac{(a-b)(a+b-c)}{c^2}\geqslant 0 \qquad (1)$$

$$\begin{aligned}
\text{式(1)左边}&=\left[\frac{(a-b)(a+b-c)}{c^2}-\frac{(a-b)(c+a-b)}{b^2}\right]+\\
&\quad\left[\frac{(b-c)(b-c+a)}{a^2}+\frac{(c-b)(c+a-b)}{b^2}\right]\\
&=\frac{(a-b)(b-c)(b^2+c^2+ab+ca)}{b^2c^2}+\\
&\quad\frac{(b-c)(b-a)(a^2+b^2+bc+ca)}{a^2b^2}\\
&=(a-b)(b-c)(a-c)\cdot\\
&\quad\frac{(a+c)(b^2+ca)+b(c^2+a^2)+abc}{a^2b^2c^2}\\
&\geqslant 0
\end{aligned}$$

即式(1)成立.

再证式(L_1)的右边,即

$$\frac{a-b}{c}+\frac{b-c}{a}+\frac{c-a}{b}\geqslant 0 \qquad (2)$$

$$\begin{aligned}
&\Leftrightarrow ab(a-b)+bc(b-c)+ca(c-a)\geqslant 0\\
&\Leftrightarrow a(a-b)(b-c)+c(b-c)(b-a)\geqslant 0\\
&\Leftrightarrow (a-b)(b-c)(a-c)\geqslant 0
\end{aligned}$$

即式(2)也成立.

综合上述知,式(L_1)成立,所以式(L)成立,等号成立仅当$\triangle ABC$为正三角形.

不言而喻,不等式(L)是一个非常新奇漂亮的不等式.证明时有难度,分三步进行:第一步将式(L)等价变形为式(L_1),第二步证明式(L_1)左边成立,第三步证明式(L_1)右边成立,最后综合起来完成了证明.

如果设指数$k\geqslant 0$,从上述证法可知,对于$\triangle ABC$,不等式(L_1)可以指数推广为

$$\begin{aligned}
&\frac{b^{2k}-c^{2k}}{a^{2k}}+\frac{c^{2k}-a^{2k}}{b^{2k}}+\frac{a^{2k}-b^{2k}}{c^{2k}}\\
&\geqslant\frac{b^k-c^k}{a^k}+\frac{c^k-a^k}{b^k}+\frac{a^k-b^k}{c^k}\geqslant 0 \qquad (L_2)
\end{aligned}$$

为了进一步探讨式(L),我们简记

$$(x,y,z)=\left(\tan\frac{A}{2},\tan\frac{B}{2},\tan\frac{C}{2}\right)$$

$$\Rightarrow xy+yz+zx=1$$

于是

$$\frac{\sin(B-C)}{\sin A}=\frac{\sin(B-C)}{\sin(B+C)}$$

$$=\frac{\tan B-\tan C}{\tan B+\tan C}$$

$$=\frac{\dfrac{2x}{1-x^2}-\dfrac{2y}{1-y^2}}{\dfrac{2x}{1-x^2}+\dfrac{2y}{1-y^2}}=\frac{(x-y)(1+xy)}{(x+y)(1-xy)}$$

同理可得另外两式,即有

$$\frac{\sin(B-C)}{\sin A}+\frac{\sin(C-A)}{\sin B}+\frac{\sin(A-B)}{\sin C}$$

$$=\frac{(x-y)(1+xy)}{(x+y)(1-xy)}+\frac{(y-z)(1+yz)}{(y+z)(1-yz)}+\frac{(z-x)(1+zx)}{(z+x)(1-zx)}$$

又因为

$$\frac{\sin B-\sin C}{\sin A}=\frac{2\sin\dfrac{B+C}{2}\sin\dfrac{B-C}{2}}{2\cos\dfrac{B+C}{2}\sin\dfrac{B+C}{2}}$$

$$=\frac{\sin\dfrac{B-C}{2}}{\cos\dfrac{B+C}{2}}=\frac{y-z}{y+z}$$

同理可得其他两式,即有

$$\frac{\sin B-\sin C}{\sin A}+\frac{\sin C-\sin A}{\sin B}+\frac{\sin A-\sin B}{\sin C}$$

$$=\frac{y-z}{y+z}+\frac{z-x}{z+x}+\frac{x-y}{x+y}\geqslant 0 \tag{4}$$

再将式(3)、(4)有机的结合,我们就以旧翻新出:

新题 1　设正数 x,y,z 满足 $xy+yz+zx=1$,那么有

$$\frac{xy(x-y)}{(x+y)^2z}+\frac{yz(y-z)}{(y+z)^2x}+\frac{xy(2-x)}{(x+z)^2y}\geqslant 0$$

(八)

我们在前面第(六)小节中,建立了相当强劲美观的式

$$\left(\frac{\cos B}{\cos C}\right)^{2k}+\left(\frac{\cos C}{\cos A}\right)^{2k}+\left(\frac{\cos A}{\cos B}\right)^{2k}$$
$$\geqslant 4^{k}\left[(\cos A)^{2k}+(\cos B)^{2k}+(\cos C)^{2k}\right] \qquad (\mathrm{K}_3)$$

其中 $k\geqslant 0$，$\triangle ABC$ 为锐角三角形.

下面我们将式(K_3)从锐角三角形推广到平面凸多边形：

结论 9 设指数 $K>0$，系数 $\lambda_i>0(1\leqslant i\leqslant n, n\geqslant 3, n\in\mathbf{N}^{+})$满足 $\lambda_1\lambda_2\cdots\lambda_n\leqslant 1$，$A_1A_2\cdots A_n$ 为平面凸 n 边形，满足 $\theta_i=\frac{A_i}{n-2}\in\left(0,\frac{\pi}{2}\right)(i=1,2,\cdots,n, n\geqslant 3, n\in\mathbf{N}^{+})$，则有

$$\frac{\lambda_1}{\lambda_2}\left(\frac{\cos\theta_1}{\cos\theta_2}\right)^{(n-1)k}+\frac{\lambda_2}{\lambda_3}\left(\frac{\cos\theta_2}{\cos\theta_3}\right)^{(n-1)k}+\cdots+\frac{\lambda_n}{\lambda_1}\left(\frac{\cos\theta_n}{\cos\theta_1}\right)^{(n-1)k}$$
$$\geqslant\left(\sec\frac{\pi}{n}\right)^{2k}\sum_{i=1}^{n}\sqrt[n-1]{\lambda_i^2}(\cos\theta_i)^{2k} \qquad (\mathrm{M})$$

特别地，当取 $n=3$ 时，式(M)等价于

$$\frac{\lambda}{\mu}\left(\frac{\cos A}{\cos B}\right)^{2k}+\frac{\mu}{\nu}\left(\frac{\cos B}{\cos C}\right)^{2k}+\frac{\nu}{\lambda}\left(\frac{\cos A}{\cos B}\right)^{2k}$$
$$\geqslant 4^{k}\left[\lambda(\cos A)^{2k}+\mu(\cos B)^{2k}+\nu(\cos C)^{2k}\right] \qquad (\mathrm{N})$$

其中 $\lambda,\mu,\nu>0$ 且 $\lambda\mu\nu\leqslant 1$. $\triangle ABC$ 为锐角三角形.

从外形、结构及三角意义上讲，式(N)的风采与神韵都是超凡的，它恰是达·芬奇创作的《蒙娜丽莎》.

证明 (i)我们设 $x_i>0(i=1,2,\cdots,n)$，$m=x_1x_2\cdots x_n$，应用 $AM-GM$ 不等式有

$$(n-1)\frac{x_1}{x_2}+(n-2)\frac{x_2}{x_3}+\cdots+2\frac{x_{n-2}}{x_{n-1}}+\frac{x_{n-1}}{x_n}\geqslant[1+2+\cdots+(n-1)]$$
$$\left[\left(\frac{x_1}{x_2}\right)^{n-1}\cdot\left(\frac{x_2}{x_3}\right)^{n-2}\cdot\cdots\cdot\left(\frac{x_{n-2}}{x_{n-1}}\right)^{2}\frac{x_{n-1}}{x_n}\right]^{\frac{2}{n(n-1)}}$$
$$=\frac{n(n-1)}{2}\left(\frac{x_1^n}{m}\right)^{\frac{2}{n(n-1)}}$$

令
$$x_i=a_i^{(n-1)k}\quad(1\leqslant i\leqslant n)$$
$$A=a_1a_2\cdots a_n\text{，则 } m=A^{(n-1)k}$$

这样上式化为

$$(n-1)\left(\frac{a_1}{a_2}\right)^{(n-1)k}+(n-2)\left(\frac{a_2}{a_3}\right)^{(n-1)k}+\cdots+2\left(\frac{a_{n-2}}{a_{n-1}}\right)^{(n-1)k}+\left(\frac{a_{n-1}}{a_n}\right)^{(n-1)k}$$
$$\geqslant\frac{n(n-1)}{2}\cdot\frac{a_1^{2k}}{\sqrt[n]{A^{2k}}}$$

同理可得

$$(n-1)\left(\frac{a_2}{a_3}\right)^{(n-1)k}+(n-2)\left(\frac{a_3}{a_4}\right)^{(n-1)k}+\cdots+2\left(\frac{a_{n-1}}{a_n}\right)^{n-1}+\left(\frac{a_n}{a_1}\right)^{(n-1)k}$$

$$\geqslant\frac{n(n-1)}{2}\cdot\frac{a_2^{2k}}{\sqrt[n]{A^{2k}}}$$

$$\vdots$$

$$(n-1)\left(\frac{a_n}{a_1}\right)^{(n-1)k}+(n-2)\left(\frac{a_1}{a_2}\right)^{(n-1)k}+\cdots+2\left(\frac{a_{n-3}}{a_{n-2}}\right)^{(n-1)k}+\left(\frac{a_{n-2}}{a_{n-1}}\right)^{(n-1)k}$$

$$\geqslant\frac{n(n-1)}{2}\cdot\frac{a_n^{2k}}{\sqrt[n]{A^{2k}}}$$

将以上 n 个不等式相加,并注意到

$$1+2+\cdots+(n-1)=\frac{n(n-1)}{2}$$

得

$$\frac{n(n-1)}{2}\left[\left(\frac{a_1}{a_2}\right)^{(n-1)k}+\left(\frac{a_2}{a_3}\right)^{(n-1)k}+\cdots+\left(\frac{a_n}{a_1}\right)^{(n-1)k}\right]$$

$$\geqslant\frac{n(n-1)}{2}\cdot\frac{a_1^{2k}+a_2^{2k}+\cdots+a_n^{2k}}{\sqrt[n]{A^{2k}}}\tag{1}$$

(ⅱ)令

$$a_i=\lambda_i^{\frac{1}{(n-1)K}}\cos\theta_i\quad(1\leqslant i\leqslant n)$$

那么

$$A=(\lambda_1\lambda_2\cdots\lambda_n)^{\frac{1}{(n-1)K}}\cdot\prod_{i=1}^{n}\cos\theta_i$$

$$\leqslant\prod_{i=1}^{n}\cos\theta_i\leqslant\left(\frac{\sum\limits_{i=1}^{n}\cos\theta_i}{n}\right)^n$$

$$\leqslant\left[\cos\left(\frac{\sum\limits_{i=1}^{n}\theta_i}{n}\right)\right]^n=\left(\cos\frac{\pi}{n}\right)^n$$

此时从式(1)立刻推出式(M),等号成立仅当

$$\begin{cases}\lambda_1=\lambda_2=\cdots=\lambda_n=1\\A_1=A_2=\cdots=A_n=\dfrac{(n-2)\pi}{n}\end{cases}$$

从上面的证明可知,结论中的已知条件 $\lambda_1\lambda_2\cdots\lambda_n\leqslant1$ 已可以改变为

$$\lambda_1+\lambda_2+\cdots+\lambda_n\leqslant n$$

$$\Rightarrow \lambda_1\lambda_2\cdots\lambda_n \leqslant \left(\frac{\lambda_1+\lambda_2+\cdots+\lambda_n}{n}\right)^n \leqslant 1$$

式(M)仍然成立,而且,若设正系数 λ,μ,ν 满足 $\lambda+\mu+\nu\leqslant 3$,那么前面的式(N)就不会"孤苦伶仃"了,它有两个配对式

$$\frac{\lambda}{\mu}\left(\frac{\sin\frac{A}{2}}{\sin\frac{B}{2}}\right)^{2k}+\frac{\mu}{\nu}\left(\frac{\sin\frac{B}{2}}{\sin\frac{C}{2}}\right)^{2k}+\frac{\nu}{\lambda}\left(\frac{\sin\frac{C}{2}}{\sin\frac{A}{2}}\right)^{2k}$$

$$\geqslant 4^k\left[\lambda\left(\sin\frac{A}{2}\right)^{2k}+\mu\left(\sin\frac{B}{2}\right)^{2k}+\nu\left(\sin\frac{C}{2}\right)^{2k}\right] \qquad (N_1)$$

$$\frac{\lambda}{\mu}\left(\frac{\tan\frac{A}{2}}{\tan\frac{B}{2}}\right)^{2k}+\frac{\mu}{\nu}\left(\frac{\tan\frac{B}{2}}{\tan\frac{C}{2}}\right)^{2k}+\frac{\nu}{\lambda}\left(\frac{\tan\frac{C}{2}}{\tan\frac{A}{2}}\right)^{2k}$$

$$\geqslant 3^k\left[\lambda\left(\tan\frac{A}{2}\right)^{2k}+\mu\left(\tan\frac{B}{2}\right)^{2k}+\nu\left(\tan\frac{C}{2}\right)^{2k}\right] \qquad (N_2)$$

(九)

更美更妙更精彩的是,我们还可从新的方面建立新奇的推广式.

结论 10 设 $\lambda,\mu,\nu>0$ 为正系数,指数 $\alpha,\beta>0$,则对任意 $\triangle ABC$ 有

$$P_\lambda=\lambda\frac{\left(\sin\frac{A}{2}\right)^\alpha}{\left(\sin\frac{B}{2}\right)^\beta}+\mu\frac{\left(\sin\frac{B}{2}\right)^\alpha}{\left(\sin\frac{C}{2}\right)^\beta}+\nu\frac{\left(\sin\frac{C}{2}\right)^\alpha}{\left(\sin\frac{A}{2}\right)^\beta}$$

$$\geqslant\left[p\left(\sin\frac{A}{2}\right)^\theta+q\left(\sin\frac{B}{2}\right)^\theta+r\left(\sin\frac{C}{2}\right)^\theta\right]S \qquad (S)$$

其中

$$S=2^{\frac{3\beta^2}{\alpha+2\beta}},\theta=\frac{\alpha^2+\alpha\beta+\beta^2}{\alpha+2\beta}$$

$$\begin{cases}p=(\lambda^{\alpha+\beta}\mu^\beta)^{\frac{1}{\alpha+2\beta}}\\ q=(\mu^{\alpha+\beta}\nu^\beta)^{\frac{1}{\alpha+2\beta}}\\ r=(\nu^{\alpha+\beta}\lambda^\beta)^{\frac{1}{\alpha+2\beta}}\end{cases}$$

特别地,当取 $\alpha=\beta=2k>0$ 时

$$\theta=2k,S=4^k$$

$$p=\sqrt[3]{\lambda^2\mu},q=\sqrt[3]{\mu^2\nu}$$

$$r=\sqrt[3]{\nu^2\lambda}$$

这时式(S)简化为一个新推论

$$\lambda\left(\frac{\sin\frac{A}{2}}{\sin\frac{B}{2}}\right)^{2k}+\mu\left(\frac{\sin\frac{B}{2}}{\sin\frac{C}{2}}\right)^{2k}+\nu\left(\frac{\sin\frac{C}{2}}{\sin\frac{A}{2}}\right)^{2k}$$

$$\geqslant 4^k\left[\sqrt[3]{\lambda^2\mu}\left(\sin\frac{A}{2}\right)^{2k}+\sqrt[3]{\mu^2\nu}\left(\sin\frac{B}{2}\right)^{2k}+\sqrt[3]{\nu^2\lambda}\left(\sin\frac{C}{2}\right)^{2k}\right] \qquad (S_1)$$

证明　我们记

$$m=\sin\frac{A}{2}\sin\frac{B}{2}\sin\frac{C}{2}\leqslant\frac{1}{8}$$

作代换

$$(a,b,c)=\left(\sin\frac{A}{2},\sin\frac{B}{2},\sin\frac{C}{2}\right)$$

则

$$m=abc\leqslant\frac{1}{8}$$

设 $x>0$ 为待定系数,应用加权不等式有

$$x\lambda\frac{a^\alpha}{b^\beta}+\mu\frac{b^\alpha}{c^\beta}\geqslant(x+1)\left[\left(\frac{\lambda a^\alpha}{b^\beta}\right)^x\cdot\frac{ab^\alpha}{c^\beta}\right]^{\frac{1}{x+1}}$$

$$=(x+1)\left[\frac{\lambda^x\mu a^{\alpha x+\beta}b^{\alpha+\beta-\beta x}}{m^\beta}\right]^{\frac{1}{x+1}} \qquad (1)$$

为了消去参数 b,令指数

$$\alpha+\beta-\beta x=0\Rightarrow x=\frac{\alpha+\beta}{\beta}$$

$$\Rightarrow\frac{\alpha x+\beta}{x+1}=\frac{\alpha^2+\alpha\beta+\beta^2}{\alpha+2\beta}=\theta$$

这时式(1)化为(注意 $m\leqslant\frac{1}{8}$)

$$x\lambda\frac{a^\alpha}{b^\beta}+\mu\frac{b^\alpha}{c^\beta}\geqslant(x+1)pa^\theta S$$

同理可得

$$x\mu\frac{b^\alpha}{c^\beta}+\nu\frac{c^\alpha}{a^\beta}\geqslant(x+1)qb^\theta S$$

$$x\nu\frac{c^\alpha}{a^\beta}+\lambda\frac{a^\alpha}{b^\beta}\geqslant(x+1)rc^\theta S$$

将以上三式相加即得式(S),等号成立仅当 $\lambda=\mu=\nu=1$ 及 $\triangle ABC$ 为正三角形.

现在我们对指数做一点讨论:

如果 $\theta\geqslant 2$，即

$$\alpha^2+\alpha\beta+\beta^2\geqslant 2(\alpha+2\beta)$$
$$\Rightarrow\alpha^2+(\beta-2)\alpha+(\beta^2-4\beta)\geqslant 0$$
$$\Rightarrow 4\alpha=(\beta-1)^2-4(\beta^2-2\beta)\leqslant 0$$
$$\Rightarrow 3\beta^2-12\beta-4\geqslant 0$$
$$\Rightarrow\beta\geqslant\frac{6+4\sqrt{3}}{3}>4$$

又

$$\alpha^2+2\beta+\beta^2\geqslant 2(\alpha+2\beta)$$
$$\Rightarrow\beta^2+(\alpha-4)\beta+(\alpha^2-2\alpha)\geqslant 0$$
$$\Rightarrow 4\beta=(\alpha-4)^2-4(\alpha^2-2\alpha)\leqslant 0$$
$$\Rightarrow\alpha\geqslant\frac{4}{\sqrt{3}}$$

即有 $\alpha\geqslant\frac{4}{\sqrt{3}}$ 与 $\beta\geqslant\frac{6+4\sqrt{3}}{3}$. 但当 $\alpha=\beta\geqslant 2$ 时，$\theta=\alpha\geqslant 2$.

相应地，在式(S)中作置换

$$\left(\sin\frac{A}{2},\sin\frac{B}{2},\sin\frac{C}{2}\right)\to\left(\tan\frac{A}{2},\tan\frac{B}{2},\tan\frac{C}{2}\right)$$

$$\Rightarrow\lambda\frac{\left(\tan\frac{A}{2}\right)^\alpha}{\left(\tan\frac{B}{2}\right)^\beta}+\mu\frac{\left(\tan\frac{B}{2}\right)^\alpha}{\left(\tan\frac{C}{2}\right)^\beta}+\nu\frac{\left(\tan\frac{C}{2}\right)^\alpha}{\left(\tan\frac{A}{2}\right)^\beta}$$
$$\geqslant\left[p\left(\tan\frac{A}{2}\right)^\theta+q\left(\tan\frac{B}{2}\right)^\theta+r\left(\tan\frac{C}{2}\right)^\theta\right]S_1 \qquad (S_2)$$

其中

$$S_1=(\sqrt{3})^{\frac{3\beta 2}{\alpha+2\beta}}$$

如果 $\triangle ABC$ 是锐角三角形，那么可在式(S)中作置换

$$(A,B,C)\longrightarrow(\pi-2A,\pi-2B,\pi-2C)$$
$$\Rightarrow\lambda\frac{(\cos A)^\alpha}{(\cos B)^\beta}+\mu\frac{(\cos B)^\alpha}{(\cos C)^\beta}+\nu\frac{(\cos C)^\alpha}{(\cos A)^\beta}$$
$$\geqslant[p(\cos A)^\theta+q(\cos B)^\theta+r(\cos C)^\theta]S \qquad (S_3)$$
$$\lambda\frac{(\cot A)^\alpha}{(\cot B)^\beta}+\mu\frac{(\cot B)^\alpha}{(\cot C)^\beta}+\nu\frac{(\cot C)^\alpha}{(\cot A)^\beta}$$
$$\geqslant[p(\cot A)^\theta+q(\cot B)^\theta+r(\cot C)^\theta]S \qquad (S_4)$$

特别地，当 $\theta>2$ 时，应用赫尔德不等式有

$$\left[\sum p\left(\sin\frac{A}{2}\right)^\theta\right]^{\frac{2}{\theta}}\cdot\left[\sum\frac{1}{\sqrt[\theta-2]{p^2}}\right]^{\frac{\theta-2}{\theta}}$$

$$\geqslant \sum \sin^2 \frac{A}{2} \geqslant \frac{3}{4}$$

$$\Rightarrow \sum p\left(\sin \frac{A}{2}\right)^{\theta} \geqslant \left(\frac{3}{4}\right)^{\frac{\theta}{2}} \left(\sum p^{\frac{2}{2-\theta}}\right)^{\frac{2-\theta}{2}}$$

$$\Rightarrow \sum \left[\lambda \frac{\left(\sin \frac{A}{2}\right)^{\alpha}}{\left(\sin \frac{B}{2}\right)^{\beta}}\right] \geqslant \left(\frac{3}{4}\right)^{\frac{\theta}{2}} S\left(\sum p^{\frac{2}{2-\theta}}\right)^{\frac{2-\theta}{2}} \tag{S_5}$$

当 $\theta > \frac{1}{2}$ 时

$$\left[\sum p\left(\tan \frac{A}{2}\right)^{\theta}\right]^{\frac{1}{2\theta}} \cdot \left(\sum \frac{1}{\sqrt[2\theta-1]{p}}\right)^{\frac{2\theta-1}{2\theta}} \geqslant \sum \sqrt{\tan \frac{A}{2}} \geqslant \sqrt[4]{27}$$

$$\Rightarrow \sum p\left(\tan \frac{A}{2}\right)^{\theta} \geqslant \sqrt{27^{\theta}}\left(\sum p^{\frac{1}{1-2\theta}}\right)^{1-2\theta}$$

$$\Rightarrow \sum \left[\lambda \frac{\left(\tan \frac{A}{2}\right)^{\alpha}}{\left(\tan \frac{B}{2}\right)^{\beta}}\right] \geqslant \sqrt{27\theta} S_1\left(\sum p^{\frac{1}{1-2\theta}}\right)^{1-2\theta} \tag{S_6}$$

可见，式(S_5)与式(S_6)均是两个漂亮的推论.

“种瓜得瓜，种豆得豆”，解题时，用不同的思路，得不同的解法，显得五彩缤纷. 探讨数学问题时，用不同的思路，已可获得不同的结果，显得百花开放.

我们仍然设 $a,b,c,\lambda,\mu,\nu,\alpha,\beta,x$ 均为正数，应用加权不等式有

$$x\frac{a^{\alpha}}{b^{\beta}} + \mu\frac{b^{\alpha}}{c^{\beta}} \geqslant (xH)\left[\left(\frac{a^{\alpha}}{b^{\beta}}\right)^{x}\frac{\mu b^{\alpha}}{c^{\beta}}\right]^{\frac{1}{x+1}}$$

$$= (x+1)\left[\frac{\mu a^{\alpha x+\beta} b^{\alpha+\beta-\beta x}}{m^{\beta}}\right] \tag{1}$$

其中

$$m = abc$$

令

$$\alpha + \beta - \beta x = 0 \Rightarrow x = \frac{\alpha+\beta}{\beta}$$

$$\Rightarrow x\frac{a^{\alpha}}{b^{\beta}} + \mu\frac{b^{\alpha}}{c^{\beta}} \geqslant \frac{x+1}{M}\mu^{\omega} a^{\theta} \tag{2}$$

其中

$$\theta = \frac{\alpha x+\beta}{x+1} = \frac{\alpha^2+\alpha\beta+\beta^2}{\alpha+2\beta}$$

$$\omega = \frac{1}{x+1} = \frac{\beta}{\alpha+2\beta}$$

$$M = m^{\frac{\beta}{x+1}} = m^{\frac{\beta^2}{\alpha+2\beta}}$$

同理可得

$$x\frac{b^{\alpha}}{c^{\beta}}+\nu\frac{c^{\alpha}}{a^{\beta}}\geqslant\frac{x+1}{M}\nu^{\omega}b^{\theta} \tag{3}$$

$$x\frac{c^{\alpha}}{d^{\beta}}+\lambda\frac{a^{\alpha}}{b^{\beta}}\geqslant\frac{x+1}{M}\lambda^{\omega}c^{\theta} \tag{4}$$

(2) + (3) + (4)

$$(x+\lambda)\frac{a^{\alpha}}{b^{\beta}}+(x+\mu)\frac{b^{\alpha}}{c^{\beta}}+(x+\nu)\frac{c^{\alpha}}{a^{\beta}}$$

$$\geqslant\frac{x+1}{M}(\mu^{\omega}a^{\theta}+\nu^{\omega}b^{\theta}+\lambda^{\omega}c^{\theta}) \tag{5}$$

其中 $x=\dfrac{\alpha+\beta}{\beta}$.

这即为新的推广模式,但没有前面建立的那么简洁.

下面我们用待定系数法建立一个四元推广模式.

设 $a,b,c,d,\alpha,\beta,x,y>0,m=abcd$,应用加权不等式有

$$x\frac{a^{\alpha}}{b^{\beta}}+y\frac{b^{\alpha}}{c^{\beta}}+\frac{c^{\alpha}}{d^{\beta}}$$

$$\geqslant(x+y+1)\left[\left(\frac{a^{\alpha}}{b^{\beta}}\right)^{x}\left(\frac{b^{\alpha}}{c^{\beta}}\right)^{y}\left(\frac{c^{\alpha}}{d^{\beta}}\right)\right]^{\frac{1}{x+y+1}}$$

$$=(x+y+1)\left[\frac{a^{\alpha x+\beta}\cdot b^{\alpha y-\beta x+\beta}\cdot c^{\alpha+\beta-\beta y}}{m^{\beta}}\right]^{\frac{1}{x+y+1}} \tag{6}$$

令

$$\begin{cases}\alpha y-\beta x+\beta=0\\ \alpha+\beta-\beta y=0\end{cases}\Rightarrow\begin{cases}x=\dfrac{\alpha^{2}+\alpha\beta+\beta^{2}}{\beta^{2}}\\ y=\dfrac{\alpha+\beta}{\beta}\end{cases}$$

$$\Rightarrow x\frac{a^{\alpha}}{b^{\beta}}+y\frac{b^{\alpha}}{c^{\beta}}+\frac{c^{\alpha}}{d^{\beta}}\geqslant\frac{x+y+1}{M}a^{\varphi} \tag{7}$$

其中

$$M=m^{\frac{\beta}{x+y+1}}=m^{\omega}$$

$$\omega=\frac{\beta^{2}}{(\alpha+\beta)^{2}+2\beta^{2}}$$

$$\varphi=\frac{\alpha x+\beta}{x+y+1}=\frac{(\alpha+\beta)(\alpha^{2}+\beta^{2})}{(\alpha+\beta)^{2}+2\beta^{2}}$$

同理可得

$$x\frac{b^{\alpha}}{c^{\beta}}+y\frac{c^{\alpha}}{d^{\beta}}+\frac{d^{\alpha}}{a^{\beta}}\geqslant\frac{x+y+1}{M}b^{\varphi} \tag{8}$$

$$x\frac{c^{\alpha}}{d^{\beta}}+y\frac{d^{\alpha}}{a^{\beta}}+\frac{a^{\alpha}}{b^{\beta}}\geqslant\frac{x+y+1}{M}c^{\varphi} \tag{9}$$

$$x\frac{d^{\alpha}}{a^{\beta}}+y\frac{a^{\alpha}}{b^{\beta}}+\frac{b^{\alpha}}{c^{\beta}}\geqslant\frac{x+y+1}{M}d^{\varphi}\tag{10}$$

(7)+(8)+(9)+(10),并两边约去 $x+y+1$ 得

$$\frac{a^{\alpha}}{b^{\beta}}+\frac{b^{\alpha}}{c^{\beta}}+\frac{c^{\alpha}}{d^{\beta}}+\frac{d^{\alpha}}{a^{\beta}}\geqslant\frac{a^{\varphi}+b^{\varphi}+c^{\varphi}+d^{\varphi}}{M}\tag{T}$$

其中 $M=(abcd)^{\omega},\omega=\dfrac{\beta^2}{(\alpha+\beta)^2+2\beta}$.

其实,我们已可以为式(T)配上系数,不过配上系数后式(T)就显得庞大复杂了,但应用上述方法可将式(T)推广到 $n(n\geqslant3,n\in\mathbf{N}_+)$ 个元素的情形

$$\frac{a_1^{\alpha}}{a_2^{\beta}}+\frac{a_2^{\alpha}}{a_3^{\beta}}+\cdots+\frac{a_{n-1}^{\alpha}}{a_n^{\beta}}+\frac{a_n^{\alpha}}{a_1^{\beta}}\geqslant\frac{a_1^{\varphi_n}+a_2^{\varphi_n}+\cdots+a_n^{\varphi_n}}{(a_1a_2\cdots a_n)^{\omega_n}}\tag{T$_1$}$$

其中 $a_1,a_2,\cdots,a_n>0,\alpha,\beta>0,\varphi_n,\omega_n$ 是关于 α,β 的表达式,是正指数,比如

$$\varphi_3=\frac{\alpha^2+\alpha\beta+\beta^2}{\alpha+2\beta},\omega_3=\frac{\beta^2}{\alpha+2\beta}$$

$$\varphi_4=\frac{(\alpha+\beta)(\alpha^2+\beta^2)}{(\alpha+\beta)^2+2\beta^2},\omega_4=\frac{\beta^2}{(\alpha+\beta)^2+2\beta^2}$$

为了寻求 φ_n,ω_n 的表达式,我们再求 φ_5,ω_5 以寻找规律:

同理,设 $a,b,c,d,e>0,\alpha,\beta>0,x,y,z>0$ 为待定系数,应用加权不等式,并简记

$$S=x+y+z+1,m=abcde$$

$$x\frac{a^{\alpha}}{b^{\beta}}+y\frac{b^{\alpha}}{c^{\beta}}+z\frac{c^{\alpha}}{d^{\beta}}+\frac{d^{\alpha}}{e^{\beta}}\geqslant S\left[\left(\frac{a^{\alpha}}{b^{\beta}}\right)^{x}\cdot\left(\frac{b^{\alpha}}{c^{\beta}}\right)^{y}\cdot\left(\frac{c^{\alpha}}{d^{\beta}}\right)^{z}\cdot\frac{d^{\alpha}}{e^{\beta}}\right]^{\frac{1}{S}}=S\left[\frac{a^{\alpha x+\beta}}{m^{\beta}}(b^{\theta_1}c^{\theta_2}d^{\theta_3})\right]^{\frac{1}{S}}\tag{1}$$

其中
$$\begin{cases}\theta_1=\alpha y-\beta x+\beta\\\theta_2=\alpha z-\beta y+\beta\\\theta_3=\alpha x-\beta z+\beta\end{cases}$$

为了消去 b,c,d,令

$$\theta_1=\theta_2=\theta_3=0$$

$$\Rightarrow\begin{cases}x=\dfrac{\alpha^3+\alpha^2\beta+\alpha\beta^2+\beta^3}{\beta^3}\\ y=\dfrac{\alpha^2+\alpha\beta+\beta^2}{\beta^2}\\ z=\dfrac{\alpha+\beta}{\beta}\end{cases}$$

$$\Rightarrow x\frac{a^\alpha}{b^\beta}+y\frac{b^\alpha}{c^\beta}+z\frac{c^\alpha}{d^\beta}+\frac{d^\alpha}{e^\beta}\geqslant S\frac{a^{\varphi_5}}{m^{\omega_5}}=\frac{S}{M}a^{\varphi_5} \tag{2}$$

其中

$$M=m^{\omega_5}$$

$$\omega_5=\frac{\beta}{S}=\frac{\beta}{x+y+z+1}=\frac{\beta^4}{\alpha^3+2\alpha^2\beta+3\alpha\beta^2+4\beta^3}$$

$$\varphi_5=\frac{\alpha x+\beta}{x+y+z+1}=\frac{\alpha^4+\alpha^3\beta+\alpha^2\beta^2+\alpha\beta^3+\beta^4}{\alpha^3+2\alpha^2\beta+3\alpha\beta^2+4\beta^3}$$

我们同理可得

$$x\frac{b^\alpha}{c^\beta}+y\frac{c^\alpha}{d^\beta}+z\frac{d^\alpha}{e^\beta}+\frac{e^\alpha}{a^\beta}\geqslant\frac{S}{M}b^{\varphi_5} \tag{3}$$

$$x\frac{c^\alpha}{d^\beta}+y\frac{d^\alpha}{e^\beta}+z\frac{e^\alpha}{a^\beta}+\frac{a^\alpha}{b^\beta}\geqslant\frac{S}{M}c^{\varphi_5} \tag{4}$$

$$x\frac{d^\alpha}{e^\beta}+y\frac{e^\alpha}{a^\beta}+z\frac{a^\alpha}{b^\beta}+\frac{b^\alpha}{c^\beta}\geqslant\frac{S}{M}d^{\varphi_5} \tag{5}$$

$$x\frac{e^\alpha}{a^\beta}+y\frac{a^\alpha}{b^\beta}+z\frac{b^\alpha}{c^\beta}+\frac{c^\alpha}{d^\beta}\geqslant\frac{S}{M}e^{\varphi_5} \tag{6}$$

(2) + (3) + (4) + (5) + (6)之后，两边约去 $S=x+y+z+1$ 得到

$$\frac{a^\alpha}{b^\beta}+\frac{b^\alpha}{c^\beta}+\frac{c^\alpha}{d^\beta}+\frac{d^\alpha}{e^\beta}+\frac{e^\alpha}{a^\beta}\geqslant\frac{a^{\varphi_5}+b^{\varphi_5}+c^{\varphi_5}+d^{\varphi_5}+e^{\varphi_5}}{M} \tag{T_2}$$

从前面的 $\varphi_3,\varphi_4,\varphi_5$ 及 $\omega_3,\omega_4,\omega_5$ 不难归纳出(有待证明)

$$\varphi_n=\frac{\alpha^{n-1}+\alpha^{n-2}\beta+\cdots+\alpha\beta^{n-2}+\beta^{n-1}}{\alpha^{n-2}+2\alpha^{n-3}\beta+\cdots+(n-2)\alpha\beta^{n-3}+(n-1)\beta^{n-2}} \tag{7}$$

$$\omega_n=\frac{\beta^{n-1}}{\alpha^{n-2}+2\alpha^{n-3}\beta+\cdots+(n-2)\alpha\beta^{n-3}+(n-1)\beta^{n-2}} \tag{8}$$

特别地，当 $\alpha=\beta>0$ 时

$$\varphi_n=\frac{2\beta}{n-1},\omega_n=\frac{2\beta}{n(n-1)}$$

我们在本节的开头建立了式(S)的一个推论

$$\lambda\frac{(\cos A)^{\alpha}}{(\cos B)^{\beta}}+\mu\frac{(\cos B)^{\alpha}}{(\cos C)^{\beta}}+\nu\frac{(\cos C)^{\alpha}}{(\cos A)^{\beta}}$$

$$\geqslant S[p(\cos A)^{\theta}+q(\cos B)^{\theta}+r(\cos C)^{\theta}] \qquad (S_3)$$

其中$\triangle ABC$为锐角三角形.

$$S=2^{\frac{3\beta^2}{\alpha+2\beta}},\theta=\frac{\alpha^2+\alpha\beta+\beta^2}{\alpha+2\beta}=\varphi_3$$

$$p=\sqrt[3]{\lambda^2\mu},q=\sqrt[3]{\mu^2\nu},r=\sqrt[3]{\nu^2\lambda}$$

再取$\alpha=\beta=2k>0$得到特例

$$\lambda\left(\frac{\cos A}{\cos B}\right)^{2k}+\mu\left(\frac{\cos B}{\cos C}\right)^{2k}+\nu\left(\frac{\cos C}{\cos A}\right)^{2k}$$

$$\geqslant 4^k[\sqrt[3]{\lambda^2\mu}(\cos A)^{2k}+\sqrt[3]{\mu^2\nu}(\cos B)^{2k}+\sqrt[3]{\nu^2\lambda}(\cos C)^{2k}] \qquad (S_1)$$

其实,从式(S)的证明过程知,如果设$\triangle A_iB_iC_i(1\leqslant i\leqslant n,n\in\mathbf{N}^+)$为锐角三角形,$\theta_i\in(0,1)$且$\sum\limits_{i=1}^{n}\theta_i=1$,并在式(S)的证明过程中令

$$a=\prod_{i=1}^{n}(\cos A_i)^{\theta_i},b=\prod_{i=1}^{n}(\cos B_i)^{\theta_i}$$

$$c=\prod_{i=1}^{n}(\cos C_i)^{\theta_i}$$

即可将式(S_3),(S_1)从一个三角形推向n个锐角三角形

$$\lambda\prod_{i=1}^{n}\left(\frac{\cos A_i}{\cos B_i}\right)^{2k\theta_i}+\mu\prod_{i=1}^{n}\left(\frac{\cos B_i}{\cos C_i}\right)^{2k\theta_i}+\nu\prod_{i=1}^{n}\left(\frac{\cos C_i}{\cos A_i}\right)^{2k\theta_i}$$

$$\geqslant S[\sqrt[3]{\lambda^2\mu}\prod_{i=1}^{n}(\cos A_i)^{2k\theta_i}+\sqrt[3]{\mu^2\nu}\prod_{i=1}^{n}(\cos B_i)^{2k\theta_i}+$$

$$\sqrt[3]{\nu^2\lambda}\prod_{i=1}^{n}(\cos C_i)^{2k\theta_i}] \qquad (S_7)$$

其中
$$S=4^k$$

$$\lambda\prod_{i=1}^{n}\left[\frac{(\cos A_i)^{\alpha}}{(\cos B_i)^{\beta}}\right]^{\theta_i}+\mu\prod_{i=1}^{n}\left[\frac{(\cos B_i)^{\alpha}}{(\cos C_i)^{\beta}}\right]^{\theta_i}+\nu\prod_{i=1}^{n}\left[\frac{(\cos C_i)^{\alpha}}{(\cos A_i)^{\beta}}\right]^{\theta_i}$$

$$\geqslant S(\alpha,\beta)[\sqrt[3]{\lambda^2\mu}\prod_{i=1}^{n}(\cos^{\theta}A_i)^{\theta_i}+\sqrt[3]{\mu^2\nu}\prod_{i=1}^{n}(\cos^{\theta}B_i)^{\theta_i}+$$

$$\sqrt[3]{\nu^2\lambda}\prod_{i=1}^{n}(\cos^{\theta}C_i)^{\theta_i}] \qquad (S_8)$$

其中
$$S(\alpha,\beta)=2^{\frac{3\beta^2}{\alpha+2\beta}}$$

$$\theta=\varphi_3=\frac{\alpha^2+\alpha\beta+\beta^2}{\alpha+2\beta}$$

式(S_7)中的指数$k>0$,当$0<k\leqslant1$时,我们又可建立式(S_7)的一个平行结

论,与它“并驾齐驱,比翼双飞”.

结论 11　设 $0<k\leqslant 1,\lambda,\mu,\nu>0,\triangle A_iB_iC_i(i=1,2,\cdots,n,n\in\mathbf{N}^+)$ 为锐角三角形,$\theta_i\in(0,1)$ $\sum_{i=1}^{n}\theta_i=1$. 记

$$P_\lambda=\lambda\prod_{i=1}^{n}\left(\frac{\cos A_i}{\cos B_i}\right)^{2k\theta_i}+\mu\prod_{i=1}^{n}\left(\frac{\cos B_i}{\cos C_i}\right)^{2k\theta_i}+\nu\prod_{i=1}^{n}\left(\frac{\cos C_i}{\cos A_i}\right)^{2k\theta_i}$$

$$\theta_\lambda=\sqrt[4]{\lambda}\prod_{i=1}^{n}(\cos A_i)^{2k\theta_i}+\sqrt[4]{\mu}\prod_{i=1}^{n}(\cos B_i)^{2k\theta_i}+\sqrt[4]{\nu}\prod_{i=1}^{n}(\cos C_i)^{2k\theta_i}$$

则有

$$P_\lambda\geqslant 4^k\sqrt[4]{\lambda\mu\nu}\,\theta_\lambda \tag{S_9}$$

证明　设 $x,y,z>0$,有三角母不等式的推广式

$$x^2+y^2+z^2\geqslant 2^k\left[yz\prod_{i=1}^{n}(\cos A_i)^{k\theta_i}+zx\prod_{i=1}^{n}(\cos B_i)^{k\theta_i}+xy\prod_{i=1}^{n}(\cos C_i)^{k\theta_i}\right] \tag{1}$$

令

$$\begin{cases}x=\sqrt{\mu}\prod_{i=1}^{n}\left(\frac{\cos B_i}{\cos C_i}\right)^{k\theta_i}\\ y=\sqrt{\nu}\prod_{i=1}^{n}\left(\frac{\cos C_i}{\cos A_i}\right)^{k\theta_i}\\ z=\sqrt{\lambda}\prod_{i=1}^{n}\left(\frac{\cos A_i}{\cos B_i}\right)^{k\theta_i}\end{cases}$$

$$\Rightarrow P_\lambda=x^2+y^2+z^2\geqslant 2^k(x_1^2+y_1^2+z_1^2) \tag{2}$$

其中

$$\begin{cases}x_1=\sqrt[4]{\mu\nu}\prod_{i=1}^{n}\left(\frac{\cos B_i\cos C_i}{\cos A_i}\right)^{\frac{k\theta_i}{2}}\\ y_1=\sqrt[4]{\nu\lambda}\prod_{i=1}^{n}\left(\frac{\cos C_i\cos A_i}{\cos B_i}\right)^{\frac{k\theta_i}{2}}\\ z_1=\sqrt[4]{\lambda\mu}\prod_{i=1}^{n}\left(\frac{\cos A_i\cos B_i}{\cos C_i}\right)^{\frac{k\theta_i}{2}}\end{cases}$$

再应用式(1)有

$$x_1^2+y_1^2+z_1^2\geqslant 2^k\left[y_1z_1\prod_{i=1}^{n}(\cos A_i)^{k\theta_i}+z_1x_1\prod_{i=1}^{n}(\cos B_i)^{k\theta_i}+x_1y_1\prod_{i=1}^{n}(\cos C_i)^{k\theta_i}\right]$$

$$= 2^k\left[\sqrt[4]{\lambda}\prod_{i=1}^{n}(\cos A_i)^{2k\theta_i} + \sqrt[4]{\mu}\prod_{i=1}^{n}(\cos B_i)^{2k\theta_i} + \sqrt[4]{\nu}\prod_{i=1}^{n}(\cos C_i)^{2k\theta_i}\right]\sqrt[4]{\lambda\mu\nu} \quad (3)$$

将上面的式(1)、(2)、(3)和谐结合即得式(S_9)等号成立仅当 $\lambda=\mu=\nu$ 及 $\triangle A_iB_iC_i(1\leqslant i\leqslant n)$ 均为正三角形.

最后,我们补充式(T_1)里右边指数 φ_n 与 ω_n 的表达式.

对于正数 α,β 及 $a_1,a_2,\cdots,a_n(n\geqslant 3,n\in\mathbf{N}_+)$,记 $m=a_1a_2\cdots a_n$,设 $x_1,x_2,\cdots,x_{n-2}$为待定正系数

$$S=1+x_1+x_2+\cdots+x_{n-2}$$

$$\varphi_n=\frac{\alpha x_1+\beta}{S},\omega_n=\frac{\beta}{S}$$

应用加权不等式有

$$\begin{aligned}
f_1 &= x_1\left(\frac{a_1^\alpha}{a_2^\beta}\right)+x_2\left(\frac{a_2^\alpha}{a_3^\beta}\right)+\cdots+x_{n-2}\left(\frac{a_{n-2}^\alpha}{a_{n-1}^\beta}\right)+\frac{a_{n-1}^\alpha}{a_n^\beta}\\
&\geqslant S\left[\left(\frac{a_1^\alpha}{a_2^\beta}\right)^{x_1}\cdot\left(\frac{a_2^\alpha}{a_3^\beta}\right)^{x_2}\cdot\cdots\cdot\left(\frac{a_{n-2}^\alpha}{a_{n-1}^\beta}\right)^{x_{n-2}}\cdot\frac{a_{n-1}^\alpha}{a_n^\beta}\right]^{\frac{1}{S}}\\
&= S\left[\frac{a_1^{\alpha x_1+\beta}}{m^\beta}(a_2^{p_1}a_3^{p_2}\cdots a_{n-1}^{p_{n-2}})\right]^{\frac{1}{S}}\\
&= S\,\frac{a_1^{\varphi_n}}{M}(a_2^{p_1}a_3^{p_2}\cdots a_{n-1}^{p_{n-2}})^{\frac{1}{S}} \qquad (4)
\end{aligned}$$

为了消去式(4)右边的字母 $a_2,a_3,\cdots,a_{n-1}$必须且只需令指数

$$\begin{cases}p_1=\alpha x_2-\beta x_1+\beta=0\\ p_2=\alpha x_3-\beta x_2+\beta=0\\ \quad\vdots \\ p_{n-3}=\alpha x_{n-2}-\beta x_{n-3}+\beta=0\\ p_{n-2}=\alpha-\beta x_{n-2}+\beta=0\end{cases}\quad(n\geqslant 3,n\in\mathbf{N}^+)$$

其中 $M=m^{\omega_n}$.

这样式(3)化为

$$f_1=x_1\left(\frac{a_1^\alpha}{a_2^\beta}\right)+x_2\left(\frac{a_2^\alpha}{a_3^\beta}\right)+\cdots+x_{n-2}\left(\frac{a_{n-2}^\alpha}{a_{n-1}^\beta}\right)+\frac{a_{n-1}^\alpha}{a_n^\beta}\geqslant\frac{S}{M}a_1^{\varphi_n}$$

同理可得

$$f_2=x_1\left(\frac{a_2^\alpha}{a_3^\beta}\right)+x_2\left(\frac{a_3^2}{a_4^\beta}\right)+\cdots+x_{n-2}\left(\frac{a_{n-1}^\alpha}{a_n^\beta}\right)+\frac{a_n^\alpha}{a_1^\beta}\geqslant\frac{S}{M}a_2^{\varphi_n}$$

$$\vdots$$

$$f_n=x_1\left(\frac{a_n^\alpha}{a_1^\beta}\right)+x_2\left(\frac{a_1^\alpha}{\alpha_2^\beta}\right)+\cdots+x_{n-2}\left(\frac{a_{n-3}^\alpha}{a_{n-2}^\beta}\right)+\frac{a_{n-2}^\alpha}{a_{n-1}^\beta}\geqslant\frac{S}{M}a_n^{\varphi_n}$$

将以上 n 个不等式相加,得

$$(1+x_1+x_2+\cdots+x_{n-2})\left(\frac{a_1^{\alpha}}{a_2^{\beta}}+\frac{a_2^{\alpha}}{a_3^{\beta}}+\cdots+\frac{a_n^{\alpha}}{a_1^{\beta}}\right)\geqslant\frac{S}{M}(a_1^{\varphi_n}+a_2^{\varphi_n}+\cdots+a_n^{\varphi_n})$$

$$\Rightarrow\frac{a_1^{\alpha}}{a_2^{\beta}}+\frac{a_2^{\alpha}}{a_3^{\beta}}+\cdots+\frac{a_{n-1}^{\alpha}}{a_n^{\beta}}+\frac{a_n^{\alpha}}{a_1^{\beta}}\geqslant\frac{a_1^{\varphi_n}+a_2^{\varphi_n}+\cdots+a_n^{\varphi_n}}{M} \tag{5}$$

现在,我们来研究 φ_n 与 ω_n 的表达式,从式(4)知,数列$\{x_n\}$($n\geqslant 3,n\in\mathbf{N}_+$)的末项为

$$x_{n-2}=\frac{\alpha+\beta}{\beta} \tag{6}$$

递推式为

$$\alpha x_{k+1}=\beta x_k-\beta\quad(k=1,2,\cdots,n-3) \tag{7}$$

当 $\alpha=\beta$ 时由式(6)得 $x_{n-2}=2$.

$$x_{k+1}-x_k=-1\quad(1\leqslant k\leqslant n-3)$$
$$\Rightarrow x_{n-2}-x_1=-(n-3)$$
$$\Rightarrow 2-x_1=3-n$$
$$\Rightarrow x_1=n-1$$
$$\Rightarrow x_k=x_1-(k-1)=n-k\quad(1\leqslant k\leqslant n-2,n\geqslant 3)$$
$$\Rightarrow x_k=n-k\quad(1\leqslant k\leqslant n-2)$$
$$\Rightarrow S=1+x_1+x_2+\cdots+x_{n-2}$$
$$=1+2+3+\cdots+(n-1)$$
$$=\frac{n(n-1)}{2}$$

又

$$\alpha x_1+\beta=\alpha(n-1)+\alpha=n\alpha$$
$$\Rightarrow\varphi_n=\frac{2\alpha}{n-1}$$

且

$$\omega_n=\frac{\beta}{S}=\frac{\alpha}{S}=\frac{2\alpha}{n(n-1)}$$

当 $\alpha\neq\beta$ 时,设 t 为待定系数,从式(7)有

$$\alpha x_{k-1}=\beta x_k-\beta\quad(1\leqslant k\leqslant n-3)$$
$$\Rightarrow x_{k+1}+t=\frac{\beta}{\alpha}\left(x_k+\frac{\alpha t-\beta}{\beta}\right)$$

令

$$t=\frac{\alpha t-\beta}{\beta}\Rightarrow t=\frac{\beta}{\alpha-\beta}$$
$$\Rightarrow x_{k+1}+t=\frac{\beta}{\alpha}(x_k+t)$$
$$\Rightarrow x_k+t=\left(\frac{\beta}{\alpha}\right)^{k-1}(x_1+t)\quad(1\leqslant k\leqslant n-2)$$

$$\Rightarrow x_{n-2}+t=\left(\frac{\beta}{\alpha}\right)^{n-3}(x_1+t)$$

$$\Rightarrow \frac{\alpha+\beta}{\beta}+\frac{\beta}{\alpha-\beta}=\left(\frac{\beta}{\alpha}\right)^{n-3}\left(x_1+\frac{\beta}{\alpha-\beta}\right)$$

$$\Rightarrow x_1=\frac{\beta}{\alpha-\beta}\left[\left(\frac{\alpha}{\beta}\right)^{n-1}-1\right]\quad(1\leqslant k\leqslant n-2)$$

$$\Rightarrow x_k=\frac{\beta}{\alpha-\beta}\left[\left(\frac{\alpha}{\beta}\right)^{n-k}-1\right]\quad(1\leqslant k\leqslant n-2,n\geqslant 3,n\in\mathbf{N}_+)$$

这即为数列$\{x_n\}$的通项公式.

于是

$$\alpha x_1+\beta=\frac{\alpha^n-\beta^n}{\beta^{n-2}(\alpha-\beta)}$$

$$\begin{aligned}S&=1+x_1+x_2+\cdots+x_{n-2}\\&=1-\frac{(n-2)\beta}{\alpha-\beta}+\frac{\beta}{\alpha-\beta}\left[\left(\frac{\alpha}{\beta}\right)^2+\left(\frac{\alpha}{\beta}\right)^3+\cdots+\left(\frac{\alpha}{\beta}\right)^{n-1}\right]\\&=\frac{D_n}{(\alpha-\beta)^2\beta^{n-2}}\end{aligned}$$

其中

$$\begin{aligned}D_n&=(\alpha-\beta)^2\beta^{n-2}-(n-2)\beta^{n-1}(\alpha-\beta)+\alpha^2(\alpha^{n-2}-\beta^{n-2})\\&=\alpha^n+(n-1)\beta^n-n\alpha\beta^{n-1}\end{aligned}$$

于是

$$\omega_n=\frac{\beta}{S}=\frac{(\alpha-\beta)^2\beta^{n-1}}{D_n}$$

$$\varphi_n=\frac{\alpha x_1+\beta}{S}=\frac{(\alpha-\beta)(\alpha^n-\beta^n)}{D_n}$$

注意到(D_n 的分解用综合除法)

$$\alpha^n-\beta^n=(\alpha-\beta)(\alpha^{n-1}+\alpha^{n-2}\beta+\cdots+\alpha\beta^{n-2}+\beta^{n-1})$$

$$\begin{aligned}D_n&=\alpha^n-n\alpha\beta^{n-1}+(n-1)\beta^n\\&=(\alpha-\beta)^2[\alpha^{n-2}+2\alpha^{n-3}\beta+3\alpha^{n-4}\beta^2+\cdots+(n-2)\alpha\beta^{n-3}+(n-1)\beta^{n-2}]\end{aligned}$$

1	1	0	0	···	0	0	-n	n-1
		1	1	···	1	1	1	1-n
1	1	1	1	···	1	1 , n-1 , 0		
		1	2	···	n-3,n-2,n-1			
	1	2	3	···	n-2 , n-1 , 0			

于是

$$\varphi_n=\frac{\alpha^{n-1}+\alpha^{n-2}\beta+\cdots+\alpha\beta^{n-2}+\beta^{n-1}}{\alpha^{n-2}+2\alpha^{n-3}\beta+\cdots+(n-2)\alpha\beta^{n-3}+(n-1)\beta^{n-2}}$$

$$\omega_n=\frac{\beta^{n-1}}{\alpha^{n-2}+2\alpha^{n-3}\beta+\cdots+(n-2)\alpha\beta^{n-3}+(n-1)\beta^{n-2}}$$

瞧！这正好证实了我们在前面的猜想！

（十）

最后,我们再建立一个结构相关、难度与结构妙度共存的不等式:

结论 11　对于锐角△*ABC*,有不等式

$$12\sum\frac{\cos^2A}{\sin B\sin C}\geqslant\sum\frac{(\sin 2B+\sin 2C)^2}{\sin B\sin C}\tag{P}$$

抬头仰望,不等式(P)的外观对称,美观,庞大,宛如高大挺立的铜墙铁壁,若记式(P)的左边为 P,右边为 T,如能找到一个中间量 λ,使得成立不等式

$$P\geqslant\lambda\geqslant T$$

我们估计,当 $A=B=C=\frac{\pi}{2}$时,式(P)等号成立,此时 $\lambda=P=T=12$,因此我们希望证明

$$P\geqslant 12\geqslant T$$

这样,我们就可抓住"战机"各个击破,最后来个大反攻.

证明　(ⅰ)如图 1 所示,设锐角△*ABC* 的垂足三角形为△*DEF*,则 *B*、*F*、*E*、*C* 四点共圆

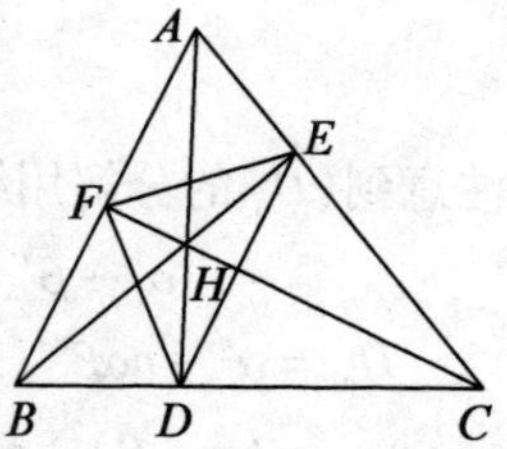

图 1

$$\Rightarrow\begin{cases}\angle AFE=\angle C\\ \angle AEF=\angle B\end{cases}$$

$$\Rightarrow\triangle AEF\backsim\triangle ABC$$

$$\Rightarrow\frac{EF}{BC}=\frac{AF}{AC}=\cos A$$

$$\Rightarrow EF=a\cos A$$

同理可得

$$FD=b\cos B,DE=c\cos C$$

又

$$AH=\frac{AF}{\cos\angle BAD}=\frac{AC\cdot\cos A}{\sin B}$$

$$\Rightarrow AH=\frac{b\cos A}{\sin B}$$

同理可得

$$BH=\frac{c\cos B}{\sin C},CH=\frac{a\cos C}{\sin A}$$

由于

$$S_{\triangle ABC}=S_{四边形AEHF}+S_{四边形CEHD}+S_{\square BDHF}$$

$$\leqslant\frac{1}{2}EF\cdot AH+\frac{1}{2}DE\cdot HC+\frac{1}{2}BH\cdot DF$$

$$\Rightarrow 4R^2\sin A\sin B\sin C\leqslant\frac{ab\cos^2 A}{\sin B}+\frac{ca\cos^2 C}{\sin A}+\frac{bc\cos^2 B}{\sin C}$$

$$\Rightarrow\sum\frac{\cos^2 A}{\sin B\sin C}\geqslant 1$$

$$\Rightarrow P\geqslant 12 \tag{1}$$

(ⅱ)应用我们以前建立的恒等式

$$\sum\sin^3 A\cos(B-C)=3\sin A\sin B\sin C$$

再注意到$A,B,C\in\left(0,\frac{\pi}{2}\right)$,有

$$\cos(A-B)>0,\cos(B-C)>0,\cos(C-A)>0$$

于是

$$\sum(\sin 2B+\sin 2C)^2\sin A$$

$$=4\sum\sin^2(B+C)\cos^2(B-C)\sin A$$

$$=4\sum\sin^3 A\cos^2(B-C)$$

$$=4\sum\sin^3 A\cos(B-C)$$

$$=12\sin A\sin B\sin C$$

$$\Rightarrow T\leqslant 12 \tag{2}$$

由式(1)、式(2)结合即得

$$P\geqslant 12\geqslant T$$

所以式(P)成立,等号成立仅当$\triangle ABC$为正三角形.

观察式(P)知,它等价于

$$12\sum\sin A\cos^2 A\geqslant\sum\sin A(\sin 2B+\sin 2C)^2$$

$$=4\sum\sin^3 A\cos^2(B-C) \tag{P_1}$$

在前面,我们已将它加强为

$$3\sum\sin A-3\sum\sin^3 A\geqslant\sum\sin^3 A\cos(B-C)$$

$$=3\prod\sin A$$

$$\Rightarrow\sum\sin A\geqslant\sum\sin^3 A+\prod\sin A \tag{P_2}$$

其实,式(P_2)并非是“孤掌难鸣”的“独行侠”,与它结构相似的还有

$$\sum\left(\tan\frac{A}{2}\right)^3+6\prod\tan\frac{A}{2}\geqslant\sum\tan\frac{A}{2}\tag{T_1}$$

$$\sum(\cot A)^3+6\prod\cot A\geqslant\sum\cot A\tag{T_2}$$

($\triangle ABC$ 为锐角三角形)

$$\sin(A-B)\sin(A-C)+\sin(B-A)\sin(B-C)+\sin(C-A)\sin(C-B)\geqslant 0\tag{T_3}$$

为此,设 $r>0,x,y,z>0$,则有舒尔不等式

$$x^r(x-y)(x-z)+y^r(y-z)(y-x)+z^r(z-x)(z-y)\geqslant 0$$

取 $r=1$ 得到

$$x(x-y)(x-z)+y(y-x)(y-z)+z(z-x)(z-y)\geqslant 0$$

$$\Leftrightarrow x^3+y^3+z^3+16xyz\geqslant(\sum x)(\sum yz)$$

令

$$(x,y,z)=\left(\tan\frac{A}{2},\tan\frac{B}{2},\tan\frac{C}{2}\right)$$

$$\Rightarrow\sum yz=\sum\tan\frac{B}{2}\tan\frac{C}{2}=1$$

$$\Rightarrow\sum\left(\tan\frac{A}{2}\right)^3+6\prod\tan\frac{A}{2}\geqslant\sum\tan\frac{A}{2}$$

等号成立仅当$\triangle ABC$ 为正三角形,即式(T_1)成立.

令$(x,y,z)=(\cot A,\cot B,\cot C)$即得式($T_2$),取 $r=\frac{1}{2}$得

$$x(x^2-y^2)(x^2-z^2)+y(y^2-x^2)(y^2-z^2)+z(z^2-x^2)(z^2-y^2)\geqslant 0\tag{3}$$

令$(x,y,z)=(\sin\alpha,\sin\beta,\sin\gamma)$其中 $\alpha,\beta,\gamma\in\left(0,\frac{\pi}{2}\right)$,则有

$$\begin{aligned}&x(x^2-y^2)(x^2-z^2)\\&=\sin\alpha(\sin^2\alpha-\sin^2\beta)(\sin^2\alpha-\sin^2\gamma)\\&=\frac{1}{4}\sin\alpha(\cos 2\beta-\cos 2\alpha)(\cos 2\gamma-\cos 2\alpha)\\&=\sin\alpha\sin(\alpha-\beta)\sin(\alpha+\beta)\sin(\alpha-\gamma)\sin(\alpha+\gamma)\end{aligned}$$

同理有

$$\begin{aligned}&y(y^2-z^2)(y^2-x^2)\\&=\sin\beta\sin(\beta-\gamma)\sin(\beta+\gamma)\sin(\beta-\alpha)\sin(\beta+\alpha)\\&z(z^2-x^2)(z^2-y^2)\\&=\sin\gamma\sin(\gamma-\alpha)\sin(\gamma+\alpha)\sin(\gamma-\beta)\sin(\gamma+\beta)\end{aligned}$$

代入式(3)得

$$\sum\frac{\sin\alpha\sin(\alpha-\beta)\sin(\alpha-\gamma)}{\sin(\beta+\gamma)}\geqslant 0\tag{4}$$

在式(4)中有令

$$(\alpha,\beta,\gamma)=(A,B,C)$$

即得式(T_3),等号成立仅当$\triangle ABC$为正三角形.

注　如果在式(4)中令

$$(\alpha,\beta,\gamma)=\left(\frac{A}{2},\frac{B}{2},\frac{C}{2}\right)$$

那么我们就会得到又一个新奇美妙的三角不等式

$$\sin\left(\frac{A-B}{2}\right)\sin\left(\frac{A-C}{2}\right)\tan\frac{A}{2}+\sin\left(\frac{B-C}{2}\right)\sin\left(\frac{B-A}{2}\right)\tan\frac{B}{2}+$$

$$\sin\left(\frac{C-A}{2}\right)\sin\left(\frac{C-B}{2}\right)\tan\frac{C}{2}\geqslant 0$$

十七　补充妙题

（一）

妙题 1　设数列$\{a_n\}$满足：$a_1=1$

$$a_{n+1}=\sqrt{a_n^2-2a_n+2}-1\quad(n\geqslant 1)\tag{1}$$

求证
$$A_n=\frac{a_1+a_2+\cdots+a_n}{n}\in\left(\frac{1}{4},1\right)\tag{2}$$

分析　数列$\{a_n\}$的递推式(1)可变形为

$$a_{n+1}=\sqrt{(a_n-1)^2+1}-1$$

取值可得$a_1=1,a_2=0,a_3=\sqrt{2}-1\in(0,1),a_4=\sqrt{7-4\sqrt{2}}-1$ $(0,1),\cdots$，另外，由式(1)得

$$\begin{aligned}&a_{n+1}+1=\sqrt{a_n^2-2a_n+2}\\&\Rightarrow(a_{n+1}+1)^2=a_n^2-2a_n+2\\&\left.\begin{aligned}&\Rightarrow a_{n+1}^2-a_n^2+2(a_{n+1}+a_n)=1\\&\Rightarrow a_{n+2}^2-a_{n+1}^2+2(a_{n+2}+a_{n+1})=1\end{aligned}\right\}\\&\Rightarrow a_{n+2}^2-2a_{n+1}^2+a_n^2+2(a_{n+2}-a_n)=0\end{aligned}\tag{3}$$

但式(3)的左边不能分解降次，因此数列$\{a_n\}$不是二阶线性数列. 更不是常规数列，故通项公式不可求.

为了证明式(2)，我们先证明结论

$$0\leqslant a_{2n}<\frac{1}{4}<a_{2n+1}<1\tag{4}$$

这是因为，当$n\to+\infty$时，令

$$\lim_{n\to+\infty}a_n=\lim_{n\to+\infty}a_{n+1}=\lambda>0$$

$$\Rightarrow\lambda=\sqrt{\lambda^2-2a+2}-1\Rightarrow\lambda=\frac{1}{4}$$

下面我们以式(4)为“桥梁”,通向成功的彼岸.

我们先证明式(4):

证法1 当 $n=1$ 时,$a_2=0,a_3=\sqrt{2}-1$,所以 $0=a_2<\frac{1}{4}<a_3<1$,这时式(4)成立.

当 $n>1$ 时,令(构造函数)

$$f(x)=\sqrt{(x-1)^2+1}-1\quad(0\leqslant x\leqslant 1)\tag{5}$$

则 $f(x)$ 在 $[0,1]$ 为减函数,且

$$a_{n+1}=f(a_n)\tag{6}$$

假设当 $n=k$ 时式(4)成立,即

$$0\leqslant a_{2k}<\frac{1}{4}<a_{2k+1}<1$$

那么,当 $n=k+1$ 时,有

$$\frac{1}{4}=f\left(\frac{1}{4}\right)>f(a_{2k+1})>f(1)=a_2$$

$$\Rightarrow 1>\frac{1}{4}>a_{2k+2}>a_2\tag{7}$$

再由 $f(x)$ 在 $(-\infty,1]$ 上是减函数,知

$$\frac{1}{4}=f\left(\frac{1}{4}\right)<f(a_{2k+2})<f(a_2)=a_3<1$$

$$\Rightarrow\frac{1}{4}<a_{2k+3}<1\tag{8}$$

由式(7)、(8)得

$$0<a_{2(k+1)}<\frac{1}{4}<a_{2(k+1)+1}<1$$

所以,当 $n=k+1$ 时,式(4)也成立.

综合上述,由归纳法知,对 $\forall n\in\mathbf{N}_+$,式(4)成立.

证法2 设 $f(x)=\sqrt{(1-x)^2+1}-1,x\in[0,1]$,则 $a_{n+1}=f(a_n)$.

我们先证

$$0\leqslant a_n\leqslant 1\quad(n\in\mathbf{N}_+)\tag{9}$$

当 $n=1$ 时,结论明显成立.

假设当 $n=k$ 时结论成立,即 $0\leqslant a_k\leqslant 1$.

易知 $f(x)$ 在 $(-\infty,1]$ 上为减函数,从而

$$0=f(1)\leqslant f(a_k)\leqslant f(0)=\sqrt{2}-1<1$$

$$\Rightarrow 0\leqslant a_{k+1}\leqslant 1$$

即当 $n=k+1$ 时结论仍然成立.

再证

$$a_{2n}<a_{2n+1}\quad(n\in\mathbf{N}_+)\tag{10}$$

当 $n=1$ 时，$a_2=f(1)=0$，$a_3=f(a_2)=f(0)=\sqrt{2}-1$，有 $a_2<a_3$，即当 $n=1$ 时，式(10)成立.

假设当 $n=k$ 时，结论成立，即

$$a_{2k}<a_{2k+1}$$

由于 $f(x)$ 在 $(-\infty,1]$ 上为减函数，得

$$a_{2k+1}=f(a_{2k})>f(a_{2k+1})=a_{2k+2}$$
$$a_{2(k+1)}=f(a_{2k+1})<f(a_{2k+2})=a_{2(k+1)+1}$$

即当 $n=k+1$ 时式(10)也成立，所以对一切 $n\in\mathbf{N}_+$ 式(10)成立，于是

$$a_{2n}<a_{2n+1}=\sqrt{a_{2n}^2-2a_{2n}+2}-1$$
$$\Rightarrow(a_{2n}+1)^2<a_{2n}^2-2a_{2n}+2$$
$$\Rightarrow a_{2n}<\frac{1}{4}$$

又由 $f(x)$ 在 $(-\infty,1]$ 上为减函数得

$$f(a_{2n})>f(a_{2n+1})\Rightarrow a_{2n+1}>a_{2n+2}$$
$$\Rightarrow a_{2n+1}>\sqrt{a_{2n+1}^2-2a_{2n+1}+2}-1$$
$$\Rightarrow a_{2n+1}>\frac{1}{4}$$

综合上述得 $0\leqslant a_{2n}<\frac{1}{4}<a_{2n+1}<1$，即对任意 $n\in\mathbf{N}_+$，式(4)成立.

下面，我们利用“桥梁”式(4)证明式(2)，即证明

$$\frac{1}{4}<A_n<1 \tag{2}$$

证法1 由

$$a_{n+1}=\sqrt{a_n^2-2a_n+2}-1\quad(n\geqslant1)$$
$$\Rightarrow(a_{n+1}+1)^2=a_n^2-2a_n+2$$
$$\Rightarrow1=(a_{n+1}^2-a_n^2)+2(a_{n+1}+a_n)$$
$$=(a_{n+1}+a_n)(a_{n+1}-a_n+2)$$
$$\Rightarrow4=(4a_{n+1}+4a_n)(a_{n+1}-a_n+2)$$
$$\leqslant\frac{1}{4}[(4a_{n+1}+4a_n)+(a_{n+1}-a_n+2)]^2$$
$$\Rightarrow5a_{n+1}+3a_n+2\geqslant4$$
$$\Rightarrow3a_k+5a_{k+1}\geqslant2\quad(1\leqslant k\leqslant n)$$
$$\Rightarrow\sum_{k=1}^{n}(3a_k+5a_{k+1})\geqslant2n$$

$$\Rightarrow 3\sum_{k=1}^{n} a_k + 5\sum_{k=1}^{n} a_{k+1} \geqslant 2n$$

$$\Rightarrow 3S_n + 5(S_n + a_{n+1} - a_1) \geqslant 2n$$

$$\Rightarrow 8S_n \geqslant 2n + 5(a_1 - a_{n+1}) \geqslant 2n$$

$$\left.\begin{array}{l}\Rightarrow A_n = \dfrac{S_n}{n} > \dfrac{1}{4} \\ \text{又 } A_n = \dfrac{S_n}{n} < \dfrac{n}{n} = 1\end{array}\right\}$$

$$\Rightarrow \frac{1}{4} < A_n < 1$$

即式(2)成立(其中 $S_n = \sum_{k=1}^{n} a_k$).

证法2　注意到

$$0 \leqslant a_{2n} < \frac{1}{4} < a_{2n+1} < 1 \quad (n \geqslant 1)$$

及

$$a_{n+1} = \sqrt{a_n^2 - 2a_n + 2} - 1$$

$$\Rightarrow (1 + a_{n+1})^2 = a_n^2 - 2a_n + 2$$

$$\Rightarrow (a_{n+1} + a_n)(a_{n+1} - a_n + 2) = 1$$

$$\Rightarrow a_{n+1} - a_n + 2 = \frac{1}{a_n + a_{n+1}}$$

$$\Rightarrow a_{k+1} - a_k + 2 = \frac{1}{a_k + a_{k+1}} \quad (1 \leqslant k \leqslant n)$$

$$\Rightarrow \sum_{k=1}^{n} (a_{k+1} - a_k + 2) = \sum_{k=1}^{n} \left(\frac{1}{a_k + a_{k+1}}\right) \text{(利用柯西不等式)}$$

$$\geqslant \frac{n^2}{\sum_{k=1}^{n} (a_k + a_{k+1})} = \frac{n^2}{2S_n + a_{n+1} - a_1}$$

$$\Rightarrow a_{n+1} - a_1 + 2n \geqslant \frac{n^2}{a_{n+1} - 1 + 2s_n}$$

$$\Rightarrow 2S_n \geqslant \frac{n^2}{a_{n+1} + 2n - 1} + 1 - a_{n+1} \text{(注意 } 0 \leqslant a_{n+1} < 1\text{)}$$

$$> \frac{n^2}{1 + 2n - 1} + 1 - 1 = \frac{n}{2}$$

$$\Rightarrow \left.\begin{array}{l} A_n = \dfrac{S_n}{n} > \dfrac{1}{4} \\ \text{又 } A_n = \dfrac{S_n}{n} < 1\end{array}\right\} \Rightarrow \frac{1}{4} < A_n < 1$$

证法3 因为对于实数、向量或复数 $z_k(1\leqslant k\leqslant n,n\geqslant 2)$，有不等式

$$|z_1|+|z_2|+\cdots+|z_n|\geqslant|z_1+z_2+\cdots+z_n|$$

现设复数

$$z_k=x_k+y_{ki}\quad(1\leqslant k\leqslant n)$$

则有

$$\sum_{k=1}^{n}\sqrt{x_k^2+y_k^2}\geqslant\sqrt{(\sum_{k=1}^{n}x_k)^2+(\sum_{k=1}^{n}y_k)^2}\tag{11}$$

利用式(11)有

$$\begin{aligned}
&a_{n+1}=\sqrt{(1-a_n)^2+1}-1\\
&\Rightarrow 1+a_{k+1}=\sqrt{(1-a_k)^2+1^2}\quad(1\leqslant k\leqslant n)\\
&\Rightarrow\sum_{k=1}^{n}(1-a_{k+1})=\sum_{k=1}^{n}\sqrt{1^2+(1-a_k)^2}\\
&\qquad\qquad\qquad\geqslant\sqrt{n^2+[\sum_{k=1}^{n}(1-a_k)]^2}\\
&\Rightarrow n+a_{n+1}-a_1+S_n\geqslant\sqrt{n^2+(n-S_n)^2}\\
&\Rightarrow(n-1+a_{n+1}+S_n)^2-(n-S_n)^2\geqslant n^2\\
&\Rightarrow(2n-1+a_{n+1})(a_{n+1}-1+2S_n)\geqslant n^2\\
&\Rightarrow a_{n+1}-1+2S_n\geqslant\frac{n^2}{2n-1+a_{n+1}}\\
&\Rightarrow 2S_n\geqslant\frac{n^2}{2n-1+a_{n+1}}+1-a_{n+1}\\
&\qquad>\frac{n^2}{2n-1+1}+1-1=\frac{n}{2}
\end{aligned}$$

$$\left.\begin{aligned}&\Rightarrow A_n=\frac{S_n}{n}>\frac{1}{4}\\&\text{又}\ A_n=\frac{S_n}{n}<\frac{n}{n}=1\end{aligned}\right\}\Rightarrow\frac{1}{4}<A_n<1$$

证法4 由

$$\begin{aligned}
&a_{n+1}=\sqrt{a_n^2-2a_n+2}-1\\
&\Rightarrow(1+a_{n+1})^2=a_n^2-2a_n+2\\
&\Rightarrow a_{n+1}^2-a_n^2+2a_n+2a_{n+1}=1\\
&\Rightarrow a_{k+1}^2-a_k^2+2a_k+2a_{k+1}=1\quad(1\leqslant k\leqslant n)\\
&=\sum_{k=1}^{n}(a_{k+1}^2-a_k^2)+2\sum_{k=1}^{n}a_k+2\sum_{k=1}^{n}a_{k+1}=n\\
&\Rightarrow a_{n+1}^2-a_1^2+2S_n+2(S_n+a_{n+1}-a_1)=n\\
&\Rightarrow 4S_n=n+4-(1+a_{n+1})^2 \qquad (12)\\
&\qquad>n+4-(1+1)^2=n
\end{aligned}$$

$$\left.\begin{aligned}&\Rightarrow A_n=\frac{S_n}{n}>\frac{1}{4}\\&\text{又 } A_n=\frac{S_n}{n}<\frac{n}{n}=1\end{aligned}\right\}\Rightarrow\frac{1}{4}<A_n<1$$

回首展望,上述四种证明方法各具特色,但最简洁美妙的是证法4,它得到了式(12)可供我们深度思考:

当 n 为奇数时,$0\leqslant a_{n+1}<\frac{1}{4}$,有

$$n+4-(1+\frac{1}{4})^2<4S_n<n+4-1$$

$$\Rightarrow\frac{1}{4}+\frac{3}{4n}>A_n>\frac{1}{4}+\frac{39}{64n} \tag{13}$$

当 n 为偶数时,$\frac{1}{4}<a_{n+1}<1$,有

$$n+4-(1+1)^2<4S_n<n+4-(1+\frac{1}{4})^2$$

$$\Rightarrow\frac{1}{4}+\frac{39}{64n}>A_n>\frac{1}{4} \tag{14}$$

将式(13)与式(14)和谐统一得

$$(-1)^n\left(\frac{1}{4}+\frac{39}{64n}\right)>(-1)^nA_n>(-1)^n\left(\frac{1}{4}+\frac{3(1-(-1)^n)}{8n}\right) \tag{15}$$

从外表上看,统一式(15)虽然庞大复杂,但它却“一统江山”.

其实,本妙题中的桥梁式

$$0\leqslant a_{2n}<\frac{1}{4}<a_{2n+1}<1\quad(n\in\mathbf{N}_+) \tag{4}$$

即是2014年重庆市高考题的第22题第2问(最后一问)要求证明的结论,许多老师和学生将它作为例题或习题来训练,但他们均“打了鼓而扔了锤”,没有再继续思考它,而刚才我们继续研究它得到了结论

$$1>A_n>\frac{1}{4}$$

和奇妙无穷的式(15),真是“曲径通幽处,禅房花木深”,“行到水穷处,坐看云起时”.

(二)

妙题2　设正项数列 $\{a_n\}$ 的首项 $a_1=a>0$,前 n 项和为 S_n,且对于

常数 $k>0$ 及任意 $n\geqslant 2$ 满足 $S_n\geqslant(k+1)S_{n-1}$，求证

$$a_n\geqslant ak(k+1)^{n-2}\quad(n\in\mathbf{N}_+)\tag{1}$$

证法 1 对 n 用数学归纳法.

当 $n=1$ 时，$a_1=a>\frac{ak}{k+1}$，式(1)成立.

当 $n=2$ 时，由已知有

$$a_1+a_2=S_2\geqslant(k+1)S_1=(k+1)a_1$$
$$\Rightarrow a_2\geqslant ka_1=ka$$

式(1)成立.

假设当 $n=m$ 时，式(1)成立，即

$$a_m\geqslant ak(k+1)^{m-2}$$

那么当 $n=m+1$ 时，由于

$$\begin{aligned}
&S_{m+1}\geqslant(k+1)S_m\\
\Rightarrow\ &a_{m+1}+S_m\geqslant(k+1)S_m\\
\Rightarrow\ &a_{m+1}\geqslant kS_m=k(a_1+a_2+a_3+\cdots+a_m)\\
&\geqslant k[a+ka+k(k+1)a+k(k+1)^2a+\cdots+k(k+1)^{m-2}a]\\
&=ka\{1+k[1+(k+1)+(k+1)^2+\cdots+(k+1)^{m-2}]\}\\
&=ka\left\{1+k\cdot\frac{(k+1)^{m-1}-1}{(k+1)-1}\right\}\\
\Rightarrow\ &a_{m+1}\geqslant ka(k+1)^{(m+1)-2}
\end{aligned}$$

即当 $n=m+1$ 时式(1)成立.

综合上述，对一切 $n\in\mathbf{N}_+$，式(1)成立.

证法 2 当 $n=1$ 或 2 时，由证法 1 知结论式(1)成立.

当 $n>2$ 时，由已知有

$$\begin{aligned}
S_n&\geqslant(k+1)S_{n-1}\geqslant(k+1)^2S_{n-2}\geqslant\cdots\geqslant(k+1)^{n-1}S_1\\
&=(k+1)^{n-1}a_1=(k+1)^{n-1}a\\
&\Rightarrow S_{n-1}\geqslant(k+1)^{n-2}a\quad(n\geqslant 2)
\end{aligned}$$

于是

$$a_n+S_{n-1}=S_n\geqslant(k+1)S_{n-1}$$
$$\Rightarrow a_n\geqslant kS_{n-1}\geqslant ak(k+1)^{n-2}$$

故对一切 $n\in\mathbf{N}_+$，式(1)成立.

在式(1)中，当取 $k=1$ 时得

$$a_n\geqslant a\cdot 2^{n-2}=\frac{a}{4}\cdot 2^n$$

这一结果等价于 2013 年全国高中数学联赛中的第 9 题(16 分)要求证明的结果，因此当 $k=1$ 时，本妙题等价于联赛题 9，所以本妙题拓展了那道竞赛

题.

“欲穷千里目,更上一层楼”,我们还可将本题从山清水秀,鸟语花香的芳草地,拓展到高天彩云间.

拓展 设常数 $a>0,k>0,m\geqslant 1$,对一切 $n\in\mathbf{N}^+$ 满足

$$m[a^{m-1}\cdot(1+k)]^{m^{n-2}}>1 \tag{1}$$

正数列 $\{a_n\}$ 的首项为 $a_1=a$,前 n 项和为 S_n,当 $n\geqslant 2$ 时,恒有

$$S_n\geqslant(1+k)S_{n-1}^m\quad(n\geqslant 2) \tag{2}$$

求证:存在关于 n 的表达式 $D(n)$ 满足

$$a_n\geqslant D(n) \tag{3}$$

分析 当 $m=1$ 时,式(1)化为

$$1+k>1$$

式(2)化为

$$S_n\geqslant(1+k)S_{n-1}$$

由前面的解答可知,存在

$$D(n)=ak(k+1)$$

满足式(3),即存在 $D(n)$ 使得式(3)成立.

但当 $m>1$ 时,情况变得较复杂,不过,只要我们不辞艰辛,灵活机动,就会从“山重水复”之地走出来,见到“柳暗花明之村”.

下面我们只需讨论,当 $m>1$ 时的情况.

证明 当 $m>1$ 且 $n=1$ 时,显然有

$$D(1)=a$$

当 $n=2$ 时,由式(1)有

$$ma^{m-1}\cdot(1+k)>1 \tag{4}$$

由式(2)有

$$a_1+a_2\geqslant(1+k)S_1^m=(1+k)a^m$$

$$\Rightarrow a_2\geqslant(1+k)a^m-a$$

即

$$D(2)=(1+k)a^m-a$$

满足式(3).

当 $n>2$ 时,由式(2)有

$$\lg S_n\geqslant m\lg S_{n-1}+\lg(1+k)$$

$$\Rightarrow\lg S_n+\frac{\lg(1+k)}{m-1}\geqslant m\left[\lg S_{n-1}+\frac{\lg(1+k)}{m-1}\right]$$

$$\geqslant m^2\left[\lg S_{n-2}+\frac{\lg(1+k)}{m-1}\right]$$

$$\geqslant \cdots \geqslant m^{n-1}\left[\lg S_1 + \frac{\lg(1+k)}{m-1}\right]$$

$$= m^{n-1}\left[\lg a + \frac{\lg(1+k)}{m-1}\right]$$

$$\Rightarrow \lg S_n \geqslant m^{n-1} \cdot \lg a + \frac{m^{n-1}-1}{m-1}\lg(1+k)$$

$$\Rightarrow S_n \geqslant a^{m^{n-1}} \cdot (1+k)^{\frac{m^{n-1}-1}{m-1}} \quad (n \geqslant 1)$$

$$\Rightarrow S_{n-1} \geqslant a^{m^{n-2}} \cdot (1+k)^{\frac{m^{n-2}-1}{m-1}} = \lambda \quad (n \geqslant 2)(\text{记为 } \lambda) \tag{5}$$

又
$$a_n + S_{n-1} = S_n \geqslant (k+1)S_{n-1}^m$$

$$\Rightarrow a_n \geqslant f(x) = (k+1)x^m - x \tag{6}$$

其中
$$x = S_{n-1} \geqslant \lambda$$

对构造的关于 x 的函数 $f(x)$ 求导得

$$f'(x) = m(1+k)x^{m-1} - 1$$

$$f''(x) = m(m-1)(1+k)x^{m-2} > 0$$

且由式(1)知

$$f'(x) \geqslant (1+k)m\lambda^{m-1} - 1$$

$$= m(1+k)\left[a^{m^{n-2}} \cdot (1+k)^{\frac{m^{n-2}-1}{m-1}}\right]^{m-1} - 1$$

$$= m a^{m^{n-2}} \cdot (1+k)^{m^{n-2}} - 1$$

$$= m\left[a^{m-1} \cdot (1+k)\right]^{m^{n-2}} - 1 > 0$$

因此在 $[\lambda, +\infty)$ 上 $f(x)$ 为递增函数，则

$$a_n \geqslant f(x) \geqslant f(\lambda) = (1+k)\lambda^m - \lambda$$

令
$$D(n) = f(\lambda) = (1+k)\lambda^m - \lambda > 0 \tag{7}$$

其中
$$\lambda = a^{m^{n-2}} \cdot (1+k)^{\frac{m^{n-2}-1}{m-1}} \quad (n \geqslant 2) \tag{8}$$

即存在 $D(n)$ 满足 $a_n \geqslant D(n)$（且易知 $D(2) = (1+k)a^m - a$）.

特别地，由于

$$\lambda = a^{m^{n-2}} \cdot (1+k)^{(1+m+\cdots+m^{n-3})} \tag{9}$$

因此，当 $m=1$ 时，$\lambda = a(1+k)^{n-2}$

这时结论仍然成立

$$D(n) = k\lambda = ka(1+k)^{n-2}$$

（三）

妙题 3 （2013 年第 10 届中国东南地区数学奥林匹克竞赛第 3 题）

数列$\{a_n\}$满足：$a_1=1,a_2=2$

$$a_{n+1}=\frac{a_n^2+(-1)^n}{a_{n-1}}\quad(n=2,3,\cdots)\tag{1}$$

证明：该数列任意两个相邻项的平方和仍是该数列中的一个项.

此题的已知条件趣味独特，而要求证明的结论更显奇异优美，下面我们用两种方法漂亮地证明它.

证法1　由已知式(1)有

$$\begin{cases}a_{n+1}a_{n-1}=a_n^2+(-1)^n & (n\geqslant 2)\\ a_na_{n-2}=a_{n-1}^2-(-1)^n & (n\geqslant 3)\end{cases}$$

$$\Rightarrow a_{n+1}a_{n-1}+a_na_{n-2}=a_n^2+a_{n-1}^2\quad(n\geqslant 3)$$

$$\Rightarrow a_n(a_n-a_{n-2})=a_{n-1}(a_{n+1}-a_{n-1})$$

$$\Rightarrow \frac{a_{n+1}-a_{n-1}}{a_n}=\frac{a_n-a_{n-2}}{a_{n-1}}=\cdots$$

$$=\frac{a_3-a_1}{a_2}=\frac{5-1}{2}=2$$

$$\Rightarrow a_{n+1}-2a_n-a_{n-1}=0\quad(n\geqslant 2)\tag{2}$$

所以$\{a_n\}$为二阶线性递归数列，它的特征方程为

$$x^2-2x-1=0\Rightarrow\begin{cases}x_1=1+\sqrt{2}\\ x_2=1-\sqrt{2}\end{cases}$$

设A,B为待定系数，数列$\{a_n\}$的通项公式为

$$a_n=Ax_1^{n-1}+Bx_2^{n-1}\quad(n\geqslant 1)\tag{3}$$

$$\Rightarrow\begin{cases}A+B=a_1=1\\ Ax_1+Bx_2=a_2=2\end{cases}\Rightarrow\begin{cases}A=\dfrac{1+\sqrt{2}}{2\sqrt{2}}\\ B=-\dfrac{1-\sqrt{2}}{2\sqrt{2}}\end{cases}$$

$$\Rightarrow a_n=\frac{\sqrt{2}}{4}[(1+\sqrt{2})^n-(1-\sqrt{2})^n]\quad(n\geqslant 1)\tag{4}$$

由于

$$a_n^2=\frac{1}{8}[(1+\sqrt{2})^{2n}+(1-\sqrt{2})^{2n}]-\frac{1}{4}(-1)^n$$

$$a_{n+1}^2=\frac{1}{8}[(1+\sqrt{2})^{2n+2}+(1-\sqrt{2})^{2n+2}]+\frac{1}{4}(-1)^n$$

且易知

$$a_n^2+a_{n+1}^2=\frac{\sqrt{2}}{4}[(1+\sqrt{2})^{2n+1}-(1-\sqrt{2})^{2n+1}]$$

故

$$a_n^2+a_{n+1}^2=a_{2n+1}$$

命题得证.

证法2 由已知有

$$a_{n+1}=\frac{a_n^2+(-1)^n}{a_{n-1}}$$

$$\Rightarrow a_{n+1}a_{n-1}=a_n^2+(-1)^n$$

$$\Rightarrow \frac{a_n-a_{n-2}}{a_{n-1}}=\frac{a_na_{n-2}-a_{n-2}^2}{a_{n-1}a_{n-2}}$$

$$=\frac{a_{n-1}^2+(-1)^{n-1}-a_{n-2}^2}{a_{n-1}a_{n-2}}$$

$$=\frac{a_{n-1}^2-a_{n-1}a_{n-3}}{a_{n-1}a_{n-2}}=\frac{a_{n-1}-a_{n-3}}{a_{n-2}}$$

$$\Rightarrow \frac{a_n-a_{n-2}}{a_{n-1}}=\frac{a_{n-1}-a_{n-3}}{a_{n-2}}=\cdots$$

$$=\frac{a_3-a_1}{a_2}=\frac{5-1}{2}=2$$

$$\Rightarrow a_n=2a_{n-1}+a_{n-2}\quad (n\geqslant 3)$$

从而 $a_1=1,a_2=2,a_3=5,a_4=12,a_5=29,a_6=70,a_7=169,\cdots$,可见 $a_1^2+a_2^2=5=a_3,a_2^2+a_3^2=29=a_5,a_3^2+a_4^2=169=a_7,\cdots$

故猜想

$$a_n^2+a_{n+1}^2=a_{n+1}$$

令

$$f(n)=a_n^2+a_{n+1}^2-a_{2n+1}$$

于是

$$\begin{aligned}&f(n+1)-f(n)\\&=a_{n+1}^2+a_{n+2}^2-a_{2n+3}-a_n^2-a_{n+1}^2+a_{2n+1}\\&=(a_{n+2}-a_n)(a_{n+2}+a_n)-(a_{2n+3}-a_{2n+1})\\&=2a_{n+1}(a_{n+2}+a_n)-2a_{2n+2}\\&=2g(n)\end{aligned}\tag{5}$$

其中

$$g(n)=a_{n+1}(a_{n+2}+a_n)-a_{2n+2}$$

进一步有

$$\begin{aligned}&g(n+1)-g(n)\\&=a_{n+2}(a_{n+3}+a_{n+1})-a_{2n+4}-a_{n+1}(a_{n+2}+a_n)+a_{2n+2}\\&=a_{n+2}a_{n+3}-a_{n+1}a_n-2a_{2n+3}\\&=a_{n+2}(2a_{n+2}+a_{n+1})-a_{n+1}(a_{n+2}-2a_{n+1})-2a_{2n+3}\\&=2a_{n+2}^2+2a_{n+1}^2-2a_{2n+3}\\&=2f(n+1)\end{aligned}\tag{6}$$

由(5)、(6)得

$$
\begin{aligned}
&2f(n+1)=g(n+1)-g(n)\\
&=\frac{1}{2}[f(n+2)-f(n+1)]-\frac{1}{2}[f(n+1)-f(n)]\\
&\Rightarrow f(n+2)=6f(n+1)-f(n)
\end{aligned}
\tag{7}
$$

由于$f(1)=f(2)=0$,由递推式(7)知

$$f(n)=0\Rightarrow a_n^2+a_{n+1}^2=a_{2n+1}$$

证毕.

编辑手记

有人说数学同诗歌一样是人类思维的两极。

湖北省钟祥市石牌镇横店村38岁女子余秀华的诗歌最近火了,这个因出生时缺氧而脑瘫的女人,被先天的苦难钉在了土地上,为了对抗无聊,不如意的婚姻而写诗。她说:"诗歌一直在清洁我、悲悯我。"她说,只要认真活着,写出来的诗就有认真的光泽。结果,这光泽照亮了整个中国。

有人评价说:这种对诗歌大规模的阅读是自上个世纪90年代中国迈入市场经济社会以来甚为罕见的情形。这或许说明,在经历了对物欲的狂热追逐后,诗歌仍然具有抚慰人心的力量。而且,尽管人们长时间地疏离了诗歌,但对诗歌的品质,仍然持有十分挑剔的标准。

如果按照同样的标准来选农民数学爱好者,那么在中国非邓寿才莫属。他用自己近三十年的努力证明了:一个没上过大学的农民也可以著书立说。

艺术家安迪·沃霍尔曾说:这个国家的伟大之处在于——美国开始了一个传统,在那里最有钱的人与最穷的人享受着基本相同的东西。你可以看电视喝可口可乐,你知道总统也喝可口可乐。可乐就是可乐,没有更好更贵的可乐,你喝的与街角的叫花子喝的一样,所有的可口可乐都一样好。

在中国历经了近30年的高速发展,在物质生活方面农民与其他阶层的区别已经很小了,甚至许多城里人还在羡慕农民的生活,而且从国家的有关规定看农转非易,非转农难。原因是农民还有土地。但是从精神生活和文化消费上看,城乡差别还是很大的,所以在中国出来一个邓寿才意义重大。因为中国是一个农业大国,农民是绝对的大多数,只有城市的现代化不是真正的现代化,只有市民的现代化也不是真正的现代化,一定要有农村和农民同步才行。2013年8月法国经济学家皮凯蒂写了一本惊世之作——《21世纪资本论》,其英文版一上市便卖出 90 000 本,登上《纽约时报》精装非小说类畅销书榜第一名,法文版的销售也因此被激活,卖到了 50 000 册。而一份调查显示,大多数人并不是因为要阅读而购买此书的,很难想象普通读者可以将这本充满繁复数据的学术著作读完。他们的购买大多是为了宣泄某种情绪。

本工作室近年大量出版游离于社会主流之外的小人物写的书,虽然广受一些自认为"高大上"的读者诟病,但不为之所动,原因是除了对他们数学才能的肯定之外,一个更为重要的考虑是要还上社会在智力活动中的欠账。出版除了是一个赚钱的生意之外,它还是一项社会公益事业。应该让全社会所有愿意并有能力的人发出自己的声音,在经济压力能够承受的范围内尽量广泛的出版各种层次和阶层的作者所撰写的作品。

前几天一位四川泸州报业的女记者打电话来问了一个问题:出版这样的书赚钱吗?为了回答这个问题,我们先来读一段旅美学者卢昌海先生写的罗素写《数学原理》的出版经历。

> 由于篇幅浩繁,罗素将手稿装了两个箱子,雇了四轮马车运到剑桥大学出版社。出版社对出版这部巨著的"利润"进行了评估,得出一个很不鼓舞人心的结果:-600 英镑。当然,剑桥大学出版社并非唯利是图的地方,他们愿意为这样的巨著赔上一些钱,问题是 600 英镑在当时实在是一个不小的数目,他们只能承担一半左右——约 300 英镑。剩下的 300 英镑怎么办呢?在罗素与怀特海的申请下,皇家学会慷慨解囊,赞助了 200 英镑。但最后的 100 英镑实在是没办法筹措了,只能摊派到罗素和怀特海这两位作者头上,每人 50 英镑(相当于 2006 年的 7 000 多美元)。对于这一结果,罗素在自传中感慨地写道:我们用 10 年的工作每人赚了负 50 英镑。

邓寿才写书的经历虽然没有这么夸张,但过程是一样的。所幸的是还没有向作者再摊派,而且邓寿才有本作品还是挺受市场欢迎的,是一本关于平面解析几何解题方法的书,四次加印反应热烈。但这类实用性颇强的应试辅导类图书,我想本书作者是不太情愿写的。尽管写那样的书能挣到版税,但体现不出作者的才华。几乎所有的严肃作家都一致认为,写作是一种生活方式,但绝不是一个最佳的谋生手段。

本书的内容这里不多谈,只说一点即作者的写作态度是极其认真的,选材可能不够赶时髦,但解法大多是原创的,每个符号都是作者一笔一画写出的。

这可能与农民的生产方式有关，绝对来不得半点虚假。钱穆先生曾说："做学问可训练做人。"初听不免令人困惑："做学问"是少数人从事的职业，并非人人可为，更非人人必为，除了享受其研究成果，可谓与大多数人的生活毫无干系。不过，若我们把思路放开，钱先生此言也不难理解。这里的关键在"训练"二字：治学的道理、方法，许多根本就来自日常生活，两者容有深浅之别，却是一脉贯通。

如果非要指出点本书的不足之处，那么审美的缺失倒应该算上是一个。什么是一个好题目？什么是一个好证法？什么是一种有价值的推广？什么是一个有前途的研究方向？这些问题是所有数学人都要面对的。名师的指点、长期的熏陶、个人的美学修养都是提高之道。邓先生由于环境原因在这些方面有些欠缺是可以理解的，相信假以时日一定会有所提高，文学作品中乡土文学和海派文学也是各有其特点，所以不必苛求。

我虽没有见到过作者，但我相信文如其人，人如其文。一个真正的庄稼汉！

刘培杰
2015 年 4 月 1 日

哈尔滨工业大学出版社刘培杰数学工作室已出版(即将出版)图书目录

书名	出版时间	定价	编号
新编中学数学解题方法全书(高中版)上卷	2007—09	38.00	7
新编中学数学解题方法全书(高中版)中卷	2007—09	48.00	8
新编中学数学解题方法全书(高中版)下卷(一)	2007—09	42.00	17
新编中学数学解题方法全书(高中版)下卷(二)	2007—09	38.00	18
新编中学数学解题方法全书(高中版)下卷(三)	2010—06	58.00	73
新编中学数学解题方法全书(初中版)上卷	2008—01	28.00	29
新编中学数学解题方法全书(初中版)中卷	2010—07	38.00	75
新编中学数学解题方法全书(高考复习卷)	2010—01	48.00	67
新编中学数学解题方法全书(高考真题卷)	2010—01	38.00	62
新编中学数学解题方法全书(高考精华卷)	2011—03	68.00	118
新编平面解析几何解题方法全书(专题讲座卷)	2010—01	18.00	61
新编中学数学解题方法全书(自主招生卷)	2013—08	88.00	261

数学眼光透视	2008—01	38.00	24
数学思想领悟	2008—01	38.00	25
数学应用展观	2008—01	38.00	26
数学建模导引	2008—01	28.00	23
数学方法溯源	2008—01	38.00	27
数学史话览胜	2008—01	28.00	28
数学思维技术	2013—09	38.00	260

从毕达哥拉斯到怀尔斯	2007—10	48.00	9
从迪利克雷到维斯卡尔迪	2008—01	48.00	21
从哥德巴赫到陈景润	2008—05	98.00	35
从庞加莱到佩雷尔曼	2011—08	138.00	136

数学解题中的物理方法	2011—06	28.00	114
数学解题的特殊方法	2011—06	48.00	115
中学数学计算技巧	2012—01	48.00	116
中学数学证明方法	2012—01	58.00	117
数学趣题巧解	2012—03	28.00	128
三角形中的角格点问题	2013—01	88.00	207
含参数的方程和不等式	2012—09	28.00	213

哈尔滨工业大学出版社刘培杰数学工作室已出版(即将出版)图书目录

书　　名	出版时间	定　价	编号
数学奥林匹克与数学文化(第一辑)	2006－05	48.00	4
数学奥林匹克与数学文化(第二辑)(竞赛卷)	2008－01	48.00	19
数学奥林匹克与数学文化(第二辑)(文化卷)	2008－07	58.00	36′
数学奥林匹克与数学文化(第三辑)(竞赛卷)	2010－01	48.00	59
数学奥林匹克与数学文化(第四辑)(竞赛卷)	2011－08	58.00	87
数学奥林匹克与数学文化(第五辑)	2014－09		370
发展空间想象力	2010－01	38.00	57
走向国际数学奥林匹克的平面几何试题诠释(上、下)(第1版)	2007－01	68.00	11,12
走向国际数学奥林匹克的平面几何试题诠释(上、下)(第2版)	2010－02	98.00	63,64
平面几何证明方法全书	2007－08	35.00	1
平面几何证明方法全书习题解答(第1版)	2005－10	18.00	2
平面几何证明方法全书习题解答(第2版)	2006－12	18.00	10
平面几何天天练上卷・基础篇(直线型)	2013－01	58.00	208
平面几何天天练中卷・基础篇(涉及圆)	2013－01	28.00	234
平面几何天天练下卷・提高篇	2013－01	58.00	237
平面几何专题研究	2013－07	98.00	258
最新世界各国数学奥林匹克中的平面几何试题	2007－09	38.00	14
数学竞赛平面几何典型题及新颖解	2010－07	48.00	74
初等数学复习及研究(平面几何)	2008－09	58.00	38
初等数学复习及研究(立体几何)	2010－06	38.00	71
初等数学复习及研究(平面几何)习题解答	2009－01	48.00	42
世界著名平面几何经典著作钩沉——几何作图专题卷(上)	2009－06	48.00	49
世界著名平面几何经典著作钩沉——几何作图专题卷(下)	2011－01	88.00	80
世界著名平面几何经典著作钩沉(民国平面几何老课本)	2011－03	38.00	113
世界著名解析几何经典著作钩沉——平面解析几何卷	2014－01	38.00	273
世界著名数论经典著作钩沉(算术卷)	2012－01	28.00	125
世界著名数学经典著作钩沉——立体几何卷	2011－02	28.00	88
世界著名三角学经典著作钩沉(平面三角卷Ⅰ)	2010－06	28.00	69
世界著名三角学经典著作钩沉(平面三角卷Ⅱ)	2011－01	38.00	78
世界著名初等数论经典著作钩沉(理论和实用算术卷)	2011－07	38.00	126
几何学教程(平面几何卷)	2011－03	68.00	90
几何学教程(立体几何卷)	2011－07	68.00	130
几何变换与几何证题	2010－06	88.00	70
计算方法与几何证题	2011－06	28.00	129
立体几何技巧与方法	2014－04	88.00	293
几何瑰宝——平面几何500名题暨1000条定理(上、下)	2010－07	138.00	76,77
三角形的解法与应用	2012－07	18.00	183
近代的三角形几何学	2012－07	48.00	184
一般折线几何学	即将出版	58.00	203
三角形的五心	2009－06	28.00	51
三角形趣谈	2012－08	28.00	212
解三角形	2014－01	28.00	265
三角学专门教程	2014－09	28.00	387
距离几何分析导引	2015－02	68.00	446

哈尔滨工业大学出版社刘培杰数学工作室
已出版(即将出版)图书目录

书名	出版时间	定价	编号
圆锥曲线习题集(上册)	2013－06	68.00	255
圆锥曲线习题集(中册)	2015－01	78.00	434
圆锥曲线习题集(下册)	即将出版		
俄罗斯平面几何问题集	2009－08	88.00	55
俄罗斯立体几何问题集	2014－03	58.00	283
俄罗斯几何大师——沙雷金论数学及其他	2014－01	48.00	271
来自俄罗斯的 5000 道几何习题及解答	2011－03	58.00	89
俄罗斯初等数学问题集	2012－05	38.00	177
俄罗斯函数问题集	2011－03	38.00	103
俄罗斯组合分析问题集	2011－01	48.00	79
俄罗斯初等数学万题选——三角卷	2012－11	38.00	222
俄罗斯初等数学万题选——代数卷	2013－08	68.00	225
俄罗斯初等数学万题选——几何卷	2014－01	68.00	226
463 个俄罗斯几何老问题	2012－01	28.00	152
近代欧氏几何学	2012－03	48.00	162
罗巴切夫斯基几何学及几何基础概要	2012－07	28.00	188
用三角、解析几何、复数、向量计算解数学竞赛几何题	2015－03	48.00	455
美国中学几何教程	2015－04	88.00	458
三线坐标与三角形特征点	2015－04	98.00	460
平面解析几何方法与研究(第 1 卷)	2015－05	18.00	471
平面解析几何方法与研究(第 2 卷)	2015－06	18.00	472
平面解析几何方法与研究(第 3 卷)	即将出版		473
超越吉米多维奇.数列的极限	2009－11	48.00	58
超越普里瓦洛夫.留数卷	2015－01	28.00	437
超越普里瓦洛夫.无穷乘积与它对解析函数的应用卷	2015－05	28.00	477
超越普里瓦洛夫.积分卷	2015－06	18.00	481
超越普里瓦洛夫.基础知识卷	2015－06	28.00	482
Barban Davenport Halberstam 均值和	2009－01	40.00	33
初等数论难题集(第一卷)	2009－05	68.00	44
初等数论难题集(第二卷)(上、下)	2011－02	128.00	82,83
谈谈素数	2011－03	18.00	91
平方和	2011－03	18.00	92
数论概貌	2011－03	18.00	93
代数数论(第二版)	2013－08	58.00	94
代数多项式	2014－06	38.00	289
初等数论的知识与问题	2011－02	28.00	95
超越数论基础	2011－03	28.00	96
数论初等教程	2011－03	28.00	97
数论基础	2011－03	18.00	98
数论基础与维诺格拉多夫	2014－03	18.00	292
解析数论基础	2012－08	28.00	216
解析数论基础(第二版)	2014－01	48.00	287
解析数论问题集(第二版)	2014－05	88.00	343
解析几何研究	2015－01	38.00	425
初等几何研究	2015－02	58.00	444
数论入门	2011－03	38.00	99
代数数论入门	2015－03	38.00	448
数论开篇	2012－07	28.00	194
解析数论引论	2011－03	48.00	100

哈尔滨工业大学出版社刘培杰数学工作室
已出版(即将出版)图书目录

书　　名	出版时间	定　价	编号
复变函数引论	2013－10	68.00	269
伸缩变换与抛物旋转	2015－01	38.00	449
无穷分析引论(上)	2013－04	88.00	247
无穷分析引论(下)	2013－04	98.00	245
数学分析	2014－04	28.00	338
数学分析中的一个新方法及其应用	2013－01	38.00	231
数学分析例选:通过范例学技巧	2013－01	88.00	243
高等代数例选:通过范例学技巧	2015－06	88.00	475
三角级数论(上册)(陈建功)	2013－01	38.00	232
三角级数论(下册)(陈建功)	2013－01	48.00	233
三角级数论(哈代)	2013－06	48.00	254
基础数论	2011－03	28.00	101
超越数	2011－03	18.00	109
三角和方法	2011－03	18.00	112
谈谈不定方程	2011－05	28.00	119
整数论	2011－05	38.00	120
随机过程(Ⅰ)	2014－01	78.00	224
随机过程(Ⅱ)	2014－01	68.00	235
整数的性质	2012－11	38.00	192
初等数论 100 例	2011－05	18.00	122
初等数论经典例题	2012－07	18.00	204
最新世界各国数学奥林匹克中的初等数论试题(上、下)	2012－01	138.00	144,145
算术探索	2011－12	158.00	148
初等数论(Ⅰ)	2012－01	18.00	156
初等数论(Ⅱ)	2012－01	18.00	157
初等数论(Ⅲ)	2012－01	28.00	158
组合数学	2012－04	28.00	178
组合数学浅谈	2012－03	28.00	159
同余理论	2012－05	38.00	163
丢番图方程引论	2012－03	48.00	172
平面几何与数论中未解决的新老问题	2013－01	68.00	229
法雷级数	2014－08	18.00	367
代数数论简史	2014－11	28.00	408
摆线族	2015－01	38.00	438
拉普拉斯变换及其应用	2015－02	38.00	447
函数方程及其解法	2015－05	38.00	470
罗巴切夫斯基几何学初步	2015－06	28.00	474
[x]与{x}	2015－04	48.00	476

历届美国中学生数学竞赛试题及解答(第一卷)1950－1954	2014－07	18.00	277
历届美国中学生数学竞赛试题及解答(第二卷)1955－1959	2014－04	18.00	278
历届美国中学生数学竞赛试题及解答(第三卷)1960－1964	2014－06	18.00	279
历届美国中学生数学竞赛试题及解答(第四卷)1965－1969	2014－04	28.00	280
历届美国中学生数学竞赛试题及解答(第五卷)1970－1972	2014－06	18.00	281
历届美国中学生数学竞赛试题及解答(第七卷)1981－1986	2015－01	18.00	424

哈尔滨工业大学出版社刘培杰数学工作室已出版(即将出版)图书目录

书　　名	出版时间	定　价	编号
历届 IMO 试题集(1959—2005)	2006—05	58.00	5
历届 CMO 试题集	2008—09	28.00	40
历届中国数学奥林匹克试题集	2014—10	38.00	394
历届加拿大数学奥林匹克试题集	2012—08	38.00	215
历届美国数学奥林匹克试题集:多解推广加强	2012—08	38.00	209
历届波兰数学竞赛试题集.第 1 卷,1949～1963	2015—03	18.00	453
历届波兰数学竞赛试题集.第 2 卷,1964～1976	2015—03	18.00	454
保加利亚数学奥林匹克	2014—10	38.00	393
圣彼得堡数学奥林匹克试题集	2015—01	48.00	429
历届国际大学生数学竞赛试题集(1994—2010)	2012—01	28.00	143
全国大学生数学夏令营数学竞赛试题及解答	2007—03	28.00	15
全国大学生数学竞赛辅导教程	2012—07	28.00	189
全国大学生数学竞赛复习全书	2014—04	48.00	340
历届美国大学生数学竞赛试题集	2009—03	88.00	43
前苏联大学生数学奥林匹克竞赛题解(上编)	2012—04	28.00	169
前苏联大学生数学奥林匹克竞赛题解(下编)	2012—04	38.00	170
历届美国数学邀请赛试题集	2014—01	48.00	270
全国高中数学竞赛试题及解答.第 1 卷	2014—07	38.00	331
大学生数学竞赛讲义	2014—09	28.00	371
高考数学临门一脚(含密押三套卷)(理科版)	2015—01	24.80	421
高考数学临门一脚(含密押三套卷)(文科版)	2015—01	24.80	422
新课标高考数学题型全归纳(文科版)	2015—05	72.00	467
新课标高考数学题型全归纳(理科版)	2015—05	82.00	468

整函数	2012—08	18.00	161
多项式和无理数	2008—01	68.00	22
模糊数据统计学	2008—03	48.00	31
模糊分析学与特殊泛函空间	2013—01	68.00	241
受控理论与解析不等式	2012—05	78.00	165
解析不等式新论	2009—06	68.00	48
反问题的计算方法及应用	2011—11	28.00	147
建立不等式的方法	2011—03	98.00	104
数学奥林匹克不等式研究	2009—08	68.00	56
不等式研究(第二辑)	2012—02	68.00	153
初等数学研究(Ⅰ)	2008—09	68.00	37
初等数学研究(Ⅱ)(上、下)	2009—05	118.00	46,47
中国初等数学研究　2009 卷(第 1 辑)	2009—05	20.00	45
中国初等数学研究　2010 卷(第 2 辑)	2010—05	30.00	68
中国初等数学研究　2011 卷(第 3 辑)	2011—07	60.00	127
中国初等数学研究　2012 卷(第 4 辑)	2012—07	48.00	190
中国初等数学研究　2014 卷(第 5 辑)	2014—02	48.00	288
数阵及其应用	2012—02	28.00	164
绝对值方程—折边与组合图形的解析研究	2012—07	48.00	186
不等式的秘密(第一卷)	2012—02	28.00	154
不等式的秘密(第一卷)(第 2 版)	2014—02	38.00	286
不等式的秘密(第二卷)	2014—01	38.00	268
初等不等式的证明方法	2010—06	38.00	123
初等不等式的证明方法(第二版)	2014—11	38.00	407

哈尔滨工业大学出版社刘培杰数学工作室
已出版(即将出版)图书目录

书　名	出版时间	定　价	编号
数学奥林匹克在中国	2014－06	98.00	344
数学奥林匹克问题集	2014－01	38.00	267
数学奥林匹克不等式散论	2010－06	38.00	124
数学奥林匹克不等式欣赏	2011－09	38.00	138
数学奥林匹克超级题库(初中卷上)	2010－01	58.00	66
数学奥林匹克不等式证明方法和技巧(上、下)	2011－08	158.00	134,135
近代拓扑学研究	2013－04	38.00	239
新编 640 个世界著名数学智力趣题	2014－01	88.00	242
500 个最新世界著名数学智力趣题	2008－06	48.00	3
400 个最新世界著名数学最值问题	2008－09	48.00	36
500 个世界著名数学征解问题	2009－06	48.00	52
400 个中国最佳初等数学征解老问题	2010－01	48.00	60
500 个俄罗斯数学经典老题	2011－01	28.00	81
1000 个国外中学物理好题	2012－04	48.00	174
300 个日本高考数学题	2012－05	38.00	142
500 个前苏联早期高考数学试题及解答	2012－05	28.00	185
546 个早期俄罗斯大学生数学竞赛题	2014－03	38.00	285
548 个来自美苏的数学好问题	2014－11	28.00	396
20 所苏联著名大学早期入学试题	2015－02	18.00	452
161 道德国工科大学生必做的微分方程习题	2015－05	28.00	469
500 个德国工科大学生必做的高数习题	2015－06	28.00	478
德国讲义日本考题.微积分卷	2015－04	48.00	456
德国讲义日本考题.微分方程卷	2015－04	38.00	457
博弈论精粹	2008－03	58.00	30
博弈论精粹.第二版(精装)	2015－01	88.00	461
数学 我爱你	2008－01	28.00	20
精神的圣徒　别样的人生——60 位中国数学家成长的历程	2008－09	48.00	39
数学史概论	2009－06	78.00	50
数学史概论(精装)	2013－03	158.00	272
斐波那契数列	2010－02	28.00	65
数学拼盘和斐波那契魔方	2010－07	38.00	72
斐波那契数列欣赏	2011－01	28.00	160
数学的创造	2011－02	48.00	85
数学中的美	2011－02	38.00	84
数论中的美学	2014－12	38.00	351
数学王者　科学巨人——高斯	2015－01	28.00	428
王连笑教你怎样学数学:高考选择题解题策略与客观题实用训练	2014－01	48.00	262
王连笑教你怎样学数学:高考数学高层次讲座	2015－02	48.00	432
最新全国及各省市高考数学试卷解法研究及点拨评析	2009－02	38.00	41
高考数学的理论与实践	2009－08	38.00	53
中考数学专题总复习	2007－04	28.00	6
向量法巧解数学高考题	2009－08	28.00	54
高考数学核心题型解题方法与技巧	2010－01	28.00	86
高考思维新平台	2014－03	38.00	259
数学解题——靠数学思想给力(上)	2011－07	38.00	131
数学解题——靠数学思想给力(中)	2011－07	48.00	132
数学解题——靠数学思想给力(下)	2011－07	38.00	133
高中数学教学通鉴	2015－05	58.00	479

哈尔滨工业大学出版社刘培杰数学工作室
已出版(即将出版)图书目录

书　　名	出版时间	定　价	编号
我怎样解题	2013－01	48.00	227
和高中生漫谈:数学与哲学的故事	2014－08	28.00	369
2011年全国及各省市高考数学试题审题要津与解法研究	2011－10	48.00	139
2013年全国及各省市高考数学试题解析与点评	2014－01	48.00	282
全国及各省市高考数学试题审题要津与解法研究	2015－02	48.00	450
新课标高考数学——五年试题分章详解(2007～2011)(上、下)	2011－10	78.00	140,141
30分钟拿下高考数学选择题、填空题(第二版)	2012－01	28.00	146
全国中考数学压轴题审题要津与解法研究	2013－04	78.00	248
新编全国及各省市中考数学压轴题审题要津与解法研究	2014－05	58.00	342
全国及各省市5年中考数学压轴题审题要津与解法研究	2015－04	58.00	462
高考数学压轴题解题诀窍(上)	2012－02	78.00	166
高考数学压轴题解题诀窍(下)	2012－03	28.00	167
自主招生考试中的参数方程问题	2015－01	28.00	435
自主招生考试中的极坐标问题	2015－04	28.00	463
近年全国重点大学自主招生数学试题全解及研究.华约卷	2015－02	38.00	441
近年全国重点大学自主招生数学试题全解及研究.北约卷	即将出版		
格点和面积	2012－07	18.00	191
射影几何趣谈	2012－04	28.00	175
斯潘纳尔引理——从一道加拿大数学奥林匹克试题谈起	2014－01	28.00	228
李普希兹条件——从几道近年高考数学试题谈起	2012－10	18.00	221
拉格朗日中值定理——从一道北京高考试题的解法谈起	2012－10	18.00	197
闵科夫斯基定理——从一道清华大学自主招生试题谈起	2014－01	28.00	198
哈尔测度——从一道冬令营试题的背景谈起	2012－08	28.00	202
切比雪夫逼近问题——从一道中国台北数学奥林匹克试题谈起	2013－04	38.00	238
伯恩斯坦多项式与贝齐尔曲面——从一道全国高中数学联赛试题谈起	2013－03	38.00	236
卡塔兰猜想——从一道普特南竞赛试题谈起	2013－06	18.00	256
麦卡锡函数和阿克曼函数——从一道前南斯拉夫数学奥林匹克试题谈起	2012－08	18.00	201
贝蒂定理与拉姆贝克莫斯尔定理——从一个拣石子游戏谈起	2012－08	18.00	217
皮亚诺曲线和豪斯道夫分球定理——从无限集谈起	2012－08	18.00	211
平面凸图形与凸多面体	2012－10	28.00	218
斯坦因豪斯问题——从一道二十五省市自治区中学数学竞赛试题谈起	2012－07	18.00	196
纽结理论中的亚历山大多项式与琼斯多项式——从一道北京市高一数学竞赛试题谈起	2012－07	28.00	195
原则与策略——从波利亚"解题表"谈起	2013－04	38.00	244
转化与化归——从三大尺规作图不能问题谈起	2012－08	28.00	214
代数几何中的贝祖定理(第一版)——从一道IMO试题的解法谈起	2013－08	18.00	193
成功连贯理论与约当块理论——从一道比利时数学竞赛试题谈起	2012－04	18.00	180
磨光变换与范·德·瓦尔登猜想——从一道环球城市竞赛试题谈起	即将出版		
素数判定与大数分解	2014－08	18.00	199
置换多项式及其应用	2012－10	18.00	220
椭圆函数与模函数——从一道美国加州大学洛杉矶分校(UCLA)博士资格考题谈起	2012－10	28.00	219

哈尔滨工业大学出版社刘培杰数学工作室已出版(即将出版)图书目录

书　名	出版时间	定　价	编号
差分方程的拉格朗日方法——从一道2011年全国高考理科试题的解法谈起	2012－08	28.00	200
力学在几何中的一些应用	2013－01	38.00	240
高斯散度定理、斯托克斯定理和平面格林定理——从一道国际大学生数学竞赛试题谈起	即将出版		
康托洛维奇不等式——从一道全国高中联赛试题谈起	2013－03	28.00	337
西格尔引理——从一道第18届IMO试题的解法谈起	即将出版		
罗斯定理——从一道前苏联数学竞赛试题谈起	即将出版		
拉克斯定理和阿廷定理——从一道IMO试题的解法谈起	2014－01	58.00	246
毕卡大定理——从一道美国大学数学竞赛试题谈起	2014－07	18.00	350
贝齐尔曲线——从一道全国高中联赛试题谈起	即将出版		
拉格朗日乘子定理——从一道2005年全国高中联赛试题的高等数学解法谈起	2015－05	28.00	480
雅可比定理——从一道日本数学奥林匹克试题谈起	2013－04	48.00	249
李天岩－约克定理——从一道波兰数学竞赛试题谈起	2014－06	28.00	349
整系数多项式因式分解的一般方法——从克朗耐克算法谈起	即将出版		
布劳维不动点定理——从一道前苏联数学奥林匹克试题谈起	2014－01	38.00	273
压缩不动点定理——从一道高考数学试题的解法谈起	即将出版		
伯恩赛德定理——从一道英国数学奥林匹克试题谈起	即将出版		
布查特－莫斯特定理——从一道上海市初中竞赛试题谈起	即将出版		
数论中的同余数问题——从一道普特南竞赛试题谈起	即将出版		
范·德蒙行列式——从一道美国数学奥林匹克试题谈起	即将出版		
中国剩余定理:总数法构建中国历史年表	2015－01	28.00	430
牛顿程序与方程求根——从一道全国高考试题解法谈起	即将出版		
库默尔定理——从一道IMO预选试题谈起	即将出版		
卢丁定理——从一道冬令营试题的解法谈起	即将出版		
沃斯滕霍姆定理——从一道IMO预选试题谈起	即将出版		
卡尔松不等式——从一道莫斯科数学奥林匹克试题谈起	即将出版		
信息论中的香农熵——从一道近年高考压轴题谈起	即将出版		
约当不等式——从一道希望杯竞赛试题谈起	即将出版		
拉比诺维奇定理	即将出版		
刘维尔定理——从一道《美国数学月刊》征解问题的解法谈起	即将出版		
卡塔兰恒等式与级数求和——从一道IMO试题的解法谈起	即将出版		
勒让德猜想与素数分布——从一道爱尔兰竞赛试题谈起	即将出版		
天平称重与信息论——从一道基辅市数学奥林匹克试题谈起	即将出版		
哈密尔顿－凯莱定理:从一道高中数学联赛试题的解法谈起	2014－09	18.00	376
艾思特曼定理——从一道CMO试题的解法谈起	即将出版		

哈尔滨工业大学出版社刘培杰数学工作室
已出版(即将出版)图书目录

书　　名	出版时间	定　价	编号
一个爱尔特希问题——从一道西德数学奥林匹克试题谈起	即将出版		
有限群中的爱丁格尔问题——从一道北京市初中二年级数学竞赛试题谈起	即将出版		
贝克码与编码理论——从一道全国高中联赛试题谈起	即将出版		
帕斯卡三角形	2014—03	18.00	294
蒲丰投针问题——从 2009 年清华大学的一道自主招生试题谈起	2014—01	38.00	295
斯图姆定理——从一道“华约”自主招生试题的解法谈起	2014—01	18.00	296
许瓦兹引理——从一道加利福尼亚大学伯克利分校数学系博士生试题谈起	2014—08	18.00	297
拉格朗日中值定理——从一道北京高考试题的解法谈起	2014—01		298
拉姆塞定理——从王诗宬院士的一个问题谈起	2014—01		299
坐标法	2013—12	28.00	332
数论三角形	2014—04	38.00	341
毕克定理	2014—07	18.00	352
数林掠影	2014—09	48.00	389
我们周围的概率	2014—10	38.00	390
凸函数最值定理:从一道华约自主招生题的解法谈起	2014—10	28.00	391
易学与数学奥林匹克	2014—10	38.00	392
生物数学趣谈	2015—01	18.00	409
反演	2015—01		420
因式分解与圆锥曲线	2015—01	18.00	426
轨迹	2015—01	28.00	427
面积原理:从常庚哲命的一道 CMO 试题的积分解法谈起	2015—01	48.00	431
形形色色的不动点定理:从一道 28 届 IMO 试题谈起	2015—01	38.00	439
柯西函数方程:从一道上海交大自主招生的试题谈起	2015—02	28.00	440
三角恒等式	2015—02	28.00	442
无理性判定:从一道 2014 年“北约”自主招生试题谈起	2015—01	38.00	443
数学归纳法	2015—03	18.00	451
极端原理与解题	2015—04	28.00	464

中等数学英语阅读文选	2006—12	38.00	13
统计学专业英语	2007—03	28.00	16
统计学专业英语(第二版)	2012—07	48.00	176
统计学专业英语(第三版)	2015—04	68.00	465
幻方和魔方(第一卷)	2012—05	68.00	173
尘封的经典——初等数学经典文献选读(第一卷)	2012—07	48.00	205
尘封的经典——初等数学经典文献选读(第二卷)	2012—07	38.00	206

实变函数论	2012—06	78.00	181
非光滑优化及其变分分析	2014—01	48.00	230
疏散的马尔科夫链	2014—01	58.00	266
马尔科夫过程论基础	2015—01	28.00	433
初等微分拓扑学	2012—07	18.00	182
方程式论	2011—03	38.00	105
初级方程式论	2011—03	28.00	106
Galois 理论	2011—03	18.00	107
古典数学难题与伽罗瓦理论	2012—11	58.00	223
伽罗华与群论	2014—01	28.00	290
代数方程的根式解及伽罗瓦理论	2011—03	28.00	108
代数方程的根式解及伽罗瓦理论(第二版)	2015—01	28.00	423

哈尔滨工业大学出版社刘培杰数学工作室
已出版（即将出版）图书目录

书　名	出版时间	定　价	编号
线性偏微分方程讲义	2011－03	18.00	110
N体问题的周期解	2011－03	28.00	111
代数方程式论	2011－05	18.00	121
动力系统的不变量与函数方程	2011－07	48.00	137
基于短语评价的翻译知识获取	2012－02	48.00	168
应用随机过程	2012－04	48.00	187
概率论导引	2012－04	18.00	179
矩阵论（上）	2013－06	58.00	250
矩阵论（下）	2013－06	48.00	251
趣味初等方程妙题集锦	2014－09	48.00	388
趣味初等数论选美与欣赏	2015－02	48.00	445
对称锥互补问题的内点法：理论分析与算法实现	2014－08	68.00	368
抽象代数：方法导引	2013－06	38.00	257
闵嗣鹤文集	2011－03	98.00	102
吴从炘数学活动三十年(1951～1980)	2010－07	99.00	32
函数论	2014－11	78.00	395
耕读笔记（上卷）：一位农民数学爱好者的初数探索	2015－04	48.00	459
耕读笔记（中卷）：一位农民数学爱好者的初数探索	2015－05	28.00	483
耕读笔记（下卷）：一位农民数学爱好者的初数探索	2015－05	28.00	484

数贝偶拾——高考数学题研究	2014－04	28.00	274
数贝偶拾——初等数学研究	2014－04	38.00	275
数贝偶拾——奥数题研究	2014－04	48.00	276
集合、函数与方程	2014－01	28.00	300
数列与不等式	2014－01	38.00	301
三角与平面向量	2014－01	28.00	302
平面解析几何	2014－01	38.00	303
立体几何与组合	2014－01	28.00	304
极限与导数、数学归纳法	2014－01	38.00	305
趣味数学	2014－03	28.00	306
教材教法	2014－04	68.00	307
自主招生	2014－05	58.00	308
高考压轴题（上）	2014－11	48.00	309
高考压轴题（下）	2014－10	68.00	310

从费马到怀尔斯——费马大定理的历史	2013－10	198.00	Ⅰ
从庞加莱到佩雷尔曼——庞加莱猜想的历史	2013－10	298.00	Ⅱ
从切比雪夫到爱尔特希（上）——素数定理的初等证明	2013－07	48.00	Ⅲ
从切比雪夫到爱尔特希（下）——素数定理100年	2012－12	98.00	Ⅲ
从高斯到盖尔方特——二次域的高斯猜想	2013－10	198.00	Ⅳ
从库默尔到朗兰兹——朗兰兹猜想的历史	2014－01	98.00	Ⅴ
从比勃巴赫到德布朗斯——比勃巴赫猜想的历史	2014－02	298.00	Ⅵ
从麦比乌斯到陈省身——麦比乌斯变换与麦比乌斯带	2014－02	298.00	Ⅶ
从布尔到豪斯道夫——布尔方程与格论漫谈	2013－10	198.00	Ⅷ
从开普勒到阿诺德——三体问题的历史	2014－05	298.00	Ⅸ
从华林到华罗庚——华林问题的历史	2013－10	298.00	Ⅹ

哈尔滨工业大学出版社刘培杰数学工作室已出版(即将出版)图书目录

书　　名	出版时间	定　价	编号
吴振奎高等数学解题真经(概率统计卷)	2012－01	38.00	149
吴振奎高等数学解题真经(微积分卷)	2012－01	68.00	150
吴振奎高等数学解题真经(线性代数卷)	2012－01	58.00	151
高等数学解题全攻略(上卷)	2013－06	58.00	252
高等数学解题全攻略(下卷)	2013－06	58.00	253
高等数学复习纲要	2014－01	18.00	384
钱昌本教你快乐学数学(上)	2011－12	48.00	155
钱昌本教你快乐学数学(下)	2012－03	58.00	171

三角函数	2014－01	38.00	311
不等式	2014－01	38.00	312
数列	2014－01	38.00	313
方程	2014－01	28.00	314
排列和组合	2014－01	28.00	315
极限与导数	2014－01	28.00	316
向量	2014－09	38.00	317
复数及其应用	2014－08	28.00	318
函数	2014－01	38.00	319
集合	即将出版		320
直线与平面	2014－01	28.00	321
立体几何	2014－04	28.00	322
解三角形	即将出版		323
直线与圆	2014－01	28.00	324
圆锥曲线	2014－01	38.00	325
解题通法(一)	2014－07	38.00	326
解题通法(二)	2014－07	38.00	327
解题通法(三)	2014－05	38.00	328
概率与统计	2014－01	28.00	329
信息迁移与算法	即将出版		330

第19～23届"希望杯"全国数学邀请赛试题审题要津详细评注(初一版)	2014－03	28.00	333
第19～23届"希望杯"全国数学邀请赛试题审题要津详细评注(初二、初三版)	2014－03	38.00	334
第19～23届"希望杯"全国数学邀请赛试题审题要津详细评注(高一版)	2014－03	28.00	335
第19～23届"希望杯"全国数学邀请赛试题审题要津详细评注(高二版)	2014－03	38.00	336
第19～25届"希望杯"全国数学邀请赛试题审题要津详细评注(初一版)	2015－01	38.00	416
第19～25届"希望杯"全国数学邀请赛试题审题要津详细评注(初二、初三版)	2015－01	58.00	417
第19～25届"希望杯"全国数学邀请赛试题审题要津详细评注(高一版)	2015－01	48.00	418
第19～25届"希望杯"全国数学邀请赛试题审题要津详细评注(高二版)	2015－01	48.00	419

物理奥林匹克竞赛大题典——力学卷	2014－11	48.00	405
物理奥林匹克竞赛大题典——热学卷	2014－04	28.00	339
物理奥林匹克竞赛大题典——电磁学卷	即将出版		406
物理奥林匹克竞赛大题典——光学与近代物理卷	2014－06	28.00	345

哈尔滨工业大学出版社刘培杰数学工作室已出版(即将出版)图书目录

书　名	出版时间	定　价	编号
历届中国东南地区数学奥林匹克试题集(2004～2012)	2014－06	18.00	346
历届中国西部地区数学奥林匹克试题集(2001～2012)	2014－07	18.00	347
历届中国女子数学奥林匹克试题集(2002～2012)	2014－08	18.00	348
几何变换(Ⅰ)	2014－07	28.00	353
几何变换(Ⅱ)	即将出版		354
几何变换(Ⅲ)	2015－01	38.00	355
几何变换(Ⅳ)	即将出版		356
美国高中数学竞赛五十讲.第1卷(英文)	2014－08	28.00	357
美国高中数学竞赛五十讲.第2卷(英文)	2014－08	28.00	358
美国高中数学竞赛五十讲.第3卷(英文)	2014－09	28.00	359
美国高中数学竞赛五十讲.第4卷(英文)	2014－09	28.00	360
美国高中数学竞赛五十讲.第5卷(英文)	2014－10	28.00	361
美国高中数学竞赛五十讲.第6卷(英文)	2014－11	28.00	362
美国高中数学竞赛五十讲.第7卷(英文)	2014－12	28.00	363
美国高中数学竞赛五十讲.第8卷(英文)	2015－01	28.00	364
美国高中数学竞赛五十讲.第9卷(英文)	2015－01	28.00	365
美国高中数学竞赛五十讲.第10卷(英文)	2015－02	38.00	366
IMO 50年.第1卷(1959－1963)	2014－11	28.00	377
IMO 50年.第2卷(1964－1968)	2014－11	28.00	378
IMO 50年.第3卷(1969－1973)	2014－09	28.00	379
IMO 50年.第4卷(1974－1978)	即将出版		380
IMO 50年.第5卷(1979－1984)	2015－04	38.00	381
IMO 50年.第6卷(1985－1989)	2015－04	58.00	382
IMO 50年.第7卷(1990－1994)	即将出版		383
IMO 50年.第8卷(1995－1999)	即将出版		384
IMO 50年.第9卷(2000－2004)	2015－04	58.00	385
IMO 50年.第10卷(2005－2008)	即将出版		386
历届美国大学生数学竞赛试题集.第一卷(1938—1949)	2015－01	28.00	397
历届美国大学生数学竞赛试题集.第二卷(1950—1959)	2015－01	28.00	398
历届美国大学生数学竞赛试题集.第三卷(1960—1969)	2015－01	28.00	399
历届美国大学生数学竞赛试题集.第四卷(1970—1979)	2015－01	18.00	400
历届美国大学生数学竞赛试题集.第五卷(1980—1989)	2015－01	28.00	401
历届美国大学生数学竞赛试题集.第六卷(1990—1999)	2015－01	28.00	402
历届美国大学生数学竞赛试题集.第七卷(2000—2009)	即将出版		403
历届美国大学生数学竞赛试题集.第八卷(2010—2012)	2015－01	18.00	404

哈尔滨工业大学出版社刘培杰数学工作室
已出版(即将出版)图书目录

书　名	出版时间	定　价	编号
新课标高考数学创新题解题诀窍:总论	2014-09	28.00	372
新课标高考数学创新题解题诀窍:必修 1~5 分册	2014-08	38.00	373
新课标高考数学创新题解题诀窍:选修 2-1,2-2,1-1,1-2分册	2014-09	38.00	374
新课标高考数学创新题解题诀窍:选修 2-3,4-4,4-5 分册	2014-09	18.00	375

全国重点大学自主招生英文数学试题全攻略:词汇卷	即将出版		410
全国重点大学自主招生英文数学试题全攻略:概念卷	2015-01	28.00	411
全国重点大学自主招生英文数学试题全攻略:文章选读卷(上)	即将出版		412
全国重点大学自主招生英文数学试题全攻略:文章选读卷(下)	即将出版		413
全国重点大学自主招生英文数学试题全攻略:试题卷	即将出版		414
全国重点大学自主招生英文数学试题全攻略:名著欣赏卷	即将出版		415

联系地址:哈尔滨市南岗区复华四道街 10 号　哈尔滨工业大学出版社刘培杰数学工作室
网　　址:http://lpj.hit.edu.cn/
邮　　编:150006
联系电话:0451-86281378　　13904613167
E-mail:lpj1378@163.com